Hotaru-DAS: Survey on Aquatic Fireflies
in relation to the Nearby Freshwater
by Residents of the Lake Biwa Region
ed. by Water and Culture Research Group

みんなでホタルダス

水と文化研究会《編》

琵琶湖地域のホタルと身近な水環境調査

新曜社

❹

❶

ホタルダス調査小物たちと報告書

❶ホタルダス下敷き（一九九〇年度配布・写真提供＝今森光彦）
❷ホタルダス下敷き（一九九八年度配布・写真提供＝今森光彦）
❸報告書『私たちのホタル』第一号（一九九〇年三月）〜第一〇号（一九九九年三月）
❹ホタルシール（一九九一年）

❷

❸

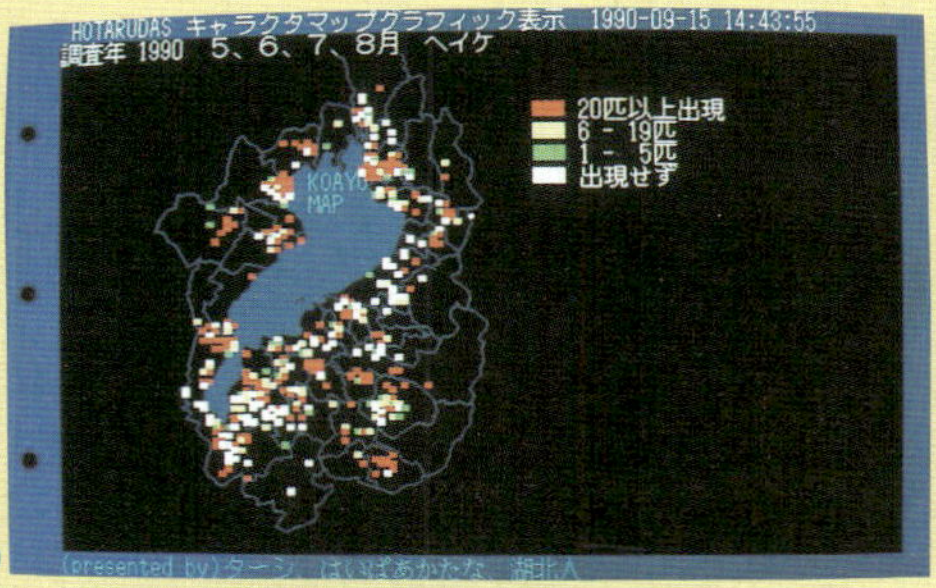

6

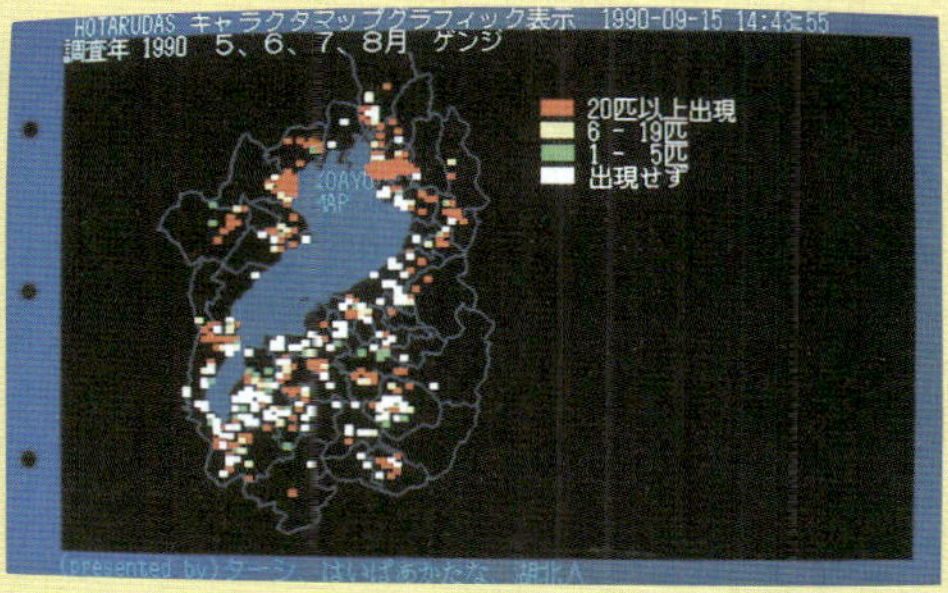

5

8

7

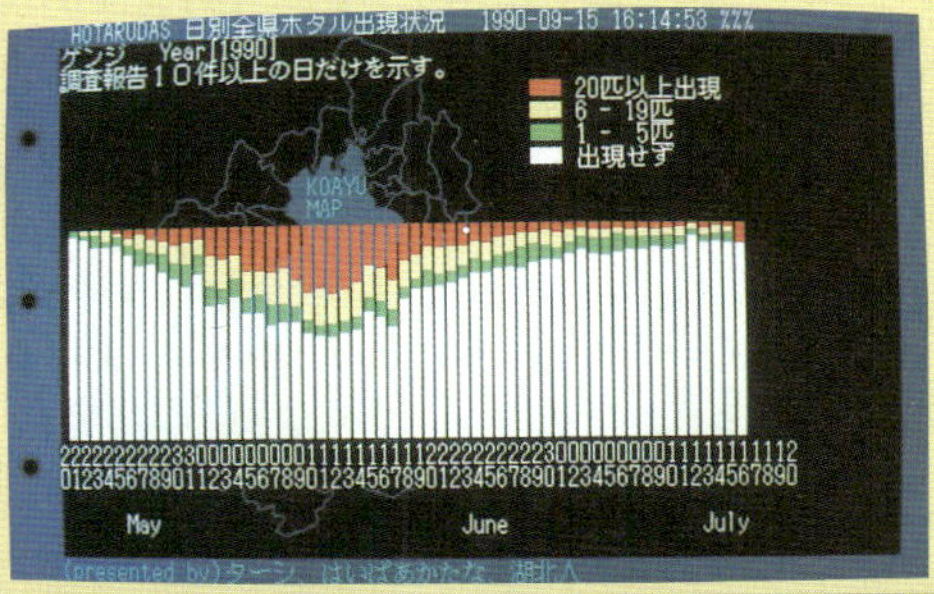

9

湖鮎ネット上のホタルダス

5—ゲンジボタル生息マップ（一九九〇年）

6—ヘイケボタル生息マップ（一九九〇年）

7—電子ボタル

8—電子ホタルブクロ

9—ゲンジボタルカレンダー（一九九〇年）

（データ処理＝琵琶湖地域環境教育研究会／作画＝大西行雄・中川正人・田中晋一）

ホタルの乱舞

10—今津町、一九九六年六月二四日（写真提供＝杉原芳也）

10

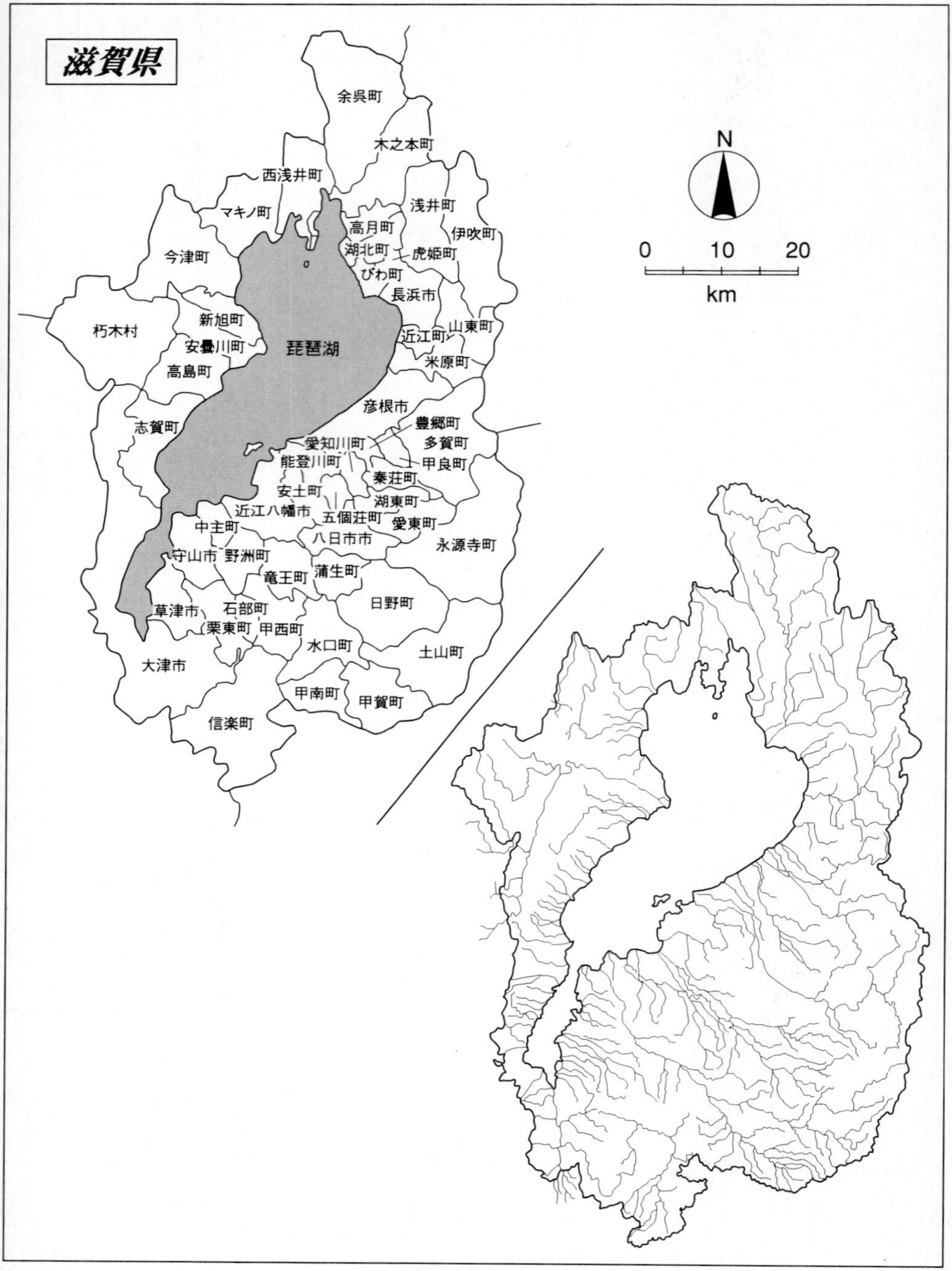

滋賀県市町村境界図と一級河川網

(嘉田由紀子「ホタルの風景論」『環境イメージ論』弘文堂, 1992, 49頁を参考に作図)

はしがき――知識は自分たちで誘い出すもの

一九八〇年代のこと、琵琶湖のまわりに暮らす人びとの間に、水と人の真のかかわりが急速に失われつつあるのではないかという、何だか言い知れぬ不安が広がっていました。当時、琵琶湖では「琵琶湖総合開発」という巨大開発プロジェクトが展開されていたのです。そして、滋賀県下では「石けん運動」が住民活動の模範として、活発な活動が繰り広げられていました。

水質保全のために、リンを含む合成洗剤を石けんにきりかえようという「石けん運動」のねらいは、科学的にも行政的にも意味のあることと受けとめられていました。とはいえ水とのかかわりは、ただ「水質」、それも自分たちの生活の場所から離れた「琵琶湖の水質」という一点に集約されるものではなく、本当はもっと身近な場の、幅広いことにかかわるはずだと直観的に感じていました。そして、自分たちの身近でなじみがあり、理解可能なことからはじめないと、住民活動が本当の意味で地域に根づかないのではないかと考えました。

水といえば、用水だけではなく排水もある、水の中には生き物もたくさんいる、水場は遊び場としても楽しいし、農業からみれば、水争いや水不足もあり、時にはこわい洪水もある。ちょっと考えただけでもいろいろなテーマがあります。生活様式や環境が急速に変わりつつある今、それを調べてちゃんと記録にしておかないと、永久に忘れられてしまうのではないか、という危機感もありました。

さらに、水と人のかかわり、というような日常的なテーマだからこそ、特殊なテーマだけにこだわりがちな自然科学や社会科学の専門家ではなく、広い観点からかかわらざるをえない住民自らが調べるのがよいのではないか、ということになりました。そこで何か母体組織が必要だ、ということで、「水と文化研究会」と名づけた会が発足しました。平成元（一九八九）年のことでした。

その「水と文化研究会」が、最初にとりかかったテーマが「ホタル」でした。なぜホタルだったのか、それは本書の第二部の岡田玲子、あるいは第三部の嘉田由紀子の文章にくわしく述べられています。この研究会は、世話役の人たちで構成されています。しかし、研究会がすすめる活動に参加してくださった方々も、広い意味で研究会メンバーなのです。

身近な水辺でホタルを観察しようという調査活動を、「ホタルダス」と自分たちで名づけました。そして、雨の日も風の日も、そしてうすら寒い晩も、家の近くの川べりに通ってホタルを観察した人は、一〇年間でのべ三五〇〇人近くにのぼりました。各年の観察記録や感想文は、毎年冊子にまとめたほか、研究会で立ち上げたパソコン通信ホスト局にもデータベースとして保存されています。琵琶湖のほとりにたつ滋賀県立琵琶湖博物館にも、水と文化研究会のホタルダス調査の結果が展示されています。

この本は、一〇年間の観察にかかわった人たちや調査の世話役の感想文と、生態学や社会学の研究者の少し長い感想文とから編集されています。ここには、ホタルのような一見ちっぽけな生き物が、なぜこれだけ多くの人たちの関心をひき続けることができたのか、そこに人びとがどのような思いでかかわり、何を発見してきたのか、その思いを身近な人たちとどのように共有してきたのか、その謎にこたえるためのヒントがたくさんかくされています。

それぞれの町で、それぞれの村で、ホタルダスのメンバーは、自分の足で歩いてホタルをさがし、自分の目でホタルの光を数え、川をみて、水をみて、時には川べりのゴミに心をいためながら、身のまわりの環境に新たな意味を発見してきました。またそこにかかわる人の顔をみてきました。そして、予想もしなかった発見をしました。それが何だったのか、くわしくは本文をごらんいただきたいと思いますが、本やテレビ、新聞などの伝聞情報に頼ることなく、自分たちの目と足と耳によって新たに得ることができた知識の山だったのです。

今、世界各地でNGOやNPOの活動が注目されています。住民活動というと、ともすると「ゴミをひろいましょう」

「リサイクルをしましょう」と、直接の行動を求める活動にはしりがちです。もちろんこのような活動は大切ですが、活動の根っこには、環境に対するさまざまな知識が必要ではないでしょうか。「水と文化研究会」は、専門家や行政から与えられる情報に頼ることなく、自分たちで身のまわりの環境にひそむ「生活知」や「経験知」を誘い出す、いわば「知識誘出型ＮＧＯ」、さらにその知識と情報を共有する「ネットワーク型ＮＧＯ」といえるでしょう。

そのような意味で、専門家や行政から示される情報や行動指針に物足りないと感じている、環境や自然保護に関心のある人たち、あるいはたてまえではなく、心から住民とのパートナーシップを求めたいと思っている行政関係者や研究者の方々にも本書をお読みいただければ嬉しく思います。

水と文化研究会

みんなでホタルダス　もくじ

装幀・口絵デザイン　山崎一夫

第一部　ホタルダス一〇年の移り変わり

花がいっぱいの町を流れる水路（甲良町）
（写真提供　松宮光子）

ホタルダス一〇年の移り変わり

水と文化研究会・ホタルダス世話役
田中 敏博・小坂 育子・荒井 紀子・岡田 玲子・
遊磨 正秀・嘉田由紀子・井上　誠・大西 行雄

1　ホタルダスの沿革と一〇年目調査のねらい

1　一〇年間の沿革

平成のはじまり（一九八九年）とともに始まったホタルダス調査には、二つのねらいがありました。ひとつは「昔はたくさんいたけれど、今は少なくなってしまった」といわれるホタルがいまどうなっているのか、生息状況や生態を地域の住民みずからが調べて観察記録をつけ（生態的モニタリング・データといいます）、これを蓄積し、将来に残すことです。二つめのねらいは、ホタルの観察やホタルとのかかわりを通して、私たち自身が身近な生活環境を考えるきっかけとすることです。

ホタルダス調査は、水と文化研究会（高谷好一代表）が呼びかけ役となって「住民参加による身近な水環境調査」の一環として平成元（一九八九）〜平成三（一九九一）年度に滋賀県立琵琶湖研究所のプロジェクト研究として始められました。この名前の由来は、天気予報でおなじみのアメダス（Automated MEteorological Data Acquisition System）という気象情報システムになぞらえて「ホタルダス」と名づけたものです。

表1 ホタルダスの参加者（1989 ～ 1998年）

年度	平成（西暦）	累計参加者数	参加市町村数	調査地点数	総調査人日	備考
1年目	元（1989）	567	37	519	4,622	「住民参加による身近な水環境調査」
2年目	2（1990）	1,298	47	1,265	21,610	（琵琶湖研究所，1989-91年）
3年目	3（1991）	700	46	667	8,626	
4年目	4（1992）	124	25	101	1,495	東京クリエイション大賞・環境賞
5年目	5（1993）	85	28	76	1,079	「ホタルダス80人の声」取材（93-94年） 日本自然保護協会プロナチューラ・ファンド助成
6年目	6（1994）	146	29	83	1,504	道草編追加
7年目	7（1995）	128	34	118	1,628	
8年目	8（1996）	75	28	66	974	ハン六文化振興財団・地域振興賞 琵琶湖博物館開館「ホタル展示コーナー」
9年目	9（1997）	75	27	77	1,091	
10年目	10（1998）	258	40	224	2,754	上陸幼虫調査追加
合　計		3,456	-	3,196	45,383	

（注）滋賀県50市町村からの参加による

当初の三年間でのべ約二六〇〇人がホタルの棲む水辺環境を見つめました。またパソコン通信では、研究会の有志が創設した「湖鮎《こあゆ》ネット」をはじめとする滋賀県内のパソコン通信ネットをむすんで多くの情報が交換されました。ちなみにこの折り、「夏はホタル、冬は雪」と謳い文句をつけ、「蛍雪作戦」と名づけた二つの住民参加型調査がおこなわれました。

四年目以降は公的な資金援助がなくなりましたが、「ホタルダスを続けたい」という参加者からの要望が多く、「水と文化研究会」として独自に続けることになりました。そして毎年五月になると、調査票を参加希望者に送り、ホタル観察を呼びかけました。

その調査票による報告と、「湖鮎ネット」上でのパソコン通信のやりとりをまとめて、『私たちのホタル』という冊子を毎年編集し、参加者に配布してきました。そして第一号から第一〇号まで、一九〇〇頁ほどの記録が残りました。なお、表1に一九八九年からのホタルダス参加者の人数、市町村数、調査地点数、のべ調査日数をまとめました。一〇年目までを総計するとホタルダスに参加した人数はのべ三四五六人となりました。

この間、平成四（一九九二）年に「東京クリエイション大賞・環境賞」を、また平成八（一九九六）年には「ハン六文化振興財団・地域振興賞」を受賞しました。各年度の郵送料や印刷費などに必要な費用については途中、「(財）日本自然保護協会・プロナチューラ・ファンド」（平成五年度）の援助を受けました。

また平成五年から平成六（一九九三～九四）年にかけて、琵琶湖博物館のホタルの展示に協力して、「ホタルダス八〇人の声」の取材と編集をおこない、展示室での資料提供をおこないました。また平成九～一〇（一九九七～九八）年は、琵琶湖博物館の共同研究「生活と科学の接点としての環境調査」の一環として、過去の資料整理とインターネット上でのホタルダス関連のホームページ作成協力もおこないました。そして一〇年目のまとめとして作成した報告書『私たちのホタル』第一〇号は、翌年の一九九九年環境庁の水環境賞を受賞することができました。

以上のような一〇年間のあゆみの細部については、本書の第三部でそれぞれの立場からくわしく報告されていますのでご参照下さい。

2　ホタルダスの調査のしかた

つぎに毎年のホタルダスの調査方法を紹介します。

参加者は、ホタルが飛ぶ前の五月に「水と文化研究会」にホタルダス参加申し込みをして、以下の「調査セット」を受け取ります。

①ホタルの見分け方などが書いてある「ホタルダス下敷き」、②調査地点に関するアンケート用紙、③毎日の観察結果を書き込む「ホタルカレンダー」、④調査地点を印して「水と文化研究会」に報告する地図などです。

次に、実際の調査報告の方法を説明します。まず、ホタルダスの調査の報告事項は、調査地点についてのアンケート調査と、ホタルがみられた間の毎日の観察記録の二つがあります。

調査地点のアンケートは、地点の正確な場所（地図の上に印をつける）、その場所の説明を記入する欄などからなっています。毎日の記録をつけるホタルカレンダーは、日付、時刻、天気、気温、見つけたホタルの種類と数を書き込みます。ホタルの出現期間はおおよそ五月の下旬から七月上旬ですが、場所によっても異なるので、参加者によって、七日程度から、長い人では、二ヵ月を越える観察をした人もいました。

調査結果は原則として、郵送で「水と文化研究会」に送ります。うけとったホタルダス世話役は、報告（ホタルカレンダー）のデータをパソコンに打ち込んでいきます。そしてそれを滋賀県の地図上に図示してすぐに「湖鮎ネット」で公開しました。また「電子掲示板」をつくって参加者同士がパソコン通信で日々の発見を情報交換できるようにしました。そうして蓄積した一年分のデータは毎年報告書として刊行してきました。それが『私たちのホタル』という冊子です。以上は本書の口絵ページ、およびこの章の最後（調査票）に載せてありますので、ご参照下さい。

3　一〇年目調査の準備

個人の視点を取りいれる　一〇年目を迎える機会に、あらためて当初の調査票やデータを見直してみました。そして、これまで積み重ねてきたデータがかなり深い価値をもつのではないか、という見通しをもつようになりました。そこに「時間の変化」という要素がはいったからです。

とくに近年急速にすすんだ生活の場の変化、河川改修や水辺の改変、道路改修、住宅地の増大、夜間照明の増加など、多くの場が物理的な変化を受けていることが調査途中でも明らかでした。

時間的に変化した事象について、平均値や全体としての印象を語ることも大切ですが、それだけではデータとしての深みが生まれてきません。そこで、一九八九年から一九九七年までの保存していた元調査票にもどって、個人別に参加履歴を整理することで、情報をより個人の側から把握しようと試みました。専門的にいうと一種の「コホート分析」です。そこでまず作成されたリストが一種の「名寄せ帳」です。

名寄せ帳の作成　表1の一九九七年までの九年間の参加者累積数は合計三一九八名ですが、個人がくりかえし参加している場合の重複を除くと、名寄せ帳リストでの参加者数は二一一一名となります。

このようにして参加者のリストをみると、一九八九年、一九九〇年の初期に参加した学校やガールスカウトなどの〈集団参加グループ〉と、途中切れることはあるが二年以上参加している〈継続グループ〉、一回だけの〈単年度グループ〉とに分かれることがわかります。この表以外に、パソコン通信での通信記録はこれまで三〇〇〇メッセージほど蓄積されており、そこでの参加者は約一〇〇名にのぼります。パソコン通信では県外からの参加者もいます。

一九八九年に中学生（一三〜一五歳）だった人は、一〇年たったら大学生や社会人（二二〜二四歳）です。大人にとっての一〇年も大切ですが、子どもたちの一〇年はどんなに大きな変化があったことでしょう。その一〇年を振り返ってみると、はたしてホタル調査をしたことを記憶しているだろうか、憶えているとしたらそれは何だろうか、当時調査した場所に今足をはこんであらためて水辺をみるとどんな発見があるだろう、その当時の友だち、家族、そして地域に何がおきたかなど、さまざまな思いをもつことが想像されました。

そこで、継続的参加をしている人たちに、もし一〇年目の一九九八年に再度調査をするとしたら、どのようなテーマが考えられるか、というアンケートを試みました。平成九（一九九七）年のことです。二八名が回答をくれました。その回答には大きく分けて次の三つの提案が含まれていました。

提案その1　環境変化や社会変化との関係　ひとつめの提案は、ホタルの発生状況を環境変化や社会変化とかかわらせて比べてみようという視点です。具体的には、
①河川工事、環境整備など水域そのものの物理的変化とかかわらせる、②人口増加、農地の減少、宅地開発、人工照明の増大など水辺の土地利用や生活環境の変化とかかわらせる、③水質や洗剤消費量など、水そのものとかかわらせる、というものです。
提案その2　人とホタルのかかわり　二つめの提案は、人とホタルのかかわりの変化をみてみようというものです。草津市のある家族は、長女が始めた調査を次女がひきつぎ、その後長男がひきつぎ、今三代目の調査をしているといいます。長女のときに父親が作った手づくりの透視度計が代々使われてきたそうです。このような「わが家のホタルダス」「わが川のホタルダス」「わが地域のホタルダス」をみんなで語りあうという提案もありました。
提案その3　イベントをおこす　三つめの提案は、イベントや記念になるできごとをおこそうというものです。そこには大きく分けて四点の提案がありました。具体的には、①出版物をだす。子どもむけの科学絵本やまとめの本の出版、ホタルにまつわる民話や伝説の収集、科学的観察のまとめの印刷物、人とホタルの写真集、エピソードつきホタルカレンダー

の作成、②今後の地域行政への提案。河川改修の方法や環境整備のあり方に対する提案、ホタル保護条例の提唱、③ホタルにかかわる住民グループ「ピカピカサークル」の結成、④琵琶湖博物館の展示の更新や充実、でした。

一〇年間の変化を調べる　これらの提案をホタルダス世話役会で検討し、一〇年目のねらいは「一〇年間の変化」をホタルの生態と環境の変化、それにかかわる人びとや社会の変化の二点から追跡することにしました。

そして一〇年目の調査票を作成し（本書三〇―三三頁）、発送しました。発送先は、学校参加以外の個人参加者約三〇〇名です。各個人にはそれぞれの調査場所の変化を実感してもらえるように、これまでの調査票をすべてコピーをして、調査依頼票に添付しました。

発送は一九九八年五月中旬から下旬におこない、調査票の回収は一九九八年八月から一二月の間におこないました。返送されてきた調査票は一六六枚（地点）、四〇市町村（うち滋賀県外四ヵ所）の一二九名からの報告でした。

2　ホタル発生消長の変化（一九八九〜九八年　滋賀県下）

一九九八年のホタル発生消長を、ホタルカレンダーの観察記録から、一九九〇年以来八年分とともに図1に示しました。図1の左頁にはゲンジボタル、図1の右頁にはヘイケボタルの場合を示しました（一九八九年は両種の区別がありません）。一九九八年は五月一七日にはすでにゲンジボタルの発生が始まり、例年にくらべ早い発生となりました。これは後述のように、五月にはいってからの気温が平年にくらべ高かったことが影響していると思われます。ゲンジボタルとヘイケボタルを比べてみると、概してゲンジボタルの方が発生期間が短く、ヘイケボタルの発生は毎年かなり遅くまで続いています。「一斉ゲンジ、だらだらヘイケ」といえるでしょう。

ホタルの初見日というものは、発生前から観察を続けていないとわからないものですが、「熱心組」の観察により、同じ川筋でも初見日には早い年と遅い年があることがわかりました。たとえば、一九九一年や一九九四年は五月二〇日前に発生しはじめ、一九九八年はさらに早く発生していました。それに比べ一九九二年や一九九三年は発生が遅れていました。

ヘイケボタル

20匹以上の発生報告の割合で示したもの。
▼は旬平均気温が16度を越えた日を，
▽は旬平均気温が20度を越えた日を示す。

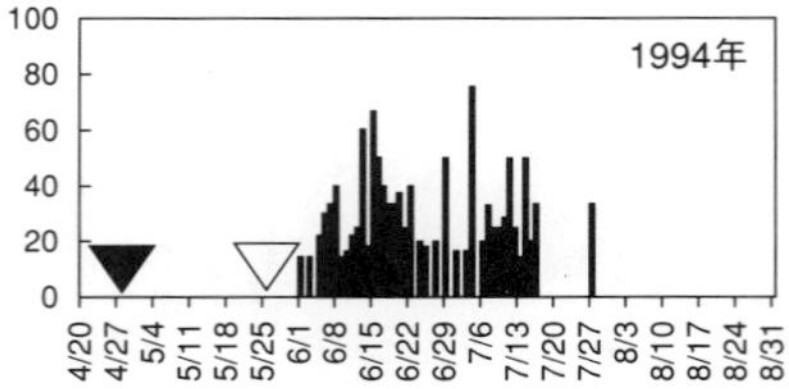

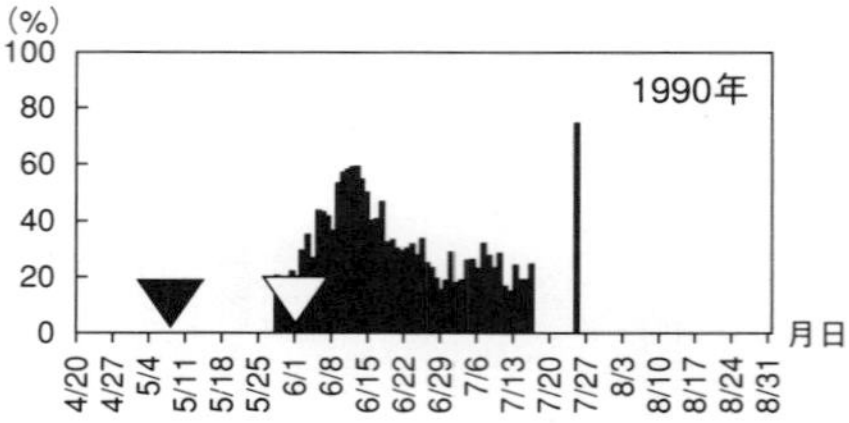

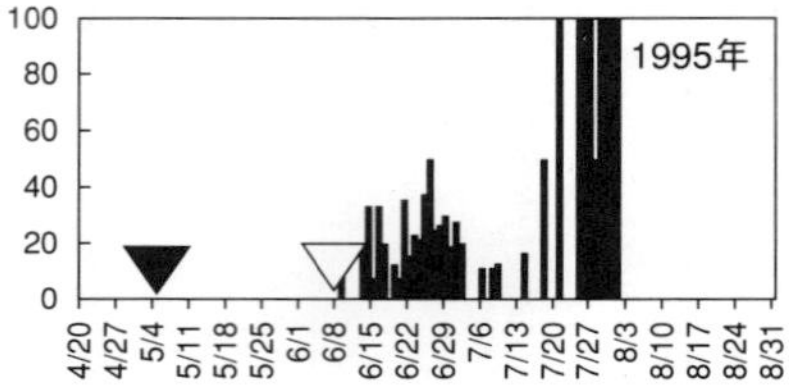

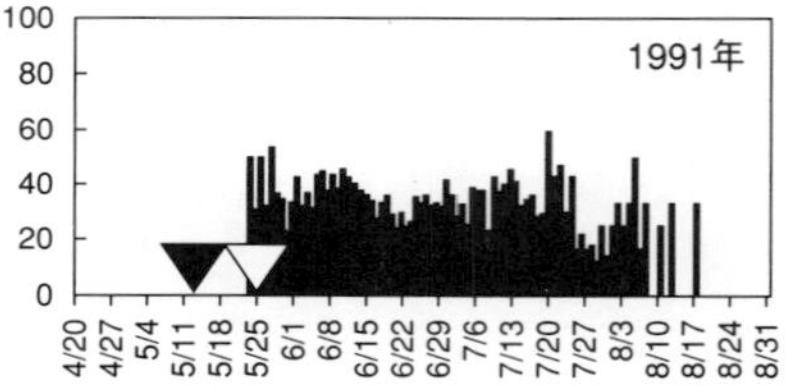

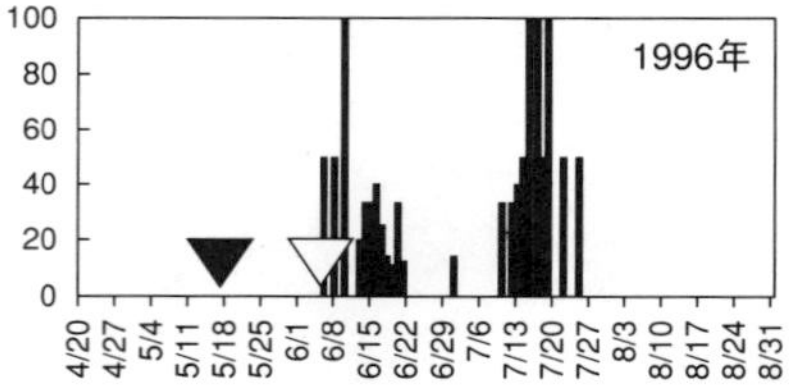

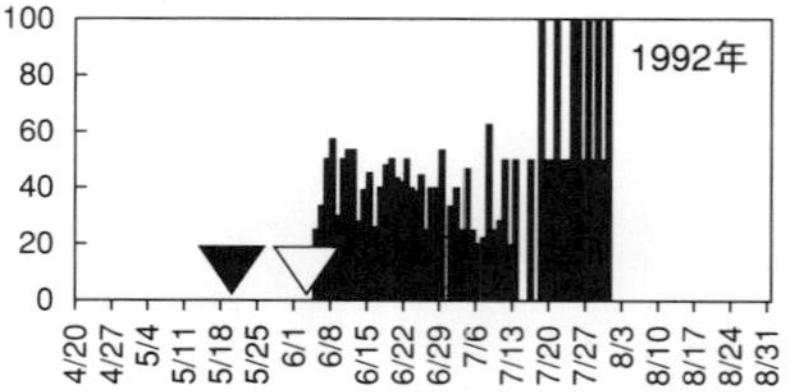

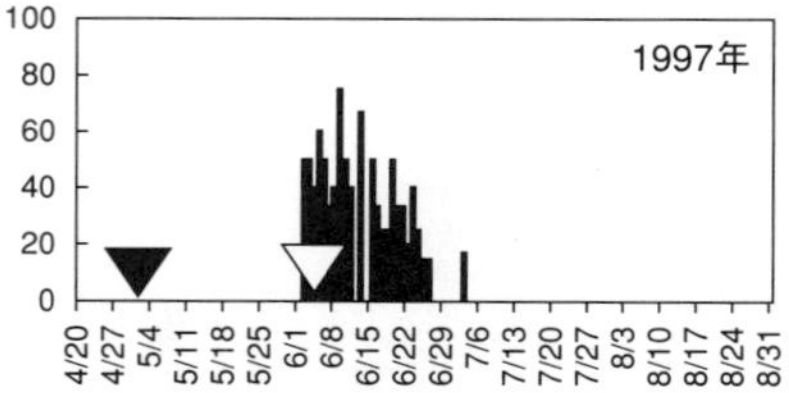

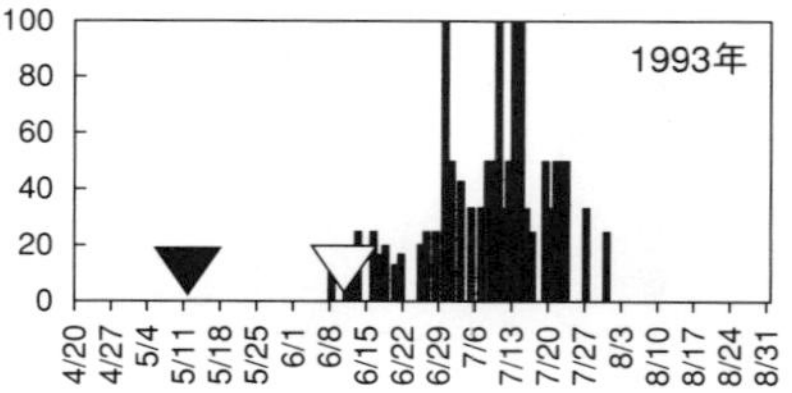

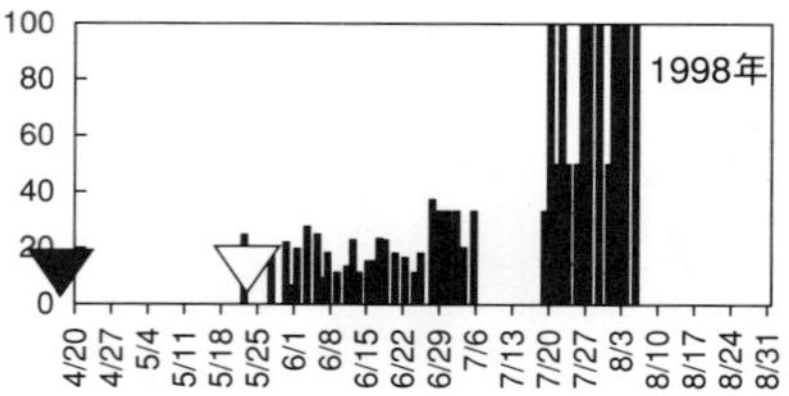

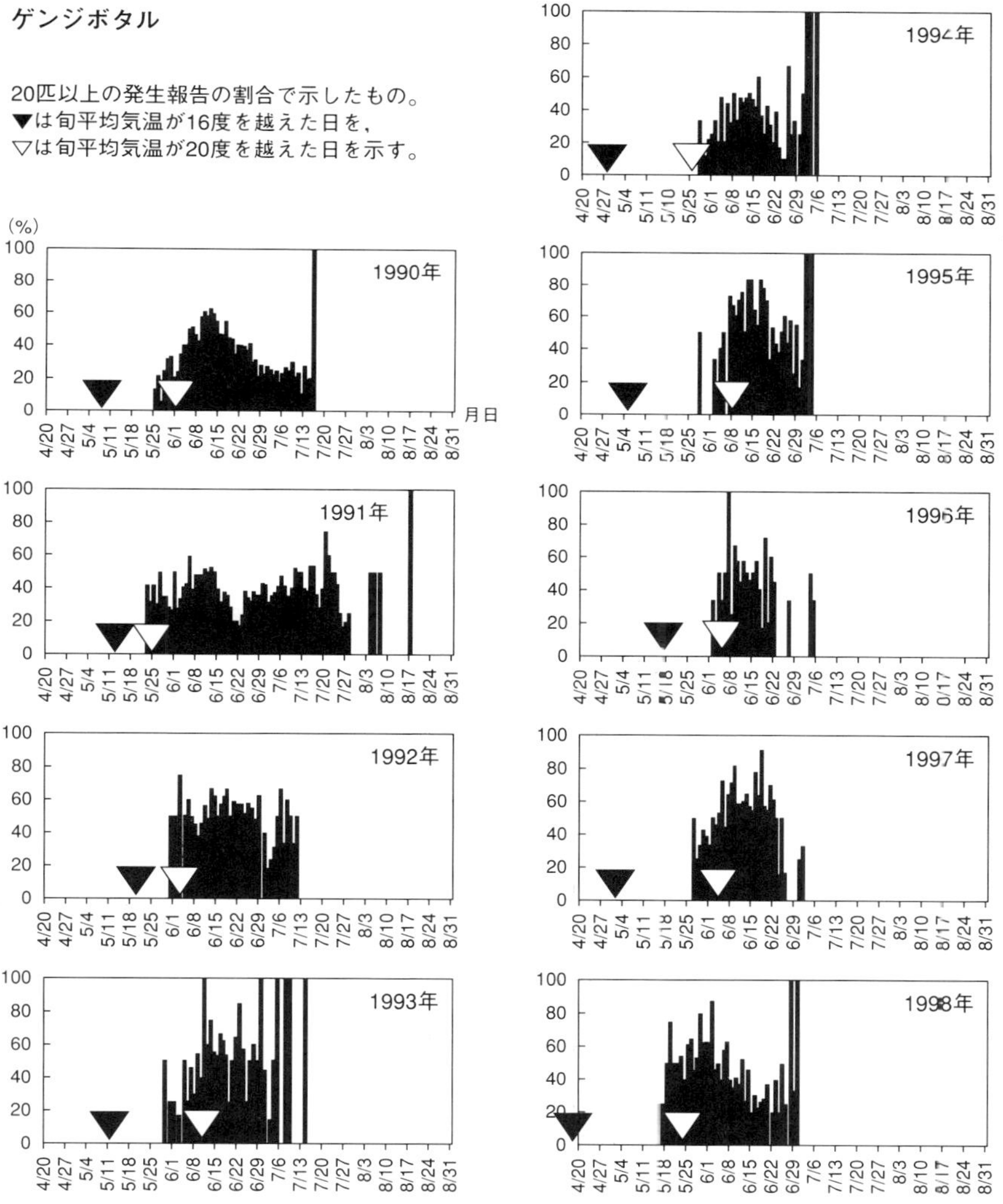

図1　滋賀県下におけるホタルの発生消長（1990～1998年）

ゲンジボタルのピークとなる時期も一九九一年や一九九四年は六月一〇日前後ですが、一九九二年や一九九三年は六月一七日前後と一週間ほどの差がみられます。

このように発生が早くなったり遅くなったりする要因の一つとして年による気温の違いが考えられます。そこで、各年の気温の変化も図に記入してみました。

図の▼▽印は、各年の「旬平均気温」が一六度を越えた日と二〇度を越えた日を示しています。これらの気温の変化と比べてみますと、ホタルの成虫発生の時期は、発生の前の五月上旬～中旬の気温に左右されていることがうかがえます。

ただし、ホタルの成虫が発生する時期は、春先に幼虫が水中から上陸してサナギになる頃の気温と雨の降り具合、サナギでいる間の気温などにも影響されます。気象と生物の発生状況をさぐるには、逆に一〇年という期間は短すぎるかもしれません。観察地点数は減少しても、これから二〇年、三〇年と観察を続ける場所も必要となるでしょう（第二部、口分田政博さんや第三部の遊磨を参照）。

3　ホタルの生息場所の変化

ホタルの観察場所の環境変化を、ここでは、次の四項目について観察してもらい、調査を始めた頃とのちがいを記入してもらいました。つまり、①水の状態や水量、②ゴミの状態、③水辺や護岸、④周囲の建物や照明、です。回答は166地点分でした。これらのうち①と②については、平成元（一九八九）年の最初の調査の時にも同じ項目の調査をしており、それとの比較もできるようにしました。

1　水の状態・水量の変化

調査地の水の状態については、「透明できれい」が32％（42地点）、「水草や水ワタが少しある」が38％（50地点）、「水草や水ワタが多いが水底はみえる」が25％（33地点）、「水草や水ワタが多くて底がみえない」が6％（8地点）でした（図

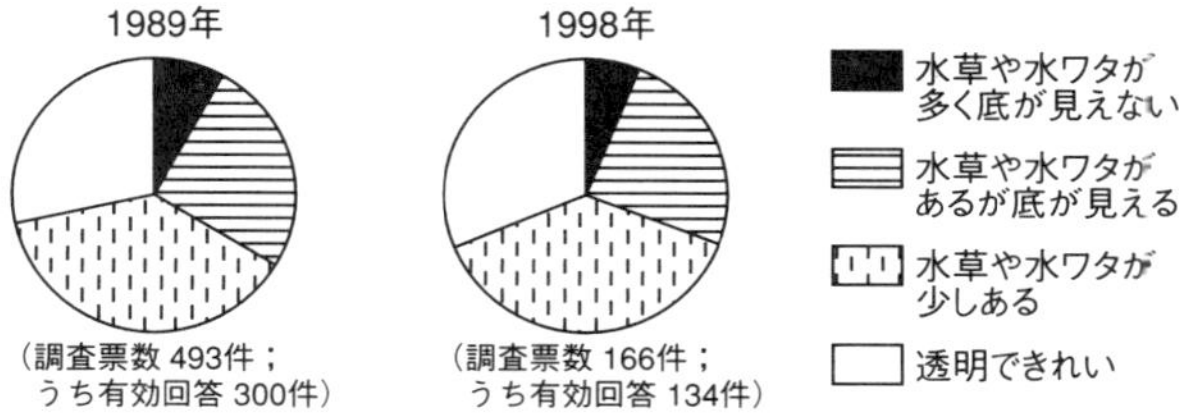

図2　調査地の水の状態（1989年と1998年）

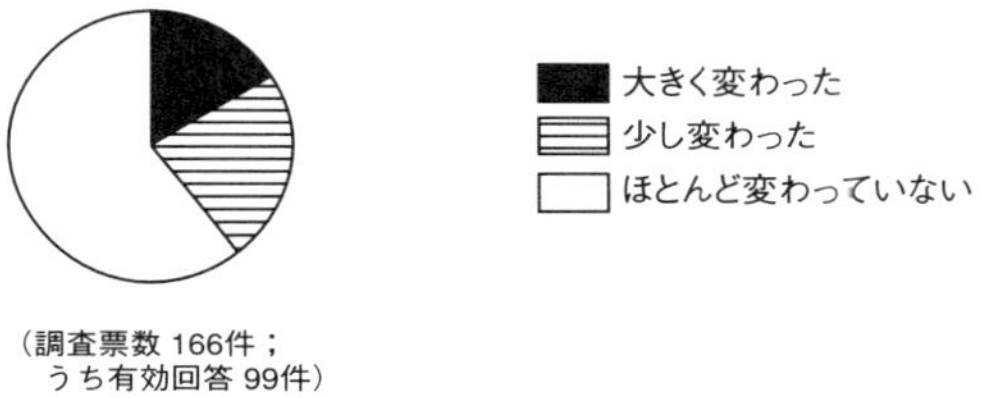

図3　調査地の水の状態・水量の変化

2）。一九八九年の時には、「底がみえない」は1割で、残りの項目がそれぞれ3割でした。この判断はあくまでも「目でみた主観」によるものですし、すべての調査地点が同じではありませんので注意を要しますが、調査地の水の透明度についてはあまり変わっていないといえそうです。

水の状態や水量の状態について、観察を始めた当初と比べて（最大一〇年、人によっては七～八年の場合もある）の変化の程度をたずねた項目では、「大きく変わった」が16％（16地点）、「少し変わった」が23％（23地点）、「ほとんど変わっていない」が60％（59地点）となりました（図3）。回答があった99地点の中で、4割が「変わった」というのをどう解釈したらよいでしょうか。期間が最大一〇年ということを考えると、川や水路などのいわば地域の構造にかかわる特性についての変化としては大きいものと思われます。

その変わった内容として自由記述欄に挙げられたものをみてみると（表2）、水量が減ったり、流れが悪くなったりという記述はありますが、きれいになった、水辺の状態がよくなった、という記述が目立ちます。この時期、琵琶湖総合開発により、下水道普及率が一九八九年時点で約31％であったのに対し、一九九八年には40％にあがりました。水の状態がよくなったのは、この下水道普及の効果かもしれませんが、その事業には、農村下水道もいれると一兆円近くの投資がなされています。このことを考えると、技術的に水の状態を改善することがどんなにぜいたくなことか、改めて知っておきたいものです。

表2　調査地の水の状態・水量について調査を始めた当初から今までにあった変化
●大きく変わったこと　○少し変わったこと　◎双方

〈水の状態の変化〉
○道幅が広くなり，川が狭くなった（長浜市）
●圃場整備，幹排工事，河川改修工事（大津市，甲良町）
●改修工事がなされ，きれいな水が流れるようになった（長浜市）
●土地改良されて，川もきれいになった（甲良町）
○川底が見えるようになった（守山市）
○水が澄んで，ザリガニがいるのがよくわかるようになった（守山市）
○水がきれいになった（彦根市，長浜市，甲良町，余呉町）
●魚礁ブロックとホタルブロックにより，護岸が改修された（守山市）
●川の底がさらわれてしまった。コンクリートがむきだしになった（石部町）
●堤防工事が昨年おこなわれ，ヨシなどが刈られ，川さらいされた（大津市）
●最初は，川底に土砂と草が生えていたが，川ざらえで土砂がない（栗東町）
○石垣がコンクリートに変わったが，芝の上の植込みはきれいになった（能登川町）
○両岸の草刈が一〇年前より頻繁におこなわれるようになった（竜王町）
○ゴミや汚水が，よく流れるようになった（大津市）

〈水の量の変化〉
●耕地整備され，川の水路が変わり，川の水がなくなった（甲良町）
●水門改修工事のため，水の流れが完全に止まるときがある（大津市）
●水の流れが悪い。一定の量にならないと流れない（近江八幡市）
◎水量が減った（大津市，彦根市，近江八幡市，竜王町，山東町）
○下水道ができて，水の量が少なくなったような気がする（中主町）
○区画整理により，水の量は少なく流れがほとんどない。現在工事中（長浜市）
○水量が増えた（彦根市，長浜市）

2　散乱ゴミの変化

水辺の美しさなど、目でみる環境の評価にとって、一般にわかりやすいものが、いわゆる「ゴミ」のような固形物です。環境基準を基本とする行政の分野では、水の中にとけこんでいるチッソやリンの量、あるいはＢＯＤ（生物化学的酸素要求量）やＣＯＤ（化学的酸素要求量）など化学的数値を用いて評価の指標にします。が、生活の現場からみるとゴミの有無、あるいはその種類というものはかなり重要な環境指標となりえます。しかし、ゴミというものは、形も大きさも種類もばらばらで、いわゆる「数値化」になじみません。タバコの吸いがら一本が落ちている状態とポテトチップスの空き袋一つが落ちている状態とどちらが「より汚れている」ときめることができるのでしょうか。人間の感覚に属する事柄は、現代の科学も行政も苦手な分野です。ですから「散乱ゴミの環境基準値」など、今のところ制定しようがありません。

そこで、とりあえずゴミの問題は、主観的判断に頼らざるをえません。ホタルの観察場所にゴミはどれくらいあるか、それは観察を始めた頃と比べてどう変わった、という質問をしてみました。現在の状況については、「ゴミはまったくない」が34％（46地点）、「ゴミが少しある」が61％（83地点）、「ゴミがたくさんある」が5％（7地点）でした（図4）。一九八九年の時点では、「ゴミはまったくない」が25％、「ゴミが少しある」が60％、「ゴミがたくさんある」が15％であり、あくまで主観的な比較ですが、「ゴミがまったくない」という地点数の割合が増え、逆に「ゴミがたくさんある」という地点数は減っているという印象が得られます。

　またゴミの状態が調べはじめた頃と比べてどうなっているか、という問いには「大きく変わった」が13％（12地点）、「少し変わった」が21％（19地点）、「ほとんど変わっていない」が66％（60地点）となりました（図5）。大半の調査地では変化がないという報告になっていますが、変化のあった場所での具体的な記述をみると（表3）、「ゴミが少なくなった」といういわば「明るい」記述が8地点ある一方で、「ゴミのポイ捨てが増えた」というような不安な変化も5地点あります。このようにみてみると水辺の散乱ゴミについても、急速に少なくなった、ともいえないし、逆に、急に増加したともいえないようです。

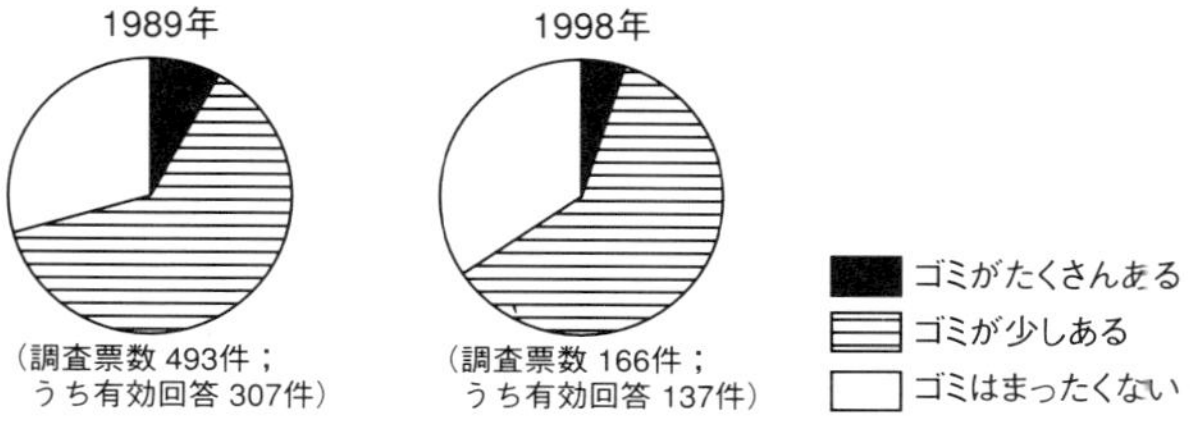

図4　調査地におけるゴミの量（1989年と1998年）

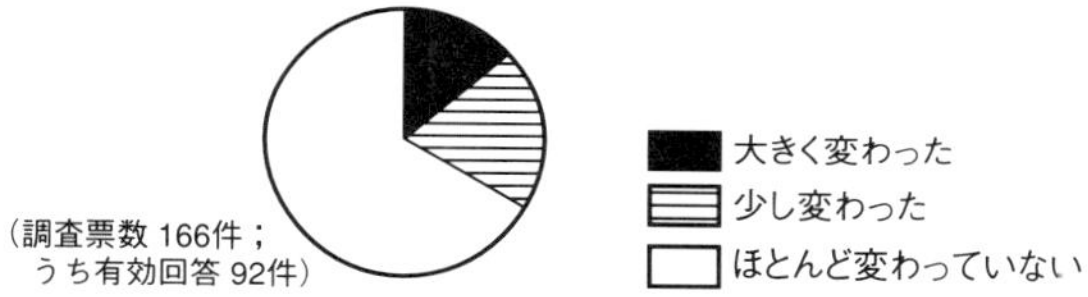

図5　調査地におけるゴミの量の変化

　ゴミの種類については、一九八九年と一九九八年、いずれも自由記入をしてもらいました。それを世話役の独断で大きく分類し、比較したのが表4です。

　一九八九年、もっとも多かったゴミ類は「ビニール・プラスチック類」です。具体的には「スーパーの袋、トレイ、ペットボトル、お菓子の袋」などで、観察地点（519地点）の約四分の一の地点（24％）から報告がありました。次は「空き缶類」で103地点、20％の地点から報

表3　調査地のゴミについて調査を始めた当初から今までにあった変化
●大きく変わったこと　○少し変わったこと　◎双方

〈明るい変化〉
●ゴミがたいへん少なくなって，水も美しくなった（長浜市）
○ゴミが少なくなった（大津市，彦根市，守山市，信楽町，湖北町）
●水量少なく，ゴミはほとんどない（甲良町，余呉町）
●川のところどころで，ゴミを止めて掃除します（甲良町）
○スクリーン取りつけにより，減少している（守山市）
●下水道ができて，汚水が少なくなった（守山市）
○下水道工事が進み，ゴミや汚れが少なくなった（長浜市）
●わが家で川の掃除をしているのでゴミはほとんどない（長浜市）
●川掃除を当番制で実施（甲良町）
●夫が川藻を取り除いて流れをよくしてくれました（能登川町）
●浚渫によって川床が人工的に造成されてゴミがなくなった（山東町）
○町で分類するようになったのでよくなった（安曇川町）

〈不安な変化〉
○ゴミの量が増えた（草津市，志賀町，甲良町，山東町）
○流れてくる空き缶が多くなった（山東町）
○以前は，川掃除をした後なのか，何も浮いてなかった（多賀町）
○せき止めのため，ゴミがいつもそこでかたまっている（近江八幡市）
○車からの空き缶や，ゴミのポイ捨てが多くなってきた（草津市）

表4　水辺のゴミの種類と報告された観察地点数

分類	1989年地点数（全体に対する割合）	1998年地点数（全体に対する割合）
ビニール・プラスチック類	122（24%）	53（32%）
空き缶類	103（20%）	39（24%）
自然物（枯草・水草）	88（17%）	28（17%）
残飯・野菜類	25（ 5%）	6（ 4%）
雑誌・紙類	24（ 5%）	6（ 4%）
ビン・ガラス類	17（ 3%）	6（ 4%）
その他・特殊ゴミ（自転車・冷蔵庫・電子レンジなど）	24（ 5%）	11（ 7%）
調査地点数	519 地点	166 地点

告がありました。三番目は「枯草、水草、木屑」などの自然物、ついで「残飯・野菜類」「雑誌・紙類」などでした。

一〇年後の一九九八年時点でのゴミを一九八九年と同じ分類基準で分けてみました。すると、やはりもっとも多く報告されているのが「ビニール・プラスチック類」であり、32％の地点から報告されました。二番目が「空き缶類」の24％、ついで「自然物」の17％でした。以下、「雑誌・紙類」「ビン・ガラス類」と続きますが、一九八九年と一九九八年、ゴミの組成がほとんど変わっていない、ということがわかります。ということは、これだけ水や川べりの環境保全、琵琶湖の環境保全などを訴えてきても、現場でのゴミ散乱の状況はほとんど改善されていないといえます。人の意識が変わっていないのか、意識は変わっても絶対的にゴミになるものが増えているのか。たとえば、自動販売機の数などは一九八九年と比べ、一九九八年はかなり増加しているはずです。ただ、残念ながら、そのように日常的でいわば猥雑な事柄は行政データにもなっていないのが実状のようです。

このような自由記入による、いわば主観的な調査結果は、厳密なデータとしては利用できないものですが、このようなゴミの指標は、環境の快適さなどの指標と同様、調査手法も含めてさらに工夫を必要とするものでしょう。

3　水辺の状況変化

観察場所の水辺の護岸などが観察開始当時とくらべどれくらい変わったかをたずねました。93地点についての回答は、「大きく変わった」が27％（25地点）、「少し変わった」が25％（23地点）、「ほとんど変わっていない」が48％（45地点）でした（図6）。一〇年弱の間に四分の一の地点が大きく変わり、残り四分の一が少し変わった、という数字をどう判断すればよいのでしょうか。残念ながら比較できる資料はほとんどありませんが、一〇年弱の間に半分ほどの調査地が何らかの改変をうけていた、ということから、この時期、かなり「急速」な変化の時代であったといえるでしょう。川辺の護岸などは、五〇年、一〇〇年という長い時間のことを考えて、人手が加えられています。つまり、水害などに関しては、「一〇〇年に一度の洪水に耐えるため」、あるいは近年は「二〇〇年に一度」というような判断がなされているのです。また、近年は川辺環境に配慮した構造に作りかえることも増えてきたようです。実際、調査地での変化の具体的な変化状況は、

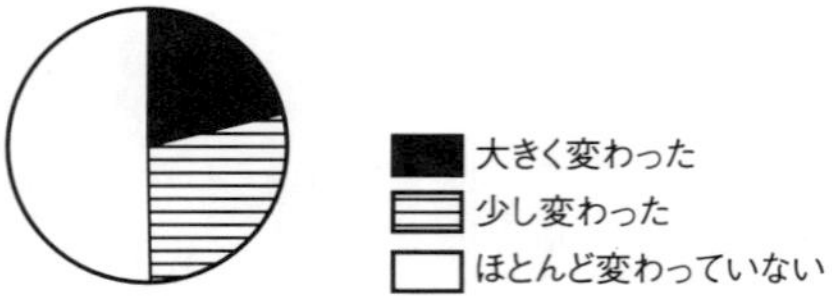

（調査票数 166件；
うち有効回答 99件）

図7　周囲の建物や照明の変化

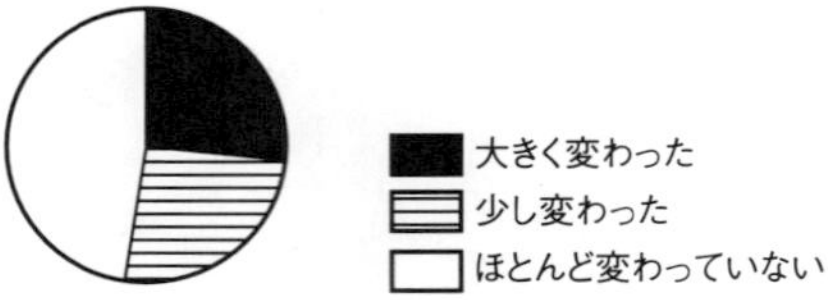

（調査票数 166件；
うち有効回答 94件）

図6　調査地の水辺の形や護岸の変化

表5　調査地の水辺の形・護岸について調査を始めた当初から今までにあった変化
●大きく変わったこと　○少し変わったこと　◎双方

〈整備にかかわること〉
●耕地整備や土地改良のため，水路が変わった（甲良町，余呉町）
◎護岸や川底がコンクリートで固められて平らになった
（大津市，彦根市，長浜市，草津市，守山市，八日市市，石部町，竜王町，木之本町）
●川がコンクリートの三面張りになり，川の淵は除草剤がまかれた（甲良町）
●川幅が大きくなり，コンクリートになった。草が少なくなった（近江八幡市，甲良町）
○昔は石がゴロゴロしていたが，コンクリートになった（甲南町）
●河川改修が施行され，川床浚渫と堤防がブロック積となった（山東町）
●川の護岸が木枠やホタルブロックになった（栗東町）
●浚渫工事で溜っていた土砂を除いて，川底にところどころブロックを敷いた（日野町）
●観察場所の橋が木造からコンクリートになった（長浜市）
●U字溝に変わり，車が通りやすいよう道が拡張された（高島町）
●堤防工事により水辺が大きく変わり，木や竹など自然がなくなった（大津市，甲良町）
●右岸にあった50平方メートル程の竹薮がなくなり，車の照明が影響する（守山市）
○川岸に草が多く生えていたが，今は少ない。石垣も整理された（長浜市）
○土手の柳が一本切られた。土手の草が刈られた（栗東町）
○護岸の山の木が切られたので，少し崩れた（八日市市）
●遊歩道が整備された。護岸工事がされた。交通量が増えた（彦根市）
○道が舗装され少し広くなったために，自動車が通り，水が汚れた（竜王町）
●木もなく，川の中の草も，一度なくなって，新しくできた草になった（甲良町）
○小川の土管の所を修理して，水門がつけられた（信楽町）
○水田の畦が崩れて，土のうを積んだ所がある（能登川町）
●川の横に畑や花壇ができた（大津市）
○川の流れが片寄って向こう岸になった（米原町）

〈復調の兆し？〉
●川底のコンクリートを割り，護岸の石も積み直された（長浜市）
○ヤマトミクリが上，下流に広がる（守山市）
○葦や雑草が茂り，葦の三角州ができ，川幅が狭い。白鷺やアヒルがいる（近江八幡市）
○川底がすっかりきれいにされたが，今年は草が島状に生えている（マキノ町）
○木が少し多くなった（木之本町）
○川の両岸に柳や草が生い茂るようになった（余呉町）
○最近は草で川が全部おおわれてしまった（石部町）

表6　調査地の周囲の建物や照明について調査を始めた当初から今までにあった変化
●大きく変わったこと　○少し変わったこと　◎双方

〈照明など〉
◎建物が建ち，街灯・防犯灯が設置され，あるいは数が増え，明るくなった（大津市，彦根市，長浜市，草津市，守山市，栗東町，石部町，水口町，信楽町，竜王町，甲良町，余呉町）
●常夜灯，オレンジ色のとても明るい光が一晩中ついている（安土町）
●道がはっきり見える大きな明りがついた（甲良町）
●照明がオレンジ色になった（甲良町）
○学園プールの外灯が増え，少し明るくなった（信楽町）
○周辺に一軒家が建ち，少し明るくなった（山東町）
○橋の横の道路中心に，薄明りが橋上を照明している（大津市）
○橋が新しくなり，夜は明るくなった（守山市）
●新幹線付近は照明が明るく，ホタルが全然いない（甲良町）
●パチンコ店とビルとガソリンスタンドで明るくなった（志賀町）
○照明が増えた（街灯，コンビニ）ため，今までの場所で見られない（マキノ町）
●遊歩道に夜間照明がつき，下流についたライトも影響がある（彦根市）
●建物がなくなり，石垣が整備され，街灯がついた（長浜市）
○数年前から，道路にソーラーで点滅するランプができた（能登川町）
○新しい道がつけられ，車の通行により光が多くなった（彦根市，守山市）
○グランドのナイター照明が届き，明るくなった（八日市市，山東町）
●外灯の向きの関係か，川をよく照らしているのでホタルが棲めない（能登川町）
●明るくなったので，ホタルのような小さな光は見えにくい（野洲町）
○農作業小屋が新築された。夜，明りが早く消えるようになった（日野町）

〈建物など〉
●近くにアパートが建った（大津市）
●キャンプ場の整備（大津市）
◎圃場整備事業や耕地整理を実施（永源寺町，伊吹町）
●川の上をバイパスが通り，騒音の影響？（長浜市）
○サイクリングロードが造られ，駅近くは住宅が川の両側に増えた（近江八幡市）
●川の横の道幅が広くなり，川の幅半分くらいまでつきでている（大津市）
○建物はないが，道が広くなり，木や竹がなくなった（甲良町）
●日が当らないので，日の当る所？草のない所？へホタルが移動した（石部町）

表5に示したように，もっとも目立つのは「コンクリート化」であり，また「ブロック化（ホタルブロックを含む）」でした。自然をコンクリートに閉じこめてきた環境改変が各地でさらに進んだ，といえるでしょう。

4　水辺の周囲の状況変化

ホタルの生息には，水そのものや護岸の状況などとあわせて，明かりなどの河川周囲の状況も大きく影響していることがこの一〇年間の観察で指摘されてきました。図7は，水辺の周囲の建物や照明が，観察を始めた頃と比べてどのくらい変化したかについての回答をまとめたものです。報告された98地点の調査地のうち22％（21地点）は「大きく変わった」，28％（28地点）は「少し変わった」、50％（49地点）は「ほとんど変わっていない」という結果でした。

河川の形態や護岸のようすと同様、河川周囲も約半分の地点でなんらかの変化があったことがわかります。具体的な記述を表6にまとめましたが、「大きく変わった」という報告の中でもっとも多いのは「明るくなった」「照明がついた」などです。この照明には住宅だけでなく、コンビニエンス店、ガソリンスタンド、パチンコ店などのほか運動場などの公共施設の明かりもあります。また道路ができて車の明かりが増えたというのもありました。ホタルダスが始まった折り、ホタル研究の専門家として意見を求められた遊磨が、「明かりがあるかないかはホタルの生息に死活問題」と指摘していたことが、今回、数多くの事例から支持されたといえるでしょう。しかしながら、「道がついて歩きやすくなった」あるいは「明かりがついて安全になった」という観点は、これからの私たちとホタルの暮らしを考えなおす上で無視することができないものです。

5　私にとっての変化の意味は？

さて、上のような変化をそれぞれ、観察した個人個人はどう受けとっているでしょうか。このことにメスを入れるために「あなた自身にとってよくなったこと、悪くなったこと」という質問をしてみました（表7）。

「よくなったこと」としては、「コンクリートになって美しくなった」「水がきれいになった」「ゴミが減った」など、「きれい」「美しい」という言葉が目立ちます。また「外灯がつき安全に」「舗装され歩きやすくなった」など「安全」「便利」をよくなったこととしている回答も多くありました。

「悪くなったこと」としては、「ホタルや生き物が」「減少した」「見られなくなった」ということが報告されています。川をコンクリート張りにして見かけをきれいにして、道路も舗装にして歩きやすくしたら、生き物にはよくない、ということも自覚されています。生物が減ったことを「寂しい」と報告する人もいます。

ここではとくに、同一人物が両方の評価を同時にしている、という点を指摘しておきたいと思います。このような、対立する評価、いわば「内面的葛藤」をどうするか。それを外から「指導」したり、ましてや「啓蒙」したりはできません。

まさに対立する価値観、葛藤を内包する課題であるからこそ、「当事者としての」「長期的な視野」にたって内的な判断が必要となるといえるでしょう。ホタルダスの世話役として、私たちがいえることはこの点までです。

4　参加者自身の意識変化

ここでは、ホタルダスの期間に参加者の「身のまわり」にどんな変化がおきたのか、「意識や習慣」にどのような変化があったのかについて、いわば「自己申告」をそれぞれしてもらいました。表現としてはさまざまで「川をよくのぞきこむようになった」「気になって見るようになった」という表現がみられますが、一言でいえば「よく見るようになった」ということがホタルダスの最大の自己評価といえるでしょう。

このように、ホタルダスのねらいの中の、「ホタルを通して身近な環境に関心をむけるように」ということはある意味でそのひとつのステップをふめた、と思います。また、これらの人たちの感想をみて、最初に予想されない大きな成果もありました。これは私たち世話役にとってもほとんど予想のできなかったことで、それは人間関係に関することです。

たとえば「人とよく話をするようになった」「家族の話題が豊富になった」「近所とよく話をするようになった」というように、ホタルが人間関係をふかめるという役割があった、ということです。この点については、第二部によりくわしくふれられることになりますが、ホタルがなぜ、人と人のかかわりをふかめる生き物であるのか、ほんとうのところ、まだまだミステリーです。次の課題が生まれてきたようです。

【悪くなったこと】

〈ホタルやほかの生き物のこと〉

・ホタルが見られなくなった，少なくなった（彦根市，長浜市，石部町，能登川町，甲良町，余呉町）
・田や畑がなくなり，コンクリートがうたれ，ホタルが棲みづらい（野洲町）
・コンクリート三面張りのため，土砂が堆積せず，数が減った（栗東町）
・ホタルの発生が激減した。ホタルにも配慮した浚渫を望む（山東町）
・ホタルにとっては棲みにくい（長浜市）
・だんだんホタルの居る範囲が狭くなっていく（能登川町）
・ホタルが見にくくなった（草津市）
・周囲が明るくなったので，ホタルが見づらくなった（大津市，草津市，志賀町，甲良町）
・明るく光っていたホタルも，今はあの時のような美しさがない（甲良町）
・反面，自分自身も自然環境を壊していることになる。ホタルも減った（徳島県鴨島町）
・魚のかくれる所がなくなった。ホタルは全滅した（高島町）
・魚を見かけることがなくなった（マキノ町）
・川の生き物については棲みにくい環境になった（八日市市）
・自然な川でなくなった（草津市）
・自然が消えて，環境が大きく変化した（長浜市）
・身近な川は底うちまでしてしまい，生物の居ない寂しい川です（能登川町）
・魚や植物が増えたため，人の出入りが多く，環境破壊が心配である（大津市）
・あんなに多かった動植物がほとんどいなくなった（大津市）
・自然破壊につながるような開発は，「ゲンニツツシムコト」と思う（大津市）

〈その他〉

・水の中をのぞくくせ……（余呉町）
・情緒的な風景が失われていく（近江八幡市）
・家から見えていた風景が変わった。山が見えにくくなった（大津市）
・川が深くて，親しめない（甲良町）
・散歩の楽しみが減った（大津市）
・竹薮の跡が建設廃資材置き場になり，景観が悪化した（草津市）
・ゴミが増えた（竜王町）
・通りがかりの人が，ゴミを捨てることがなくならない（守山市）
・水量の多いときは，水の流れが止まり，ゴミも流れず，水質も悪い（近江八幡市）
・ゴミをむやみに捨てる人が多く，その人の気持ちがわかりません（草津市）
・不自然な色で不愉快。まぶしい（安土町）
・下流の柵板は破れているのもある。コンクリートの川底に土砂がたまる（木之本町）
・農道なのに車が通るようになったこと。草刈が頻繁にされるよう（竜王町）
・人間の生活整備のため，土手の木も刈られ，畦道も広くなった（栗東町）
・川幅が狭くなり，草で川をふさいでしまう（長浜市）
・夜間の騒音で，睡眠が妨げられることがある（彦根市）
・除草剤が使われていた（中主町）
・自然破壊が少しずつ進んでいる。資材置場，ゴルフ練習場などができた（大津市）
・ここに生活する限り楽しみです（大津市）

表7　あなた自身にとってよくなったこと・悪くなったこと

【よくなったこと】
〈川の状態〉
・コンクリートになって，周りが美しくなった（能登川町）
・川はだんだんきれいになっているように思う（守山市）
・公園の掃除がなされ，水がきれいになった（守山市）
・たびたび土手の草を刈り，むやみに除草剤を使わなくなった（余呉町）
・できるだけ自然を取り戻すよう，町内に働きかけて工事をしてもらう（長浜市）
・カワニナが見られるようになってきた（余呉町）
・昨年よりホタルが多く見られた（長浜市）
・川の中までよく見えるようになった（大津市）
・水質がよくなった（長浜市，甲良町）
・水はきれいになり，周りも花を植えてきれいになりました（甲良町）
・ゴミがなくなり，川がきれいになった（甲良町）
・空き缶や紙パックなどが少なくなったのは，こまめに拾っているから（中主町）
・ゴミを川や道路に捨てなくなった（余呉町）
・なんでも川に流すというようなことはしなくなった（安曇川町）
・この川のことは町内でも有名になってきて，よく観察されています（能登川町）
・上流で田んぼを作る人がなくなったので，生物が棲みやすくなる（余呉町）

〈安全に，便利に〉
・水量の多いときは，川幅が広くなったぶん安全である（近江八幡市）
・川の安全度が増した（山東町）
・人が住むようになり，暗くて危険な場所がなくなった（余呉町）
・夜道が安全になった（野洲町）
・夜遅く帰っても，道が明るく怖くなくなった（甲良町）
・暗い道に街灯がつき，通行時に怖くなくなった（草津市）
・明るくて夜には用心がよい（甲良町）
・学校の帰りとか怖くない（竜王町）
・川と道との境がよくわかり，舗装もされて歩きやすくなった（竜王町）
・道路ができ，行きやすくなった（大津市，彦根市，永源寺町，甲良町）
・交通量が4，5倍になっているので，道路の強度についてはよい（八日市市）
・住宅が建った（草津市）
・生活面では便利になり，健康づくりのための散歩が快適である（彦根市）
・川掃除で泥すくいをしなくてもよい。田に水が出入りしやすくなった（高島町）
・農家にとってはよくなった（甲良町）
・道幅が広くなり，農機具の出入りがよくなった（長浜市）

〈その他〉
・環境の変化に気を使うようになった（信楽町）
・川の周りが気になり始めた（山東町）
・観察場所にはいなくなったが，他の場所や集落の中にはホタルがいる（甲良町）
・堤防道路は昆虫の宝庫（彦根市）
・魚や植物が増えたため，川の側を通り，中を見るのが楽しみになった（大津市）
・自宅もそのうちの一つなので，ホタルの見える環境に住めた（徳島県鴨島町）
・よくも悪くも考えられるが，自然の川にまた何年かしたら，と楽しみ（大津市）

（八）上のような変化に対して、あなた自身にとってよくなったことがありますか。悪くなったことがありますか。それぞれに考えてみてください。

よくなったこと（　　　　　　　　　　　　　　　　　　　　　　　　）
悪くなったこと（　　　　　　　　　　　　　　　　　　　　　　　　）

2　身のまわりの変化

この調査にかかわりはじめて以降、あなたご自身の生活や身のまわりに何か変化はありましたか。さしつかえのない範囲内でお教えください。

3　意識や習慣の変化

ホタルダス調査に参加してあなたの考えや意識、行動がかわったことなどありますか。またそこから発展して行ったことや習慣などありますか。もしありましたら具体的に教えてください。

4　今後の企画

ホタルダス調査は今年で一段落する予定です。ホタルダスに引き続く企画のアイディアがありましたら、教えてください。また「水と文化研究会」や「琵琶湖博物館」に対するご希望など、ありましたら教えてください。

報告書

ここ１０年間のホタルダス調査の記録をまとめて編集する予定です。ここに記入していただいたあなたのご意見や報告をのせてもよろしいですか。番号に○をつけてください。

（１）実名のまま、のせてもかまわない
（２）匿名（とくめい）ならば、のせてもかまわない
（３）のせてほしくない

（アンケートにご協力ありがとうございました）

ホタルダス調査票（1998年度ホタルアンケート）

1　ホタルの生息状況と場の変化

(一)　添付のホタルカレンダーに、過去調べたのと同じ場所での観察記録を記入してください。いない場合でも「いない」と報告ください。地点が複数ある場合には、地点毎に別べつのカレンダーを使って記入してください。

上の場所について、下記のことを調べてみてください。

(二)　観察場所の水　はどのようにみえますか。次の中からあうものに○をつけてください。

（1）透明できれい　（2）水草や水ワタが少しある
（3）水草や水ワタが多いが底はみえる　（4）水草や水フタが多くて底はみえない

(三)　観察場所の水の状態や水量　は最初に調べた頃とくらべてかわったでしょうか。

（1）おおきくかわった　（2）少しかわった　（3）ほとんどかわっていない
（1）（2）と答えた方は、どうかわったか具体的に記入してください。
（具体的に：　　　　　　　　　　　　　　　　　　　　　　　　）

(四)　観察場所のゴミ　はどれくらいありますか。もしある場合、どんなゴミが目につくか言葉で記入してください。

（1）ゴミは全くない　（2）ゴミが少しある　（3）ゴミがたくさんある
（2）（3）と答えた方は、どんなゴミが目についたか記入してください。
（　　　　　　　　　　　　　　　　　　　　　　　　　　　　　　）

(五) ゴミの状態　は最初にあなたが調べた頃とくらべてどうかわったでしょうか。

（1）おおきくかわった　（2）少しかわった　（3）ほとんどかわっていない
（1）（2）と答えた方は、どうかわったか具体的に記入してください。
（具体的に：　　　　　　　　　　　　　　　　　　　　　　　　）

(六) 観察場所の水辺の形、護岸の状況　は最初と比べてどうかわったでしょうか。

（1）おおきくかわった　（2）少しかわった　（3）ほとんどかわっていない
（1）（2）と答えた方は、どうかわったか具体的に記入してください。
（具体的に：　　　　　　　　　　　　　　　　　　　　　　　　）

(七) 観察場所の水辺の周囲の建物、照明　などはどうかわったでしょうか。

（1）おおきくかわった　（2）少しかわった　（3）ほとんどかわっていない
（1）（2）と答えた方は、どうかわったか具体的に記入してください。
（具体的に：　　　　　　　　　　　　　　　　　　　　　　　　）

地域　団体　ID　地図コード　受領日　入力日　担当　CHECK　(記入しないでください)

９８ホタルカレンダー

観察場所　　(市町村)　　川　　付近

名前　　住所　　(　　学校　　年　　組)

年齢(　　)電話番号(　　)

観察した日と時刻		お天気	気温	ホタルの状況	全体数	ホタルの種類	その他
月　日(日)	時　分	晴・曇・雨	℃	0・1・2・3		ゲ・ヘ・両	
月　日(月)	時　分	晴・曇・雨	℃	0・1・2・3		ゲ・ヘ・両	
月　日(火)	時　分	晴・曇・雨	℃	0・1・2・3		ゲ・ヘ・両	
月　日(水)	時　分	晴・曇・雨	℃	0・1・2・3		ゲ・ヘ・両	
月　日(木)	時　分	晴・曇・雨	℃	0・1・2・3		ゲ・ヘ・両	
月　日(金)	時　分	晴・曇・雨	℃	0・1・2・3		ゲ・ヘ・両	
月　日(土)	時　分	晴・曇・雨	℃	0・1・2・3		ゲ・ヘ・両	
月　日(日)	時　分	晴・曇・雨	℃	0・1・2・3		ゲ・ヘ・両	
月　日(月)	時　分	晴・曇・雨	℃	0・1・2・3		ゲ・ヘ・両	
月　日(火)	時　分	晴・曇・雨	℃	0・1・2・3		ゲ・ヘ・両	
月　日(水)	時　分	晴・曇・雨	℃	0・1・2・3		ゲ・ヘ・両	
月　日(木)	時　分	晴・曇・雨	℃	0・1・2・3		ゲ・ヘ・両	
月　日(金)	時　分	晴・曇・雨	℃	0・1・2・3		ゲ・ヘ・両	
月　日(土)	時　分	晴・曇・雨	℃	0・1・2・3		ゲ・ヘ・両	
月　日(日)	時　分	晴・曇・雨	℃	0・1・2・3		ゲ・ヘ・両	
月　日(月)	時　分	晴・曇・雨	℃	0・1・2・3		ゲ・ヘ・両	
月　日(火)	時　分	晴・曇・雨	℃	0・1・2・3		ゲ・ヘ・両	
月　日(水)	時　分	晴・曇・雨	℃	0・1・2・3		ゲ・ヘ・両	
月　日(木)	時　分	晴・曇・雨	℃	0・1・2・3		ゲ・ヘ・両	
月　日(金)	時　分	晴・曇・雨	℃	0・1・2・3		ゲ・ヘ・両	
月　日(土)	時　分	晴・曇・雨	℃	0・1・2・3		ゲ・ヘ・両	
月　日(日)	時　分	晴・曇・雨	℃	0・1・2・3		ゲ・ヘ・両	
月　日(月)	時　分	晴・曇・雨	℃	0・1・2・3		ゲ・ヘ・両	
月　日(火)	時　分	晴・曇・雨	℃	0・1・2・3		ゲ・ヘ・両	
月　日(水)	時　分	晴・曇・雨	℃	0・1・2・3		ゲ・ヘ・両	
月　日(木)	時　分	晴・曇・雨	℃	0・1・2・3		ゲ・ヘ・両	
月　日(金)	時　分	晴・曇・雨	℃	0・1・2・3		ゲ・ヘ・両	
月　日(土)	時　分	晴・曇・雨	℃	0・1・2・3		ゲ・ヘ・両	

【ホタルの状況】０…全くいない　１…１～５匹　２…６～19匹　３…20匹以上

【全　体　数】　ホタルの数が数えられる場合だけ、合計の数を書いてください

【ホタルの種類】ゲ…ゲンジボタル　ヘ…ヘイケボタル　両…両方いる　わからないときは○をつけない

【その他】　種類別の数がわかるときは、ここに書いてください。ほかに気がついたことも書いてください。

観察場所周辺の地図

あなたの観察場所のあたりの地図を簡単に描いてください。

89

125、126、127、128、129

ほたるアンケート

あなたの名前 ＿＿＿＿＿＿
住所 彦根市
電話番号 ＿＿＿＿＿＿

しらべる場所

あなたがほたるを調べる場所はどんな感じでしょうか。もっとも近いと思う場所に○をつけて、そこの状況を例にならってくわしく書き込んでください。

（１）谷あいの川

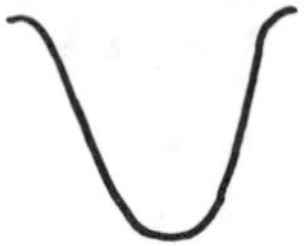

（２）堤防がある川

（３）堤防がないが護岸がある川

（４）小さな水路 ← ○

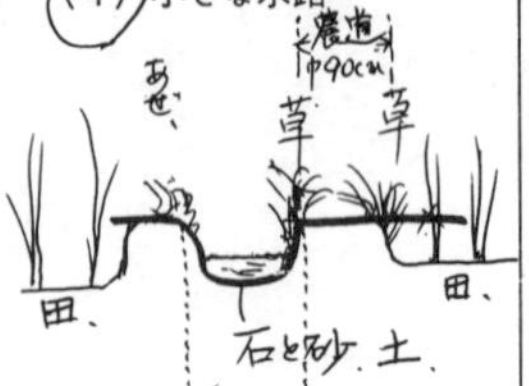

（例）

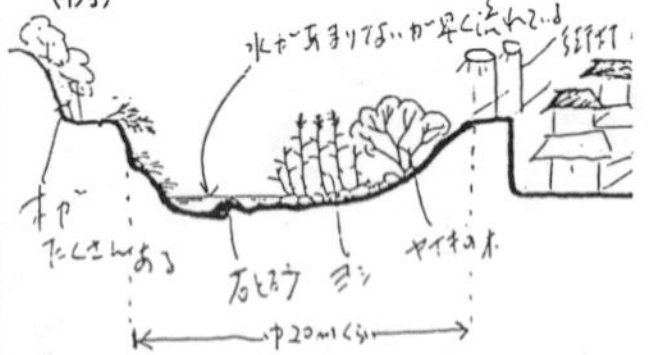

（書いてほしいこと）

＊川床が石、砂、泥か？
＊川巾は何メートルくらいか？
＊水の流れ方、水量は？
＊護岸はコンクリート、石垣、土、草、木か？
＊川原は砂利、草、木？
＊堤防の周囲の道、街灯、家は？
＊田んぼは？

川の水のじょうたい

川の水はどのようにみえますか、次の中からあうものに○をつけてください。

（1）透明できれい（2）水草や水ワタが少しある（3）水草や水ワタがたくさんあるが底はみえる（4）水草や水ワタがたくさんあって底はみえない

川のゴミ

その川にはゴミはどれくらいありますか。もし、ゴミがある場合、どんなゴミが目につくか言葉で記入してください。

（1）ゴミは全くない　（2）ゴミが少しある ← ○　（3）ゴミがたくさんある

（2）、（3）の場合、目につくゴミは？

（ 枯草、 ）（　　　）（　　　）

昔のほたる

あなたが、観察している場所には、３０年位前にほたるがいたかどうかあなたご自身の記憶やご家族、ご近所の方にうかがってみて次のなかから選んでください。

（1）昔は今よりもたくさんいた ← ○　（2）昔も今と同じくらいだった
（3）昔よりも今の方が多い　（4）昔もいなかったけど、今もいない

ほたるの思い出

ほたるについて、あなたご自身は何か思い出がありますか、ご家族やご近所の方などにも何か思い出がないか聞いてみてください。

※当地に越して来てから

梅雨明け頃、田んぼ近くの方の知らせで見に出かけたり、8/1の花火大会の帰り、子供達とうちわを持って追いかけるのが恒例になってます。が、団地が出き、今の田んぼも家に取りかこまれ、年と共に数が少なくなっているのが寂しい限りです。私の子供の頃、母や祖母が歌ってくれたほたるの歌を、子供と大きな声で歌ったものですが、数年もするときっとその子供と共に歌ってくれることでしょう。
そのためにもホタルを守りたいですね

パソコン通信とリアルタイム情報

あなたがしらべているのと同じことを、今、滋賀県各地でしらべています。よその地域でのほたる情報を今すぐに知ることができます。また、あなたがしらべたことを今すぐにレポートすることもできます。あなたのご家族やご近所にパソコン通信をしている人がいたら、その人に頼んで下の電話番号にパソコンやワープロをつないでもらってください。

湖鮎ネット（パソコン通信センター）　0775-21-5643

この電話は一般の電話としては使えません。

○ほたるぶくろの花が咲くのと同じ頃、ほたるが出るのですね、改めて感心しました
○幼少の頃、麦ワラで一生懸命にホタルカゴを編んだものです。

地域	団体	ID	地図コード	受領日	入力日	担当	CHECK	（記入しないでください）
6	1(21)	028		8/19				94

'94ホタルカレンダー　観察場所 新旭町（市町村）伊佐久 川農業用水付近

名前　　住所 滋賀県草津市　学校 5年 1組）

電話番号（　　　　）

観察した日と時刻	お天気	気温	ホタルの状況	全体数	ホタルの種類	その他
6月4日(日) 時 分	晴・曇・雨	℃	0・1・2・3		ゲ・ヘ・両	
月 日(月) 時 分	晴・曇・雨	℃	0・1・2・3		ゲ・ヘ・両	
月 日(火) 時 分	晴・曇・雨	℃	0・1・2・3		ゲ・ヘ・両	
月 日(水) 時 分	晴・曇・雨	℃	0・1・2・3		ゲ・ヘ・両	
月 日(木) 時 分	晴・曇・雨	℃	0・1・2・3		ゲ・ヘ・両	
月 日(金) 時 分	晴・曇・雨	℃	0・1・2・3		ゲ・ヘ・両	
6月4日(土) 8時00分	(晴)・曇・雨	26℃	0・(1)・2・3	3びき	ゲ・(ヘ)・両	ヘイケボタル
6月5日(日) 8時30分	(晴)・曇・雨	26℃	0・(1)・2・3	1ぴき	ゲ・(ヘ)・両	少し風がふいていた。
6月6日(月) 8時30分	(晴)・曇・雨	26℃	0・(1)・2・3	2ひき	ゲ・(ヘ)・両	5月27日〜ずっと雨なし
~~6月8日(火) 8時30分~~	~~(晴)・曇・雨~~	~~25℃~~	~~0・1・2・3~~	~~1ぴき~~	~~ゲ・(ヘ)・両~~	~~少し風がふいていた~~
6月8日(水) 8時30分	(晴)・曇・雨	25℃	0・(1)・2・3	1ひき	ゲ・(ヘ)・両	少し風がふいていた
6月9日(木) 8時00分	晴・曇・(雨)	24℃	0・1・(2)・3	7ひき	ゲ・(ヘ)・両	少し風がふいていた。
~~6月10~~日(金) 時 分	晴・曇・雨	℃	0・1・2・3		ゲ・ヘ・両	
6月11日(土) 8時00分	(晴)・曇・雨	25℃	0・1・(2)・3	8ひき	(ゲ)・(ヘ)・両	[illegible]山で行ったら100ぴきぐらいいた
6月12日(日) 8時30分	晴・曇・(雨)	24℃	0・(1)・2・3	5ひき	ゲ・(ヘ)・両	雨がふっていた
月 日(月) 時 分	晴・曇・雨	℃	0・1・2・3		ゲ・(ヘ)・両	
月 日(火) 時 分	晴・曇・雨	℃	0・1・2・3		ゲ・ヘ・両	
6月15日(水) 10時00分	(晴)・曇・雨	25℃	0・1・2・(3)	28ひき	ゲ・(ヘ)・両	すずしかった。
月 日(木) 時 分	晴・曇・雨	℃	0・1・2・3		ゲ・ヘ・両	
6月17日(金) 8時15分	(晴)・曇・雨	27℃	0・1・(2)・3	15ひき	ゲ・(ヘ)・両	暑かった
月 日(土) 時 分	晴・曇・雨	℃	0・1・2・3		ゲ・ヘ・両	
6月19日(日) 8時20分	晴・曇・(雨)	25℃	0・1・2・3		ゲ・(ヘ)・両	
6月20日(月) 8時30分	晴・(曇)・雨	23℃	0・1・(2)・3	9ひき	ゲ・(ヘ)・両	風が強くさむかった。
月 日(火) 時 分	晴・曇・雨	℃	0・1・2・3		ゲ・ヘ・両	
6月22日(水) 8時0分	(晴)・曇・雨	24℃	0・1・2・(3)	22ひき	ゲ・(ヘ)・両	暑かった。
月 日(木) 時 分	晴・曇・雨	℃	0・1・2・3		ゲ・ヘ・両	
6月24日(金) 時 分	晴・(曇)・雨	25℃	0・1・2・3		ゲ・(ヘ)・両	
月 日(土) 時 分	晴・曇・雨	℃	0・1・2・3		ゲ・ヘ・両	

裏につづく

【ホタルの状況】0…全くいない　1…1〜5匹　2…6〜19匹　3…20匹以上
【全体数】ホタルの数が数えられる場合だけ、合計の数を書いてください
【ホタルの種類】ゲ…ゲンジボタル　ヘ…ヘイケボタル　両…両方いる　わからない時は○をつけない
【その他】種類別の数がわかるときは、ここに書いてください。ほかに気がついたことも書いてください。

うら

▼川の水のじょうたい
川の水はどのようにみえますか、次の中からあうものに○をつけてください。
(1) 透明できれい　(2) 水草や水ワタが少しある
(3) 水草や水ワタが多いが底はみえる　(4) 水草や水ワタが多くて底は見えない　［(4)に○］

▼川のゴミ
その川にはゴミはどれくらいありますか。
(1) ゴミはまったくない　(2) ゴミが少しある　(3) ゴミがたくさんある　［(2)に○］
ゴミがあると答えた人は、どんなゴミが目につきましたか？　言葉で記入してください。
（プラッチックゴミ）（なまゴミ）（きたない油）

▼ホタルのほかの生き物たち
その川にはこのごろ、ホタルのほかにどんな生き物が見つかりますか。
(1) ほかの生き物はほとんど見つからない
(2) ほかの生き物が少しいる　(3) いろんな生き物がたくさんいる　［(2)に○］
ほかの生き物がいると答えた人は、どんな生き物がいましたか？
名前がわかれば記入してください。
（ザリガニ）（　）（　）
（　）（　）（　）

▼調査に参加した感想
ホタルダスに参加して、あなたご自身はどんな感想をもたれましたか。身近な環境に対して発見や　おどろきなどがありましたら、ご記入ください。（うら面もご利用ください）
（[illegible]）

▼報告書
感想など、この調査票にあなたの書かれたことを「私たちのホタル第6号」にのせてもよろしいでしょうか
(1) 実名のまま、のせてもかまわない　［(1)に○］
(2) 匿名（とくめい）ならば、のせてもかまわない。
(3) 名前はのせてほしくない

アンケートにご協力ありがとうございました
（水と文化研究会　ホタルダス組）

遊磨正秀のホタル講座

1　人と自然―ホタルを通して考えよう

年々身のまわりの自然環境が失われていきます。たとえば、河川改修や護岸工事、道路の整備、宅地開発、田畑の拡充整備、作物害虫・森林害虫・蚊やハエなどの駆除、防犯灯の設置などなど。どれも人の生活には必要な改変です。従来は必要からくる開発が優先されていましたが、近年ではそれに伴ういくつかの反省点も浮かび上がってきました。

そのひとつが「生活のゆとり」ともいえる自然環境への回帰でしょう。開発自体必ず自然の破壊を伴うものであり、自然をそっくり残して開発せよというのは無理な話です。しかし、少しでも自然環境を痛める程度を小さくして開発することは可能なはずです。

昔はたくさんいたというホタル、私自身その時代を知りません。ですからいなくなった、あるいは少なくなった生き物が戻ってくるというのはうれしいことです。自然を残す、あるいは回復させるような努力は今すぐにでも始めたくはありますが、その前に、今の状態はどうなのか、そしてできることならば昔はどうだったのかをしっかりと把握しておきたいのです。昔（まだ自然環境が多くあった頃）と、今（開発が進んだ時）とを比べてみて、それから将来あるべき姿（自然の保全または回復）を検討するべきでしょう。

生き物はそれぞれに適した生活環境というものをもっています。ホタルにしても最適な生息場所をもっています。その環境はちょうど昔の人里と一致していたようです。山の中にも少ない、街の中にも少ない。人の活動によってほどよく川が汚れた（富栄養化した）ところがホタルの生活の中心だったようです。そこはまた、子どもたちがメダカをすくい、トンボを追ったところだったはずです。そこは、人と自然が混在していた場所だったのでしょう。すべての場所にそのような理想を求めるのも無理があるでしょうが、できるかぎり理想に近づきたいものです。

2　観察方法

ホタルは夜の観察という問題はあるものの、向こうで光ってそこにいることを教えてくれるので、かなり見つけやすい生き物です。日本にはホタルの仲間（ホタル科の昆虫）が四〇種類以上いますが、身近にいて見つけやすいものはゲンジボタルかヘイケボタルの二種類のどちらかです。チョウやトンボのようにたくさんの種類があって名前がわかりにくい、という欠点も

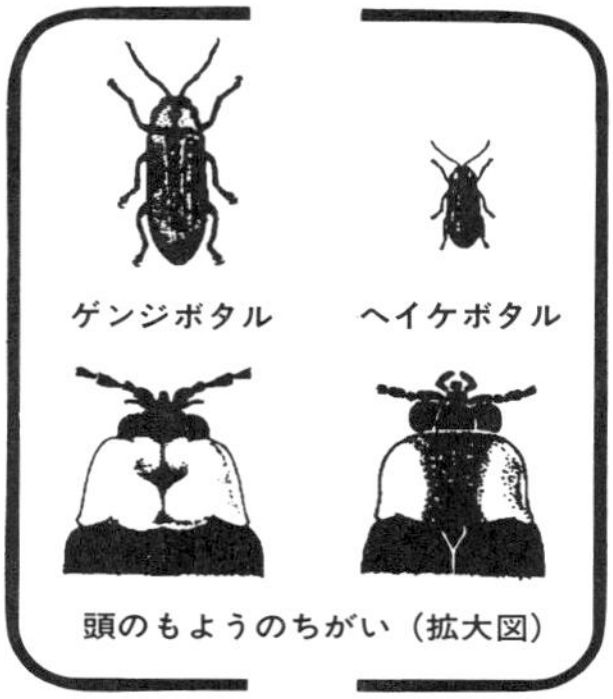

ゲンジボタルとヘイケボタルが身近なホタルです。大きい方がゲンジボタル（左，体長14～21ミリ），小さいのがヘイケボタル（右，同6～9ミリ）です。この2種類のホタルの幼虫は，いずれも水の中で生活し，カワニナなどの貝類を食べて成長します。
（ホタルダス下敷きより）

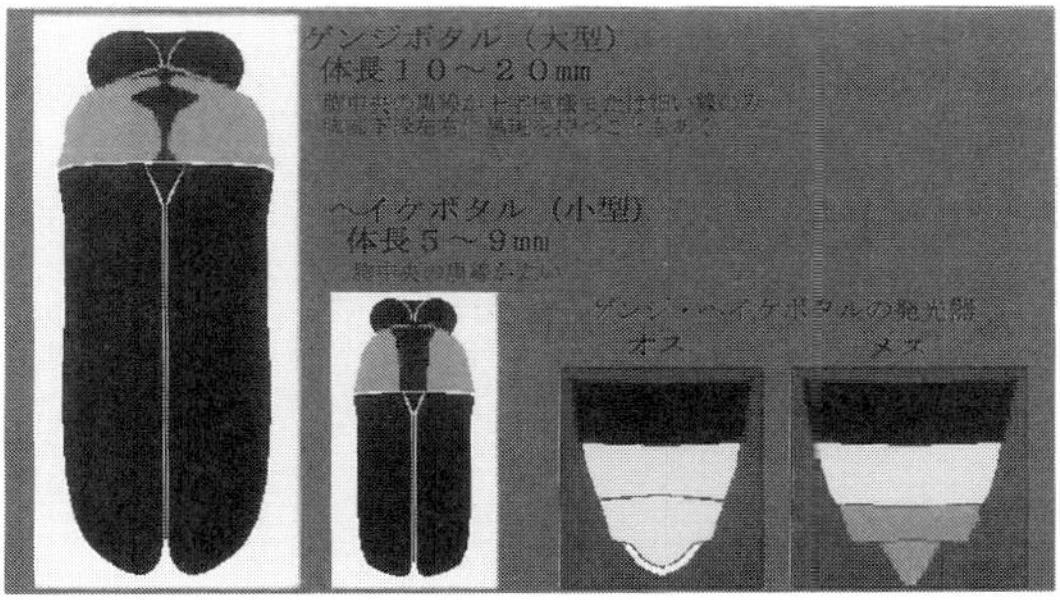

パソコン通信上の電子図鑑（作画　遊磨正秀）

ありません。さらに私個人の経験からすれば、これほど数えやすい生き物もいないのです。ただ、ホタルが飛び回っていると光の点が動くので、きっちりとは数えられません。それでも慣れてくれば二回、三回と数えても大差が出なくなります。

一般に生き物の調査では「いた、いない」の記録だけでは役に立たないことが多いのです。もちろん、そのような情報も必要ですが、ほかの情報との比較には有効ではありません。ほかの場所、ほかの年と比べるためには「どのくらい多い」「どのくらい少ない」という情報が必要なのです。そのような情報があってはじめてほかの場合より、あるいは以前より多い、少ない（増えた、減った）といえるのです。

もうひとつ生き物の調査で大事なことは「いない」という記録をしっかりとることです。たとえば、「一番螢」の場合には以前にいなかったという観察記録が必要ですし、「最終螢」の場合にも以後一匹もいなかったという記録が必要です。しかし、そのような努力にも限界はあります。どこかでキリをつけざるをえないでしょう。そして、ある場所に「いない」ことを証明するのは忍耐しかないのです。一九八九年に二ヵ月間ほぼ毎日「いない」という記録をとってくれた〈石山の化石〉さん、ありがとう。たいへん貴重な、しかも重要な記録なのです。

ホタルに限らずある生き物が「いない」ということと「たいへん少ない」ということは似て非なるものです。「たいへん少ない」はある限定した環境条件と対応していると考えられますが、「いない」はある限界以下の条件を示しています。

ただ、ホタルが「多い」ことが本当に良いことかどうかはみんなでじっくり考えてみたいものです。

3 ホタルの飛ぶ時期

ホタル、とくにゲンジボタルの成虫が見られるのは、琵琶湖付近では五月末から七月初旬と相場が決まっています。ヘイケボタル成虫の出現期は長くて、五月から一一月頃まで見られます。それでも多いのはやはり五~七月です。

成虫の出現時期は場所によっても異なり、一般には北の方あるいは山の方で出てくるのが遅くなります。この傾向は、ホタルダス一九八九年の報告でも読みとることができ、滋賀県のなかでも半月近い差がみられました。ただ、同じ場所でも年によって早く出たり、遅れたりします。ホタルダス一九九〇年の報告では五月一〇日頃にもう「ホタルが飛んでいました」という報告がきて、私もびっくりしました。このような年による違いは、どうも三~六月の雨と気温に影響されるようです。

ゲンジもヘイケも幼虫は水の中に棲んでいます。幼虫は水中で生活するのに適した体のつくりをしていて、乾燥には弱いのです。そこで幼虫は陸上がもっとも湿っているとき、つまり雨の時に上陸してサナギになる場所を探します。幼虫は雨が降っていても、寒いと上陸しません。つまり、幼虫の上陸が早くなったり遅くなったりするのは、その頃いつ、雨の暖かい日があるかによって決まるのです。適当な日がないと幼虫は水中で条件のよい日がくるのを待っているのです。四~六月の気温が高いと幼虫からサナギ、成虫への成長が早まります。

そしてもうひとつ、成虫になる頃の気温と雨も成虫の出現と関係しています。成虫は地中ですっかり親の姿になって、これまたいつ飛び出そうかと待っているのです。乾いた地面はかたくて掘り進んで地上に出ることができません。雨が降って地面がやわらかくなり、かつ暖かい日に地中から出てくるのです。

このように上陸する頃の雨と気温、サナギの間の気温、そして成虫が出現する頃の雨と気温が複雑にからみあって、その年その年のホタルの見られる日が決まってくるのです。

4 ホタルのおしりはなぜ光る

ホタルの光が暗やみのなかで有効な通信手段であることはよ

く知られています。一般には、オスが飛びまわりながら光言葉を放ち、交尾の相手となるメスの返事を探しています。メスは気に入ったオスに光の合図を返して、オスに見つけられるのを待っているのです。

ホタルを鑑賞するのは日没後一～二時間がもっともきれいといわれています。その時間帯にホタルがもっとも盛んに飛びまわるからです。ゲンジボタルの場合、日没後と午前零時頃、明け方の三回、飛翔活動が活発になりますが、このうち後の二回のピークははっきりしません。

日没後、光りながら飛びまわって私たちの目を楽しませてくれるのはみなオスです。メスはその時間帯、草の間や樹木の上で弱々しく光っています。メスが活動しはじめるのは午前零時頃からで、産卵場所を求めて川面の上を低く、速く、一直線に飛んでいきます。メスの飛び方は、フラフラと飛んでいるオスの飛び方とは別種のように違ってみえます。飛びはじめたメスに誘われるようにオスの飛翔も少し活発になります。

ただしこれは西日本のゲンジの場合で、東日本のゲンジの活動は日没直後だけが盛んで、深夜以降は弱々しく光っているだけです。また、西日本のゲンジは二秒に一回の割合で点滅します（一秒光って一秒休みというパターン）が、東日本のものは四秒に一回光ります（一～二秒光って三～二秒休み）。つまり、西日本のものは一晩中せっかちに光り、東日本のものは日没後だけのんびりと光るということになります。この二つのタイプは中部地方のフォッサマグナを境に分かれているようです。ヒメボタルも場所によって発光リズムが異なっているとのことです。

ホタルやホタルの餌のカワニナに限らず、生物はみな、同種類のなかでも、それぞれ棲んでいる場所に適した形や生活様式をもっているはずです。つまり、場所ごとにタイプが違っているといって過言ではないのです。人が集落ごとにそれぞれの習慣やきまりをもっていたのと同様と思ってよいでしょう。

5　ホタルの一生と寿命

ゲンジボタル成虫のメスは川に突き出た岩や樹木の下面に産卵します。卵は二〇～三〇日で孵化し、幼虫は川に落ちて水の中に棲みます。幼虫は脱皮を重ね冬を越したあと三～五月頃、陸にあがって地中に潜り込み、そこでサナギになります。約一ヵ月後、琵琶湖付近であれば五月末から七月初旬にかけて、サナギは羽化し成虫になります。

ホタルの親を飼うときは水分だけでけっこう長生きします。ゲンジボタルの場合、成虫の生理的寿命、つまり最大寿命は二～三週間です。ただし昆虫は変温動物なので、温度が高いと早く死に、温度が低いと長生きします。

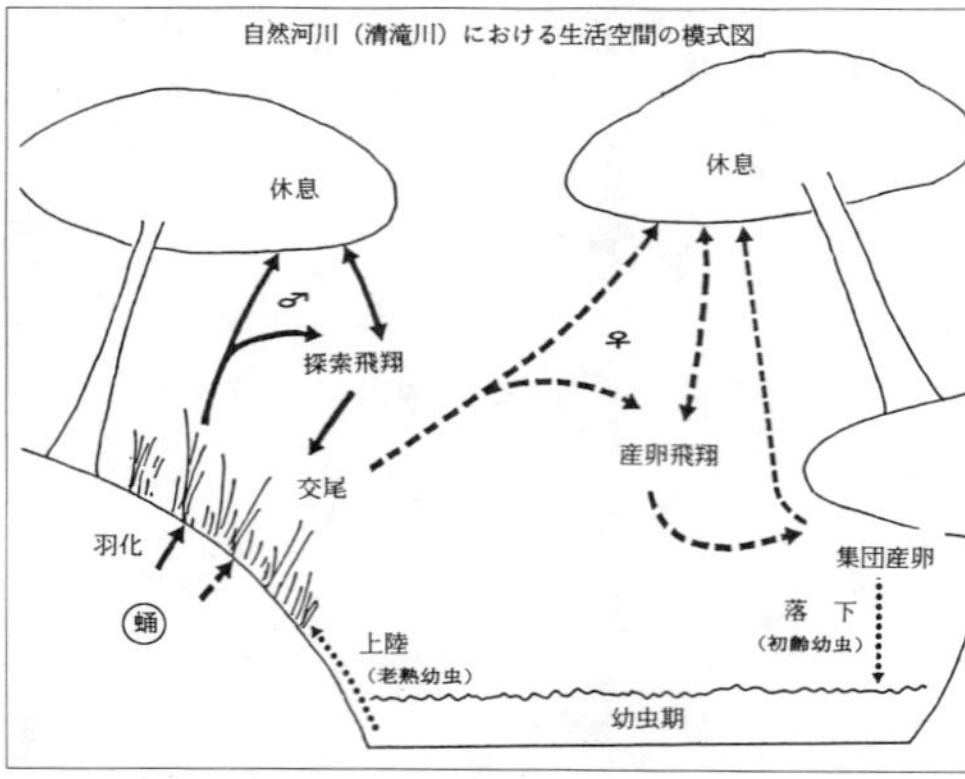

自然河川（清滝川）におけるゲンジボタル
生活空間の模式図（遊磨，1993：43）

しかし、野外ではどうでしょう。自然のなかでは、風雨にたたかれて命を落としたり、クモに食べられたりして、天寿を全うするものはいないといってもよいでしょう。増水した川に流されていく光をよく見かけますし、樹の間で何匹ものホタルがクモの網にかかって、なお光を放っている光景もめずらしくありません。

一九七〇年代のことですが、京都の清滝川で一匹一匹のゲンジボタル成虫に印をつけて、生態調査をしたことがあります（標識再捕法といいます）。マークつきの虫がいつどれくらいの割合でもう一度捕まるか、という情報をもとに、虫の寿命（生存日数）も調べることができます。三年続けて調べましたが、どの年も成虫の平均寿命はオスで約三日、メスで約六日というたいへん短いものでした。正しくいうと、次の日に生き残っている割合がオスで74％、メスで84％ということで、実は三日後のオスあるいは六日後のメスはもともとの数の半分も生き残ってはいません（ちょっとした頭の体操です。0.74×0.74＝0.55，×0.74＝0.41，……）。

ともかく野外ではいろいろな事故でどんどん死んでいるようです。最近、別の方法で調べた京都の銀閣寺疏水（哲学の道）のゲンジボタルの場合では、もう少し長生きしていました。疏水では春に桜の木に薬をまくので、クモもいないからでしょう。これはホタルにとって、またヒトにとって喜ぶべきことなのか？　ちなみに、疏水でおこなった調査は三～四日ごとにホタルの数を数えただけでした。

6　ホタルの天敵

ホタルをたくさん食べてお腹が光っているカエルの話やコウモリが食べるという話をきいたことがありますが、残念ながら私自身は見たことがありません。正直そのような話を疑っています。

ホタルは一種独特のにおいがします。捕まえられたときに腹部から乳白色の液を出し、その体液が臭くにおうのです。カメムシほど嫌がられるものではありませんが、それなりに臭い。このにおいと味（私はこわくて試していません）が捕食者に対する忌避物質になっているといわれています。カケスなどの鳥にホタルの近縁の昆虫を食べさせると吐き出し、以後見向きもしない、という実験例もあります。だから味覚のある動物はホタルを食べないだろうと考えています。ホタルを食べている動物を見かけたらぜひ教えてください。

クモだけは鈍感なのか、網を張るクモ（オニグモなど）も網を張らずに動きまわって餌をとるクモ（ハシリグモなど）も、よくホタルを捕食しています。クモの網にかかっているホタルの光に引き寄せられて次々にほかのホタルがえじきになっていく、という場面もよく見かけます。ただし、光にひかれていくのはオスで、不思議なことにメスはクモの網にめったにかかりません。オスは野次馬で自らも網にかかってしまい、メスはそんなオスをフンと嘲笑って通り過ぎているのかもしれません。

7　ホタルの食べ物

ゲンジやヘイケの幼虫はいずれも獰猛な肉食者で、カワニナなどの巻貝を餌にしています。ところが親になると、いたっておとなしいどころか、固形のものは何も食べません。ゲンジもヘイケも親になると水以外のものは何も口にしません。すべて幼虫の時に貯えた養分だけに頼って生きているのです。これは日本のホタルに限らず、世界のホタルでも共通した性質なのですが、例外的なものがいます。

アメリカにフォツリス（*Photuris*）属というホタルのグループがいます。このグループの親、しかもメスだけが肉食を続けています（正直なところ、オス成虫が肉食者かどうかについての記述をみたことがない）。しかも、餌がちょっと変わっていて、なんとほかの種類のホタルを食べているのです。それも、オスだけを。

フォツリス属のメスは光という通信手段を悪用します。つまり、ほかの種類のオスが光りながら飛んできたときに、その種類のメス特有の光の返事を真似してオスをおびき寄せ、そのオスを捕まえて食べてしまうのです。光信号の擬態です。それぞれのホタルの種類は特有の光通信パターンをもっていて、混信を防いでいるのですが、賢いことに、フォツリス属のメスは二〜三種類のメスの役をちゃんとこなします。

もっとも最初はおとなしい淑女で、自種の光言葉を使って、自種のオスとラブコールを交わします。自種のオスは食べません。しかし、一度交尾を終えると豹変し、ほかの種のオスにいまにも飛びかからんばかりの鬼と化すのです。ちなみにこのホタルを指して、〈femme fatale〉というそうです。

8　昼と夜

ゲンジやヘイケなど夜に活動するホタルは、昼間は樹木や草の葉っぱの裏で休んでいるようです。夜のうちにたくさんのホタルがとまっている木や草を覚えておいて、昼間に注意して探すと見つかります。本当に昼間活動しないのかどうかちゃんと調べた人もいて、暗くならないと活動しないという実験結果を発表しています。ということは、暗い「時間」と「場所」がないと活動できないということになります。

日本にはホタルの仲間（ホタル科の昆虫）が四〇種類以上いますが、その半分は成虫が昼間に活動するタイプです。たとえば近畿に多いオバボタルやクロマドボタルなどがいます。羽は黒く、胸は赤、頭は黒、と外見上はゲンジやヘイケによく似ているのですが、昼行性のホタルの親は発光器が退化していて、ほとんど光りません。昼間は光っても無意味だからでしょう。そのせいか、夜行性のホタル（ゲンジ、ヘイケ、ヒメなど）よりも眼が小さく、触覚が大きいという特徴がみられます。昼行性のホタルの場合、オスとメスの間の交信は光によるものではなく、匂い（フェロモン）でおこなっているようです。

昼行性のホタルでも、その幼虫はみなりっぱに光ります。ただ、その光は弱い連続光で青白くボーッと光って、しばらく光を消し、またボーッと光ります。この光り方は、ゲンジやヘイケの幼虫の場合でも同じです。昼行性のホタルの幼虫は川や田んぼのなどの水辺とは縁がなく、シャクトリムシのような格好をしていて、潅木にもよく登って光っています。昼行性のホタルの幼虫はおどかすとなかなか光ってくれませんので、注意深く近づく必要があります。

9　ホタルの飛ぶ距離

ホタルは優雅に飛びまわっていますが、案外すぐにとまってしまいます。いったいどれくらいの距離を飛んでいるのでしょうか？

川に棲んでいるゲンジボタルの場合、オスもメスも上流に向かって飛ぶ傾向があり、京都の清滝川で調査した例では、オスは平均生存期間三日の間に約二〇〇メートル、メスでは平均生存期間六日の間に約四〇〇メートル移動しました。なかには、二三〇〇メートルも上流で再捕獲されたメスもいました。川に棲む昆虫の親が上流に向かって飛ぶことはトビゲラやカゲロウなどでもよく知られており、川の中の幼虫がさまざまな原因で下流へ流されるので、その埋めあわせとして成虫が移動するのだといわれています。

ところがどこか途中に明るい場所などがあると、ホタルにとって移動の障害となります。たとえば、京都の銀閣寺疏水では橋の周辺が街灯などで明るいため、そこのゲンジボタルは橋と橋の間に閉じこめられたような生活をしています。また、清滝川ではかつては旅館街の灯りの下流側で上流に向かっていたホタルがみなUターンし、街の下手で美しい光景が見られたのですが、ホタル鑑賞のためにと旅館街が灯りを落としたところ、ホタルがどんどん上流に移動してしまい、ホタルの数が減って淋しくなってしまったという、なんとも皮肉な話もあります。

ところで、だだっ広い田んぼに棲んでいるヘイケボタルはいったいどんなふうに飛びまわっているのでしょうね。

10　ホタルの棲む水環境とは

ホタルは「きれいな水の指標生物」として扱われがちですが、実は「ほどよく汚れた水」の指標生物というのが正しい表現でしょう。つまり、汚濁していない（＝山の涌き水のように栄養塩の少ない）水と、汚濁した（＝河口のあたりの栄養塩の多い）水の中間に棲んでいるという意味です。

「指標生物」というのは、おりしも複合汚染が指摘されていたところ、科学的な水質測定値に頼るのではなく、棲んでいる生物の種類や数によって総合的に水質を判断しようという生物学的水質判定の試みがなされ、そのなかで、水質の程度をよく表す「生物」を取り上げたものです。ホタルは指標生物のなかでもかなり著名なものです。

「生物」はその場所の「水環境（水質＋流れ方＋水底構造＋……）」の状態を総合的に表しているのです。つまり「水質」は合格でも「生物」がいない場合が多くあるのです。たとえば、三面コンクリート張りではホタルは棲めません。石や砂のない川底、瀬や淵のない流れは生物が棲めないばかりか、人にとっても味気ないものです。生物による水の浄化作用の重要性が指摘されている一方で、「治水から保全へ」と河川の見方を変えた場合でも「生物の棲める環境」に対する配慮は主流を占めてはいません。あるいは別のいいかたをすれば、「水質」以外の「水環境」を考えずに「指標生物」にこだわるケースがまだまだ少なくないように思えるのです。

11　「きれいな」水辺とは何だろう

ホタルが水の汚れに対して引き合いに出されるのは、その幼虫が「ほどよく汚れた」＝「それほど汚れていない」＝「まあまあきれいな」水に棲んでいるという事実からでしょう。ところが、この水が「きれい―汚い」という言葉の系列にはいくつかの意味が含まれていて、ときどき、その意味のすりかえ、あるいは混同が生じています。

「きれい―汚い」系列の中でも、水質が云々という場合は、化学的な汚濁の程度を示しています。化学的汚濁には二種類あります。

一つは有機的な汚れで、たとえば川を下っていく間に土砂や落葉などの流入によって、水中に含まれる有機物が増えることであり、これは自然の摂理でしょう。有機物（リンや窒素がその代表です）は生物の栄養源で、有機物が多い方がたくさんの生物が生活できます。ただし、残飯などを捨てたりすることは有機的汚濁を加速することになり、有機物が多くなりすぎると生物による分解（自浄作用）が追いつかなくなって、底にたまった有機物がヘドロ化してしまいます。

もう一つは化学的汚染で、農薬や洗剤などの人造化学物質の流入によるものです。このような物質は水中生物の分解を受けつけないどころか生物に有害なことも多く、時として水中生物を全滅させ、自然の浄化作用を失わせてしまいます。ヘドロがたまる、あるいは界面活性剤の影響で泡が立っているような場合を除くと、有機的汚濁も化学的汚染も一般には目に見えない変化です。

もうひとつの重要な側面は視覚的な問題です。たとえばゴミがたまっていたり草が生えていたり、という状態です。この変化はさきの化学的変化とは直接に対応していないのですが、「水」を見る人にとってはもっともインパクトを与えるものです。「水辺をきれいに」というとすぐ「空き缶の掃除、草刈り」などの行為と結びつく場合が多いようですが、水辺の草は泥や有機物をせき止めて生物に利用しやすくし（有機物も流れては利用しにくい）、また生物の生活場所を提供しています。私は空き缶だって似たような作用をもっていて「捨てたものじゃない」と思っているのですが？

みなさんも、身近な水辺でホタルをさがして観察してみてはいかがでしょう。きっと意外な発見があるはずです。

参考文献

遊磨正秀　一九九三『ホタルの水、人の水』新評論

第二部　さがしてみよう、身近なホタル

——琵琶湖地域のホタル調査

三津川の河川公園（守山市）

三津川では平成２～４年度に河川改修工事が行われ，近自然型工法（多自然型川づくり）により護岸がコンクリートではなく石積みや木杭，木板でつくられている。岸辺には植物を植え，河床には砂利をひいてホタルの幼虫にやさしい住みかになるよう配慮されている。（写真提供　村上博史）

（ホタルダス参加者のプロフィールは1998～99年の執筆当時のものです）

千丈川、人とホタルの交差点

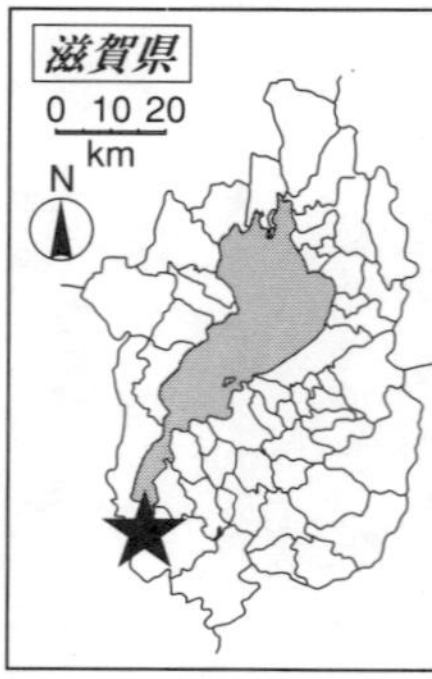

大津市　荒井紀子

1　ホタルをめぐって、人と人との護岸戦争

一九九一年一二月のある日、電話のベルがなった。「荒井さん、千丈川が大変なことになっているよ！」友人の一言で川へ飛んでいきました（写真１・２）。

千丈川のホタル銀座といわれていた場所（ホタルが乱舞し幽玄の世界が広がっていた所、発生数の最も多い所）の五〇メートル区間がものの見事に、いや無惨にも大量の土砂で埋められ、道路と化していました。「なぜ、突然こんな工事が始まったのか？」

疑問と憤りですぐに県の土木課へ問い合わせてみました。また、当時、「石山源氏螢育成保存会」の世話役だった井上誠さんに連絡をとり、保存会にも事前になんの連絡も入っていないということがわかりました。井上さんと一緒に県の大津土木事務所の工事担当者にあって始めて、いきさつを聞くことができました。一九八九年にホタルダスが産声をあげて二年目の観察を終えてからの出来事でした。

千丈川は大津市南部の瀬田川支流、川幅約七メートル、源流から河口まで五キロほどの河川です。この千丈川の改修にあたって県が作った「水辺整備事業構想」の青写真には、ホタルの育成助長のためと表現されています。つまりホタルをもっと増やすために、ホタルブロックを使って護岸を改修するというものでした。おまけに、大きな桜や柳の木を切った上、遊歩道までつけるという計画でした。

それにしても重機（ブルドーザーなど）を川に入れるために、いきなり土砂で川を覆ってしまって、ホタルの幼虫も餌となるカワニナも死んでしまうではないか！　なぜこんなに発生数の多い所をもっと増やそうというのか！　増やせるというのか！　なぜこんなに乱暴な工法を採ったのか？

何度か土木の人の話を聞いていくうちに地元千町自治会（古くから千町に住んでいる人たち）から、弱った護岸の改修工事の要望があることを知りました。県は要望に答えて、三四〇メートルの区間を何期かに分けて工事を進める計画をたてていたのでした（工期をわけたのはホタルに対する配慮らしいのですが）。

一九九二年春、第一期工事の終了後、草木一本すらない千丈川に降り、ホタルの幼虫やカワニナを探してみましたが、姿はみられずほとんどいなくなっていました。初めての体験で涙が出てきました。

写真1　10年間観察した千丈川

写真2　千丈川護岸工事現場。重機搬入のため川はまるで道路と化す（1991年12月）

右岸の大きな桜や柳の木が伐採され、河床がブルドーザーで整地され、荒涼とした川になってしまったことに非難が続出しました。事実六月、ホタルの発生する時期がきても予想どおり発生数はほとんど〇匹で、ピーク時で二匹、それもどこからか飛んできたホタルと思われます。新聞紙上でもこの話題が掲載され、自治会側をおおいに刺激してしまったようです。その上、毎年行われていた大津市主催の「ホタル鑑賞の夕べ」まで中止されました。

　その頃、私たちは自分たちの集まりを「ホタルを守る会」と漠然と称していましたが、守るだけでは固いイメージがするため、「ホタルを見て楽しませてもらう」ということから、「千丈川螢見の会」を結成しました。当初私たちと地元自治会の両者は、県の土木事務所を通してのみの情報で判断し、直接会わないまま、対立の様相を呈していました。

2　「人―川―螢―人」の和平会議

　地元自治会にすれば、「せっかく護岸工事してもらえるのによそ者が入ってきてごちゃごちゃ言うて。大水の怖さも知らんと。千丈川は俺たちが守ってきたのに……」というところでしょうか。行政側もこの工事の荒っぽさがマスコミに取り上げられたことにより、ことの重大さを再認識してくれたのか、工事を早く進めてほしいという地元自治会の声をよそに、工事の見直し期間をとる（事実上の中断）ことになったのです。

　護岸工事は二、三年中断していましたがその再開にあたって、一九九四年六月、大津市の「住みよい環境課」が仲を取り持ち、学者からの立場としてホタル博士の遊磨正秀さん（アドバイザー）、行政側からは県の大津土木事務所、そして地元自治会、私たち「千丈川螢見の会」のメンバーが、初めて一堂に集まって説明会、話し合いの場が持たれました。

　一九九五年の年が明けてからも会談が持たれました。改修工事を要望している自治会側は千丈川の増水時のビデオを持参。かつて昭和二八年の台風における大水害の歴史のある千丈川の怖さをご存じの御長老たちの苦心作です。

「あちらは、ビデオで対抗や！」こちらは、南郷小学校の子どもたちの「千丈川のホタルは誇りであり守っていきたい」という作文を持参して、会議室で心をこめて読み上げたのでした。

「人とホタルとどっちが大事やねん！」突然、雷のような声が落ちてきました。

「人もホタルも大事です。共存の道を！」私は、ドキドキしながら答えていました。

「まあまあ」となだめる御長老もいらっしゃれば、さらにかみついてこられる方もあって、お互いに本心をぶつけあったのでした。

私たちも、人よりホタルが大事とは思っていないこと、危ない箇所の護岸は早く改修してほしいと思っていること、自治会側も決してホタルはいらないとは思っていないが、護岸改修は必要だと思っていることなど……。ひとつのテーブルを囲んで話し合うなかで、お互いに歩み寄るというよりは、双方の考え方の底辺にある共通性を見出したのでした。

一番の問題点は工事の工法でした。もっと川を、そして生き物を大事にした工事のしかたはないのか。私たちはおおいに訴えました。遊磨さんのアドバイスも功を奏して、県の方で、もう少し検討していただけることになりました。

「ホタルと人の共存」というよりも「ホタルをめぐっての人と人との共存」という意義深い会議となりました。

第一期工事が終わってから三年間中断していた護岸改修工事が、一九九五年二月、再開されることになりました。その第二期工事の前には、土木課、住みよい環境課、地元自治会、千丈川螢見の会、それに南郷中学校の科学部の生徒たち、約三〇人がバケツを片手に長靴姿で川に入り、ホタルの幼虫やカワニナ、水生昆虫（トンボの幼虫やサワガニ）を上流へ移動して、生物への影響を少しでも少なくてすむよう配慮しました（写真3）。

写真3　第二期護岸工事前，ホタルの幼虫やカワニナ，水生昆虫の移動大作戦（1995年2月13日）

石をひっくり返したり、泥のなかに手を突っ込んだりして「これが幼虫かな？」「これはいったい何の虫だ！」「幼虫をみつけたぞう！」生き物にとってはまったくの強制立ち退きかもしれませんが、ともかく、とてもにぎやかな転居騒ぎでした。

一九九七年の第三期護岸改修工事の前にも話し合いの場がもたれ、会をかさねるたびに、私たちの会、地元自治会、そして工事を担当する行政側の気持ちが少しずつわかり合えてきたのでした。

一九九九年三月、三四〇メートルのホタルブロック護岸（写真4）がすべて完了し、『ニュー滋賀』（県の広報誌）にいかにも「多自然型工法をやりました」と言わんばかりの千丈川のホタルブロック護岸の写真が掲載されました。

3　螢のお陰さま

最初の護岸工事から八年経った今、私の感情のなかに少し変化が起こっています。古い歴史のある自治会は、行政の言いなりであるという図式が多少なりとも残っているとはいえ、そこには一口ではかりえないものがたくさんあることを知りました。川から恩恵を受け、川を守ってきた意識が私たち新住民とは異なる点を見出しています。昔から、八月の末、台風シーズンの前になると川の流れがスムースに行くよう、千町自治会を挙げて千丈川のなかに入って草刈が行われています。私たちの会も自発的に草刈を手伝ったことが数回ありますが、とても暖かく迎えてくださり、少しは仲間意識が芽生えたように感じたものでした。

写真4　第三期護岸改修工事後，完成したホタルブロック護岸（1997年）

一九九八年六月の私の調査では、一九九七年よりホタルの発生数が増えています。増えたといっても一五匹位の発光数が四〇匹位に増えたくらい（第三期までの工区）で、まだまだ発光数の多かった一九八九年と比較すると桁数がちがうのですが、長い目で見ていこうと思っています。

「長い川のなかで、どこかにホタルが出ていたらええと思ってくれんか？」

地元自治会の人から以前に言われた言葉を思い出しています。うれしいことに改修された区間の下流一〇〇メートルあたりで一九九八年に大発生しました。これからも千丈川はみんなの目と心で守っていきたいものです。

ホタルダスが始まった当初、人の絆を重視する嘉田由紀子さんの影響を受けて、「ホタル調査を通しての親子の絆」であるとか「人の思い出に残るホタル」の部分など、ホタルを通しての人びとの意識に興味をもち、こだわりをもってホタルの観察をしていました。

千丈川へ観察に行ってもホタルが何匹飛んでいるかより、川べりでホタルを見にきた人に声をかけては「どちらから見にいらっしゃったのですか？」「小さい頃はホタルはたくさん飛んでいましたか？」「ホタルを取るのにどんな道具を使いましたか？」「ホタルがずいぶん少なくなってきていますが……」など、とにかく人と話してばかりいました。その頃は、千丈川にはホタルがいっぱい飛んでいるのが当たり前だと思っていたからかもしれません。事実、大津市での発生数はナンバーワンでしたから。

ところが、千丈川の護岸工事あたりから私の興味の矛先が変わっていったのです。工事がもたらす影響など遊磨さんからのアドバイスを受け、科学的な目でホタルをとらえるようにもなっていきました。『私たちのホタル』のなかで遊磨さんは、私たちシロウトにもよくわかるようにホタルの生態学について詳しく論じてくださっていて、科学的な見方をずいぶん学ばせていただきました。

実際にホタルを見にきた人たちにホタルの寿命や、オスとメスの見分け方、幼虫のこと、サナギのことなど、私はうれしそうに話していました。聞いてくださった人たちも感嘆の声をあげられ、ますます私は調子にのって、見にきた人を捕まえてはホタルの生態について語りかけていったのです。お蔭様でホタル（科学）と人（文化）の両輪でもってホタルダスを見られるようになりました。

千丈川は大津市でホタルの発生数がナンバーワンなら人の発生数もナンバーワンです。この一〇年間どれほど多くの人と話し合ったことでしょう。一九九五年、阪神大震災で家が全壊して心に傷を負い、千丈川のホタルをご覧になって、「やっと心が救われました」とおっしゃった中年の女性。千丈川のホタルをいつも身近に見ていたいのがこうじて、千丈川のほとりに引っ越してきた若い女性。大平保育園に宅急便で送られてきたホタルを、保育園の押し入れに入れ、みんなでホタルの光を楽しんだ子どもが、もう一度見たいと言ったので、自然のなかで飛んでいる本物のホタルを子どもと見にきたお母さん。ほかにもたくさんの方との思い出がいっぱいあります。まさに、「ホタルとの出会いは人との出会い」でもあったのです。

4　千丈川を見守る子どもたち

一九九一年、地元の南郷小学校の先生方に、ある会合で、ホタルダスのことを話しました。とても共感してくださった先生が、早速授業でホタルの観察に取り組んでくださり、研究発表をなさったことがありました。それ以来南郷小学校では、毎年いずれかの学年で、千丈川でホタルの観察などの取り組みが続いています。

一九九八年六月には、七〇名もの五年生の子どもたちが観察してくれました。四年生の時にホタルの観察をしたのですが、一年後に希望者のみに先生からホタルカレンダーを手渡されたところ、たくさんの子どもたちが再び観察してくれたのでした。そのことを先生からお聞きしたときはとても感激しました。

そして毎年、四年生は「千丈川クリーン大作戦」と名づけて、空き缶やゴミ拾いをしてくれていますが、その感想文を一部紹介します。

「わたしは、今日、はさみひばしとスーパーのふくろとぐん手をもって、千じょう川に行きました。……わたしは、もえるゴミのひろいやくでした。つかれました。でも、少しはホタルのやくにたったと思います」（青山順子）

「一つだけ願いがかなうなら、ホタルを千丈川にいっぱいにしたい。……去年よりちょっとふえたのはクリーン作戦を行ったからかなあ。千丈川の付近に住んでいるおじいさんが『後一〇日ほどでいっぱいになるで』と言ってくれた。一〇日後見てみると、おじいさんが言ったとおりいっぱいとんでいた。四〇〇匹以上とんでいる。すごくきれい。このままいっぱいいてほしい。私は、大阪とか東京とかの都会よりこういう自然の多い所がいい。おおきくなっても、大津市に住んでいたいなぁ。みんなにホタルを見てほしい」(辻井白樹)

写真5　地元の南郷幼稚園での「ホタルのおはなしかい」(1999年6月4日)

ホタルの役にたっていてうれしい気持ち、千丈川のホタルを誇りに思う気持ち、子どもたちの素直なホタルへの思いを知り、私はとても幸せな気分です。

小さいころから千丈川のホタルを見て育ち、一家あげて観察をしてきた由良紘平君は南郷小学校のホタルカレンダーに観察記録をびっしり書いています。私が調査とパトロールをしている時によく出会い、〝ホタルのおばちゃん〟と呼んでくれていました。由良君は護岸工事が終わった今「ホタルがかわいそう」と、とても気にしていることをお母さんからお聞きしました。護岸工事と保護活動は、私にとっても今後の大きな課題です。子どもたちが大人になった時、ホタルのいない川にならないよう、守っていきたいと思っています。

5　ホタルのおはなし出前講座

「千丈川螢見の会」のメンバーであり「ホタルダス」の仲間である奥村良子さんと、この十年間、南郷学区の文化祭で「千丈川のホタル研究展示発表」に取り組んできました。地域の人たちや子どもたちの「ホタルを守りたい」という思いを綴った作文やメッセージ、俳句、観察記録など、今ではたくさん集まり、みんなの宝物になっています。今後も奥村さんたちと千丈川から「ホタルメッセージ」を送り続けたいと思っています。

私は一九九六年より地元の南郷幼稚園で「ホタルのおはなしかい」をしています(写真5)。一九九八年は、二匹のホタルの人形を使って、オスとメスの出会いから卵を産むまでの一生をドラマチックにやってみました。子どもたちは不思議そうに目を輝かせて見てくれました。むしろ私のほうが楽しんでいるのかもしれません。

子どもの口からは子どもの世界しかわからないような質問が、ボンボン飛び出してきて、どう答えようかと困ってしまうこともありますが、子どもたちとのやりとりが最高に面白いのです。それに一九九八年六月、幼稚園主催の「親子ホタル鑑賞の夕べ」に五〇人ほどの参加者があって、「ホタルのおしりの光は暖かいか、冷たいか」みんなに触ってもらいました。子どもたちにはぜひ、感触やにおいなど五感をフルに働かせて観察してほしいのです。これが私の願いです。

　これからも子どもたちにホタルの話を通して「県下の環境にやかましいおばさん」を演じていきたいと思っています。「ホタルのおはなし出前講座」にどこへでも出張いたします。ご希望の方はどうぞご遠慮なくご注文下さい！

　子どもたちとのつきあいは希望がわいてきます。明日を担う子どもたちに、今年はどんなメッセージを送りましょうか？

（あらい・のりこ　ホタルダス世話役、ホタルダス歴一〇年）

私のホタルバカ

大津市　森野千代子

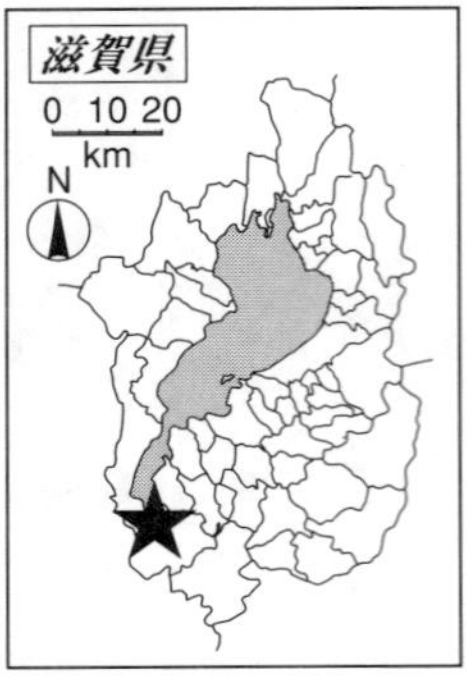

　ホタルダス調査一〇年の研究発表会に参加して、琵琶湖畔の東岸に建つ琵琶湖博物館から出た時、思わず「わあ、うつくしい！」と叫びました。夕陽の美しいこと。ほんわりと薄日のやわらかい穏やかな夕陽。それが琵琶湖にさざ波となって夕陽の尾をつくっています。比叡の山並みの向こうに夕陽が沈むのをしばらく見とれていました。

　何かをやりだすととことんやり、すぐ飽きてしまうという私の性格に似合わず、ホタルダスを一〇年間も続けられたことに対する満足感。まさに自分への勲章でした。発表会に参加して、輝いた顔の「ホタルバカ」の人たちとホタルへの熱い思いを語り合い、共感できた喜び。改めてホタルの偉大さを知り、何だかとても幸せな心持ちで帰路に着きました。

『螢追う　幼き日々と　共に追う』千代子

　初めはただ幻想的な郷愁がホタルへの想いとなって眺めていたように思います。昭和二〇年代の子どもの頃、京都の山城地方南部で育った私は田植えが終わる頃、ナタネガラでほうきを作ってもらい、木津川の支流までホタルを捕りにいきました。

　それをよく覚えているのは、ホタルとりそのものよりも、夜はめったに出かけることのなかった当時、近所のお兄さん、お姉さんや子どもたちが集まってワイワイ、ガヤガヤ、気持ちを高ぶらせて「出かけた」ということがうれしかったからです。その時代は何かにつけて、隣り近所誘い合って共に行動していました。

　最近、実家を訪ねたら、その時のホタルかごがまだ倉に眠っていました。私の祖母が指し物屋さんに頼んで作ってもらったかごで、五〇数年前のものです（写真参照）。たて二五センチ、高さ三〇センチの木枠にガラスと布の網を張ったもので、観賞用のかごとして使っていたようです。私の記憶は定かでなく、姉に尋ねると、ホタルの時期になると（ホタル捕りは別のかごでしたが）このかごを倉から出してもらい、捕ってきたホタルとホタル草（たちてんもんどう、ユリ科の植物）を入れて、ホタルの光を楽しんだということです。

昭和三〇年代にはホタルも少なくなり、いつの間にかホタル捕りに行くこともなくなりました。

私は今、「石山源氏螢育成保存会」に所属しています。そのきっかけは以前に住んでいた大津市石山、平津の田んぼの用水路に、ゲンジボタルがたくさん飛び交っていたことからです。昭和五〇年代前半だったと思います。まだホタルを捕って当たり前と思っていましたので、子どもたちとかごいっぱい捕って、わざわざ幼稚園へ持って行かせたものでした。今思えば恥ずかしい限りです。その用水路はコンクリートで三面張りされて、今ではすっかりホタルは姿を消してしまいました。

写真　祖母が頼んで作ってもらったというホタルかご

『人の目を　知るや知らずや　螢舞う』　千代子

私の住んでいる住宅地のすぐ下を、瀬田川へとつながる川幅八メートルぐらいの千丈川が流れています。この川が私のホタルダスの調査地点でしたが、最初の三年間くらいは正直いって調査が面倒でした。

何をどのように調査するのか、目的は何で、何のデータを求められているのか、全体数なんて…と、わからないまま、いいかげんな報告を出していたように思います。それにその頃、私は仕事をしていて、おまけに子育て真っ最中。家族のお弁当をいくつも作っていた時期で、体力はもちろん、精神的にも余裕がなかったのでしょう。ホタルの調査まで手がまわらなかったというのが事実でした。

「しつこくホタルダス」という呼び名になった四年目からは、調査地点も定まり、周りの様子や人の動き、人のホタルを見る眼も見えてきました。調査のしかたもなんとかわかってきて、だんだん面白く、楽しくなってきました。心にゆとりができてきたのかもしれません。そうなると私の好奇心がだんだん芽を出しはじめ、ホタルの生態についてももっと詳しく知りたくなり、自分でも少しずつ勉強するようになりました。

最近の三、四年は、ホタルの季節になると知り合いに「ホタル、出てますよ」と声をかけずにはいられなくなり、「いつ頃が見頃ですか」と問い合わせがあればお知らせするなど、たくさんの人たちにホタルを楽しんでもらえることが楽しみになってきました。

毎日調査をしていると、「そろそろ見頃かな」という日の予報ができるようになり、状況についても昨年は、今年は、と変化の比較が面白くなりました。「継続は力なり」、私にしてこの言葉は本当に重みのある実感でした。

『蛍見は　デートコースの極みつけ』　千代子
『闇を抜け　星に合体する　ホタル』　千代子

おしゃべりをしているとホタルが人なつっこく寄ってくるような気がします。たくさんの人たちとホタルを見るのもよし、カップルで見るのもよし、情緒的に、生物学的に、恋愛術的に、それぞれがそれぞれの想いで楽しむことができるのもホタルです。

ホタルの発生のピーク時は、千丈川の川筋に交通整理が出るくらいの人出になります。今ではホタルの新名所になっています。何年か前は、虫捕り網を持ってホタルを捕って帰ろうとする人もいました。以前の私のように捕りたくなるものです。

かごに入れている人に「持って帰ってもすぐ死にますから」と説明すれば、おおかた「すみません、知らなかったんです」と放して帰られます。ある人は「主人に見せてやりたくて三匹ほど捕って帰ったら、主人に反対に、なんで捕ってなんか来たんだと叱られた」と話しておられました。

保護条例を制定したらどうかという意見もありますが、私は反対です。業者が捕るのは論外です。買い手があるなんて。ホタルを愛する多くの人の眼があれば、捕って帰れないと思います。そのためのパトロールは惜しみません。

ホタルを手にとって、触れてみてより親しみがわいてくるものでしょう。ホタルブクロの花のなかにそっとホタルを入れて、点滅するホタルの光を楽しんだこともありました。この二、三年、ホタル見の人のモラルもよくなり、捕って帰る人も見かけなくなり、少し安堵しています。

『初恋の　ときめきに似て　初蛍』　千代子

ホタルの調査でおもしろかったのが、初見日をとらえることでした。そろそろかなと思う何日か前から調査に出かけます。ゼロ、ゼロという記録の更新のあと、今日はいるかな、どうかな。どきどき。「あーいた！」

浪人中だった息子が川沿いを自転車で帰る途中、毎日観察していたらしく、「ホタル見つけた！」と久々に嬉々として元気な声を出して帰ってきたことがありました。

下の息子が高校で教育実習をした時の教え子たちが家に遊びにきた折り、ちょうどホタルの時期でしたので、「ホタルを見に連れて行ってあげたら」とすすめました。「うるさいな、ホタルなんか珍しくもないのに」というのを無理やり行かせました。するとと帰ってくるなり、「みんな喜んでた。ホタル初めてやというのが何人かおった」。

わが息子たちは小さい時からホタルが飛んでいて当たり前のところで大きくなりました。わが家の庭にも時々ホタルが迷い飛んで来ていますから。それがどんなにありがたいことか再認識したようでした。

『ホータル来い　千丈川の水は　甘いぞ』　千代子

一〇年目には幼虫の上陸も見ました。青白いかすかな光を放ちながらそろそろ上ってくる幼虫。そっと手にのせた時の、姿に似合わず柔らかい新芽のような感触には感激しました。

ホタルの調査をするようになってから、千丈川のそばを通るごとに川をのぞき込むようになり、川が気になりだしました。今も護岸の工事が行われています。来年のホタルがどうなるのか、心配です。ホタルの時期になれば、夜になるとそわそわしてホタルに会いに出かけたこの一〇年。ホタルダス調査がなくなるのはやっぱりさびしく、何らかの形でいつまでも続けられたらと思っています。

友人に「あなた、あんまりうれしそうにホタルのことを話すので、ホタルバカがいつの間にかこちらにも乗り移ったわ」と言ってもらって、なんだかうれしかったこと。

ホタルを通じて知り合った方々もたくさんいます。ホタルから多くのことを学びました。世界もまた広がり本当に、たかがホタル、されどホタルのおかげです。

（もりの・ちよこ　五三歳、主婦、ホタルダス歴一〇年）

星垂る

大津市　辻田 良雄

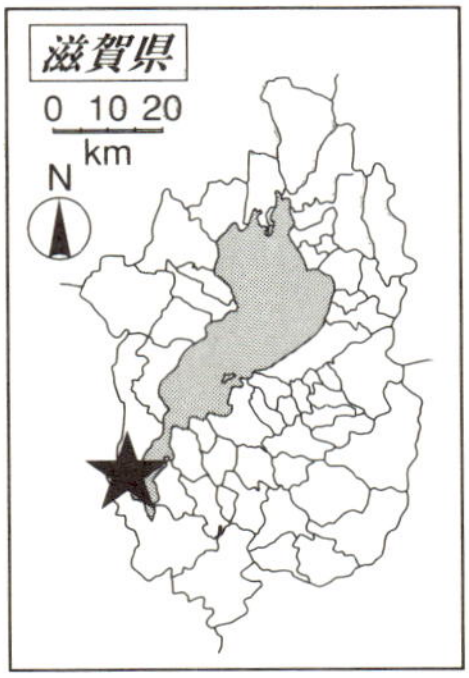

1　ホタルの名前の由来

写真に示したのは私のホタルの観察場所です。かつては星が降るように飛んでいたホタルも、今は一匹、二匹と数えるくらいになりました。川の側面、底面はコンクリートです。写真の左側に写っている田んぼも、もうすぐ道路になります。

写真　ホタルの観察場所（1998年）

道路を新しくつけることによって、環境は激変します。私の町はかつて、行き止まりで、ひっそりとした静かな町でした。それを変えたのは道路でした。新しい道路が、今や町を縦横に分断するように走っています。車を使うことによって私たちの生活は便利になりましたが、それとひきかえに、ストレスのいっぱい詰まった町となり、自然をゆっくり楽しめる町を失いました。

ホタルの名前の由来は、尻から火〈ホ〉を垂らすから「火垂る」といわれるのだという説と、星が空から垂れてきたようだから「星垂る」といわれるのだという説があるそうです。私は「星垂る」説をとりたい。子ども時代に見たホタルの光景は、まさに星が降ってくるようだったからです。

ところで、どれくらい昔から日本人はホタルと親しんでいたのか、調べてみると、万葉集に出ていました。

『玉梓《たまづさ》の　使いのいへば　螢なす　ほのかに聞きて』

ホタルを直接詠んだ歌でないのは残念。また、この一首のみというのも寂しいですが、枕詞として出ているのは、多くの人がホタルがほのかに飛ぶ光景に風情を感じていたことの証でしょう。

私は、ホタルをつかまえると、ゲンジボタルかヘイケボタルかを調べるくせが身についてしまいました。ゲンジボタルとヘイケボタルの違いは、大きさと赤い背中の上の黒い筋の太さだけかと思っていましたら、オスとメスの光り方にもそれぞれに違いがあるようです。

この二種は、日本にいる他のホタルの種とはかなり違う特徴をもっているということがわかりました。それは、幼虫が水のなかで過ごすということです。他のホタルの幼虫は陸上で暮らしています。いろいろ調べてみると、ホタルというのはおもしろいものです。

2　私にとってホタルとは何だろう？

「なぜ、私はホタルにここまでこだわってきたのだろうか。」

ホタルダスを始めるきっかけに、私はこんな文章を書いたことがあります。

「（海外から）帰国して感じたことに、日本はあまりに人と動物との距離があり過ぎる。もっと身近に、動物がいられるような社会にしたいために、何か自分でできることをやってみたく、ホタルダスを始めた」。

最近、この文章を訂正しなければならないことに気づきました。「日本はあまりに人と動物との距離があり過ぎる」と書いたところです。

庭に鳥のエサ台を作り、リンゴやパンくずを置いておくと、メジロやヒヨドリがやって来ます。まわりの木の実や虫を捕るために、モズやムクドリ、シジュウカラ、コゲラ、エナガ、ツグミ、スズメがやって来ます。イタチもちょこっと顔を出します。人工樹液を作り置いておくと、スズメバチやガ、コガネムシ、カブトムシがやって来ます。雨水をためておくと、カの幼虫がすぐに産まれます。トノサマガエルも住んでいます。

雨ともなると、カタツムリが出てくるし、ヘビもトカゲもいます。モグラが庭に入りこんだのには参りました。ミモザの枝にはキチョウが卵を産みにやって来ます。夜中、ビワの実にムカデが食らいついてもいました。セミの多い年には、ケヤキの木にアブラゼミが列をなして鳴いていますし、それを狙うカマキリもいます。よく見ると、生き物はいっぱいいるのです。

しかし今でも、いや十年前にも増して、自然を保護しなくてはならないという思いが強く心にあります。これはなぜだろうか。それはきっと、あまりに激しい環境の変化により、生息地が壊され、今にすべての生き物がパッと目の前からいなくなるかもしれないという不安があるからです。

昔、炭坑に入るとき、人はカナリアを持っていったと聞きます。坑道にガスが出ると、まずカナリアに変化が起き、異常を教えてくれるからだそうです。ホタルはまさに、水の異常を教えてくれるカナリアではないでしょうか。

3　水とのつながりを失った生活

水といえば、今の私たちの生活は、水とのつながりをどんどん失ってきていることに気づきます。

かつて、夏、雨が降ると、バケツを持った大人が小川へ走り出しました。小鮒（「ガンタ」と呼んでいました）が、雨による川の増水を利用して上流に上がってくるのをつかまえるためです。いっときでバケツいっぱいになり、家に帰るなり、父はふなずしを作る用意をし、母は煮物の準備をしました。

家の前の川には、それぞれの家の前に水をせき止める場所があり、そこで洗い物をし、やかんやスイカを冷やしていました。少し大きい川は、子どもの絶好の遊び場であり、石を積み上げて堰を作り、泳ぐ場所を作ったり、魚を追いこんだりしていました。

米作りには、人と水は切っても切れない仲。水を田に入れ、その水で米を作るのだから、川そうじをはじめ、きびしい水の管理が行われてきました。ときには水が少なくなり、そういう時には、夜中に水の番をしに田んぼに行ったりもしました。

こんな川にはホタルが星降るように飛んでいました。

今の私たちの水とのつながりはどうでしょうか。水道水も安心して飲めないと浄水器をつけ、ガソリンより高価なミネラルウォーターを飲んでいます。

川はどうなったのでしょうか。川の両側はコンクリート面（底までコンクリート面の川もある）になり、生活排水が流れ込み、水は汚れています。こんな川で子どもは遊ぶでしょうか。どんな米ができるのでしょうか。

私たちは、水とのつながりを失ったとき、自然のなかに飛ぶホタルのことも忘れてしまいました。

4　ホタルを通して身近な生活を見直す

現代人はホタルが好きなようです。ホテルの庭にホタルを放して、その飛ぶ光景を楽しむことがよく行われているそうです。でも、違う。何かが違う。ホタルの飛ぶ光景を楽しむのに、大きな違いがある。

ホテルのホタルたちは、よその川から持ってこられたものです。見ている人たちの生活とはまったくかけ離れたものであり、ホタルがいなくなっても、その人たちの生活には影響しません。

かつてのホタルは、水を間にはさんで、人の生活と結びついていました。ホタルがいる川は、生活に使える水がある、ということだったのです。だから、ホタルを見て安心し、楽しんでいたのです。

　このように、ホタルへの意識は変わりました。しかし、この意識の変化はホタルだけのことではなく、生活の変化とともに、環境への関心もなくしてしまいました。川の水が汚れていようが、大きな問題とは受け取らなくなったのです。はたして、これでいいのかな。

　私は不安です。身近な環境の変化に関心を持たなくなったとき、ホタルだけではなく、すべての生き物がいない川となり、汚い水が流れていく。そんな川の水は、絶対に、私たちにとってもよいはずがありません。

　小川を流れる水を直接使うような田んぼは少なくなり、私たちの生活も変わったこともあるでしょうが、今の私たちの生活にとって、きれいな、安全な水の必要性を問いただしていく上で、ホタルはとても重要な存在だと思います。

　安全な飲み水の確保ということだけでなく、今のストレスの多い社会で心をいやしてくれるのは、やはり、自然の川であり、自然の山ではないでしょうか。今の子どもたちにこそ、自然との遊びの重要性が叫ばれています。遊べるような川を残してやれなかった私たち大人は、大いに反省すべきでしょう。

　自然の川を作れば、ホタルは戻ってくるでしょう。だからホタルは、自然の川を、そしてきれいで安全な水を私たちがとりもどしているかどうかの一つのバロメーターなのではないでしょうか。

　ホタルを通して、私たちの生活を見直すこと。ここに「私のホタルの意味」があったのです。ホタルが、星垂れるように飛ぶ日は、いつくるのでしょうか。

（つじた・よしお　四六歳、中学校国語科教諭、ホタルダス歴一〇年）

姉から弟へと三代続いたホタルダス

草津市　今泉浩志・美保

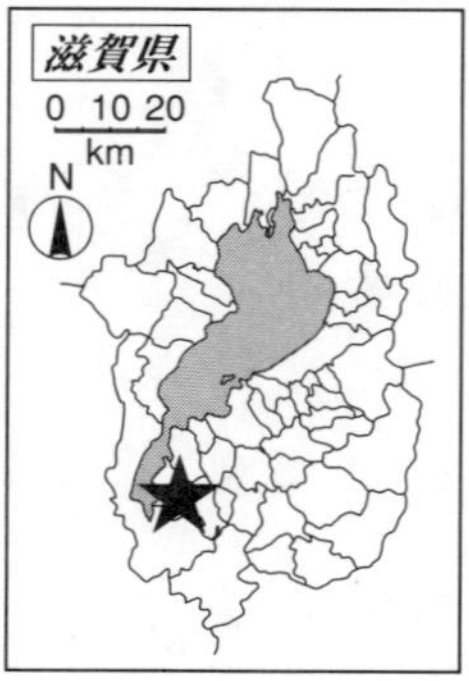

1　初めてのホタルダス（今泉美保）

ホタルダスに参加させていただくきっかけは、長女千鶴（小三）のガールスカウト活動の一環でした。京都から引越してきて数年目の夏でした。近くの田んぼ付近でホタルが飛んでいると聞いていた矢先のことでした。

　初めて見るホタルカレンダーを手にして、家族で夏の夜涼みがてらホタル探しに出かけました。怖がりの千鶴は主人と手をつないでいました。妹の圭恵はまだ幼稚園、祖母にもらった高山土産の赤い鼻緒のゲタをカラコロ、カラコロ響かせて喜んで歩いていきます。

　四歳になったばかりの一番下の清登は、私と手をつなぎ、覚えたばかりの「七夕」の歌を歌っています。初夏の夜は、夕風が心地よく、家々の窓からの電気の明かりに心がなごみました。暗い夜道も妙に開放感を与えてくれました。楽しい散歩でした。

　心がはしゃぐような状態で、ホタルが飛んでいると噂に聞いていた田んぼに着きました。青々しい稲穂の間から、かすかに光の点滅を見ることができました。「アッ、ホタル!」と声をあげる千鶴のところに妹の圭恵、弟の清登も集まってきて、賑やかなホタル探しの一年目でした。

写真１　琵琶湖にて水の状態の調査

2　子どもたち、テーマを見つけてホタルダス

　ホタルカレンダーが来て、また新しい初夏が訪れ、子どもたち三人と私たち夫婦の夏の行事へと定着していきました。私たちが観察していた田んぼには、ヘイケボタルのみが生息していました。

興味はどんどん広がり、私たち家族はいつもの田んぼ以外にも足をのばしました。

　大津市千丈川、守山市ホタルの森資料館などの観察会にも参加しました。守山市主催の「ゲンジボタル飼育セットでホタルを育てよう」の呼びかけに応募し、自宅で飼ってみた年もありました。家の近くで見られるヘイケボタルを知るにつれて、今度は「水」に興味がわきました。どうしてある程度汚れている水路などにヘイケボタルがいるのか、「きれいな水」が好きという歌のイメージ通りではなかったのか、不思議な気持ちになりました。そして、ホタルの住む「川の水汚れ調べ」へと発展していきました。

　次に、家族で川をたどって真夏の早朝サイクリングをしました。するとどうでしょう、農業用水路は川と合流し、その川は琵琶湖へと続いていきました。生活している場から、琵琶湖を眺めることはできないけれど、こんな小さな水路で結びついている……。初めて子どもたちと私たち夫婦は、水環境というものが、身近な暮らしの影響を受ける事実に気づきました。

　その頃、千鶴は小学校の夏休みの宿題の自由研究に「ホタルと川の水の汚れ」をテーマに決め、研究を作品に仕上げました。

　これから以後その数も一〇作品あまりになりますが、千鶴、圭恵、清登とホタル調査が引き継がれていきました。私たちも三人の子どもたちに手を貸し、足を貸し、また口も出し、汗をかきながら、毎年の夏を一〇年近く一つのテーマ「ホタルと川の水の汚れ調査」に取り組んで過ごすことになりました（写真

1）。

3　浩志さんのホタルダス—ちょっと苦労話・透視度計（今泉浩志）

子どもたちの自由研究「ホタルと川の水の汚れ」をテーマと決めて進めていくのに、水の「透視度計」が必要になりました。どうしたら透視度計を手に入れられるか、考えあぐねていました。

そんなある日、草津市立図書館で妻と子どもたちが一冊の本を借りてきました。妻と子どもたちは本を見つけてきただけで、もう透視度計を手に入れたように喜んでいます。

「お父さん、作り方書いてあるし、作ってな！」と千鶴が言います。「浩志さん、あなたなら作れるやろ！」と妻も言います。夜一人になって、本のページを開きながら、「ウーン、できるんかいな？」という気持ちでいっぱいになりました。

材料は、塩化ビニール管、丸い白い板、細いビニール管、透視度計の塩ビ管を固定する取り付け台、ビニール管を止めるハサミなどが主な材料として必要になりました。その頃は今のように何でも揃う日曜大工用品を扱う大型店舗が少なく、品揃えも充実していませんでした。材料は、いくつかの店に出向いてやっと揃いました。

お手本もなく、本物の透視度計を手にしたこともない私は、本だけが頼りでした。生まれて初めての作業となりました。毎日毎日「もうできた？」と千鶴から声をかけられました。妻からは「それが完成しいひんかったら、水の汚れ調べが進まへん」とせっつかれました。夏の夜の手作業で完成したのが、今から八年前でした（写真2）。

その後数年間の使用で壊れかけては修理をし、また修理と繰り返し、千鶴、圭恵、清登と三人の子どもたちに使われ続けました。一昨年の夏、その透視度計もついに傷みがひどくなり、「来年は使えへんなあ」と、とうとう物置に片付けられることになりました。琵琶湖博物館でペットボトルを利用した透視度計を教えてもらいました。

今度は清登も作る側になってペットボトル透視度計が完成しました。ところが、実際に使用した清登が、「お父さんの透視度計のほうが使いやすい！　もう一回修理してみよう」と言い出しました。物置でご用済みになっていた『お父さんの透視度計』は、またもや再デビューとなりました。

ホタルダスと歩んだ一〇年近く、私の手作り透視度計は三人の子どもたちの研究を助け、活用されました。千鶴、圭恵、清登と引き継がれ、守られた道具を作成したことは、今また、父親として大きな喜びとなっています。

4　子育ての柱となったホタルダス

私たちは「ホタル」を通して、多角的な物の見方や環境を身近な生活から考えていくなど、多くのことを学びました。そして、子どもたち三人の夏休みの自由研究が二学期に認められ、学校代表作品として、小学校六年間、毎年一校に贈られる賞状を壇上で頂くことになりました。共通のテーマを引き継ぎ、研究を深めていった体験は子どもたち三人の心の宝となりました。

私たち夫婦にとっては、子どもたち三人と深く関わりあえることができました。年中行事に「七夕祭」や「お月見」があるように、わが家では「ホタルダス」が夏の年中行事になりました。水田の田植えが終わり、幼い苗が少し成長しはじめる頃、だれともなく「もうそろそろホタルやなぁ」という声がでます。核家族のサラリーマン家庭、「子育ての柱」となった「ホタルダス一〇年」でした。

「懐中電灯、持ったぁ?」「気温、調べたかぁ」などとしゃべりながら、五人そろっていそいそとホタル探しに出かけた日がだんだんと遠くになりました。今では、夕立の来そうな日は主人と清登が自転車にのって「行ってくるわ」と男二人で行くことも…。

ホタルダスに初めて参加した頃は、三輪車しか乗れなかった子がチリリリンとベルを鳴らして、遠ざかっていきます。千鶴、圭恵に塾があり、夜遅くにしか家族も揃わなくなりました。

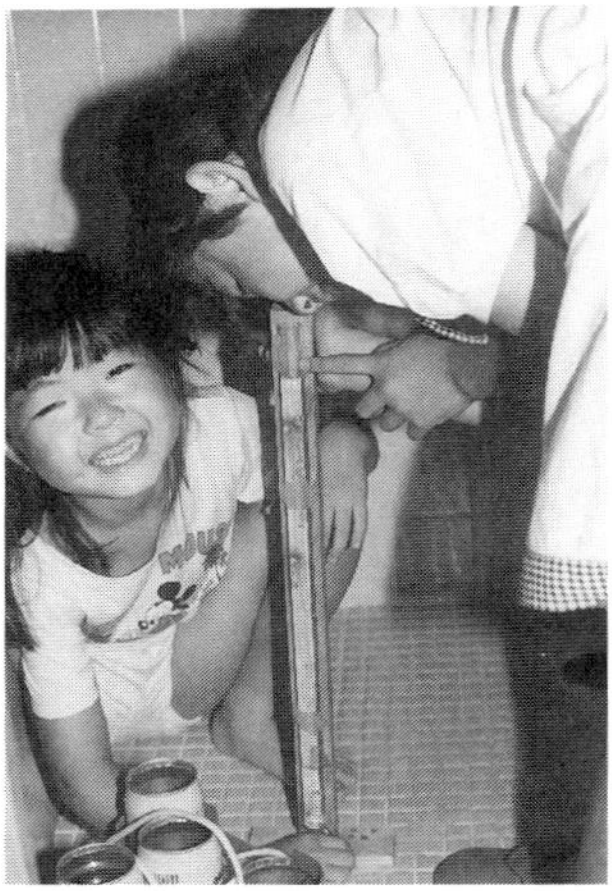
写真2　お父さんの透視度計。のぞきこんでいるのが千鶴

ホタルダス一〇年目は、三人それぞれの夏の夜となりました。当時、小学生だった長女がこの春大学受験、幼稚園児だった次女も高校受験を迎え、幼児だった長男は小六に進級です。子どもも大きくなり、手が離れました。私たち夫婦にとって嬉しいような淋しいような気持ちですが、ひと区切りの時が来たようです。少し距離を保って、ホタルや子どもたちを見守っていきたいと思います。

「水と文化研究会」のみなさまが、毎年送ってきてくださった報告書の一冊一冊が、私たち家族の成長アルバムのようです。本当にありがとうございました。

子どもたちからのメッセージ

高三　千鶴　中三　圭恵（文責）小五　清登

きょうだい三人で自由研究をしていくことで、私たちは沢山の喜びを味わうことができました。まず、私自身がすごくうれしかったのは、小学校六年生の時に出品した「ホタルで守ろう、美しい琵琶湖パート3」というテーマの自由研究で、県の展覧会で優秀賞を頂いたことです。今までにとったことのなかった賞でした（写真3）。

私は表彰式で、トロフィー、記念メダル、賞状などいただきました。また、朝日新聞に自分の名前が載ったので、すごくう

写真3　自由研究で優秀賞をもらった小6の圭恵（左）と姉をうらやましがる清登（右）

れしかったです。お姉ちゃんの時から、ホタルカレンダーをつけ続け、発生数を年度別にグラフにしたり、ホタルの生息している用水路の水や近くの川の汚れ調べなど、数年間同じ場所、同じ方法（透視度）で研究しました。生き物調べなど指標生物について取り組みました。研究の成果は、毎年学校の代表として出品していただき、草津市展から滋賀県展（滋賀県科学教育振興委員会主催）へと展示していただくなど、今ではたいへんよい思い出となっています。

けれど、やはりよい結果を得るまでに、それなりの努力は必要でした。私がいちばん苦労したのは、休まずに毎晩ホタルを観察しにいくことでした。見ている途中に、テレビを切ったり、ゆっくりしている時や雨の日、風がなく蒸し暑い日、めんどくさいと思う日も正直いってありました。イタチが道を横切って走っていった時はびっくりしたし、こわいと思ったりしました。いろんな日がありました。いつもそばにお父さんやお母さんがいてくれて、毎日観察に行くことができました。こんな日々があるおかげで満足のいくホタルの自由研究をまとめることができました。今年（一九九八年）も弟は、私とお姉ちゃんを引き継いで研究を続け、同じテーマで県の展覧会で優秀賞をいただきました。私のトロフィーをうらやましがっていた弟、清登も今年同じトロフィーを頂き、とても喜んでいました。おばあちゃんに電話をしたり、記念メダルを付け、賞状、トロフィーを手にしてお父さんに写真を撮ってもらっていました。

私たちきょうだいの努力が、このように人に認めていただけて、私たち三人嬉しく思っています。「がんばってよかったなぁ」という気持ちになります。お姉ちゃん、私、弟と三人にわたって一〇年もの研究となった事は今では、家族の誇りとなっています。

最後に、ホタルダスに参加した当初から比較すると、ヘイケボタルの数は今年で約五分の一と減少しました。とても心配な傾向です。私たちも大きくなって、三人で手をつなぐこともなくなりましたが、ホタル探しは続けたいと思います。

（いまいずみ・ひろし　四七歳、京都府立大学勤務、ホタルダス歴一〇年。いまいずみ・みほ　四四歳、琵琶湖博物館展示交流員、ホタルダス歴一〇年。いまいずみ・ちづる、たまえ、きよと）

ホタルも結婚も一〇周年だ！

草津市　津田厚弘

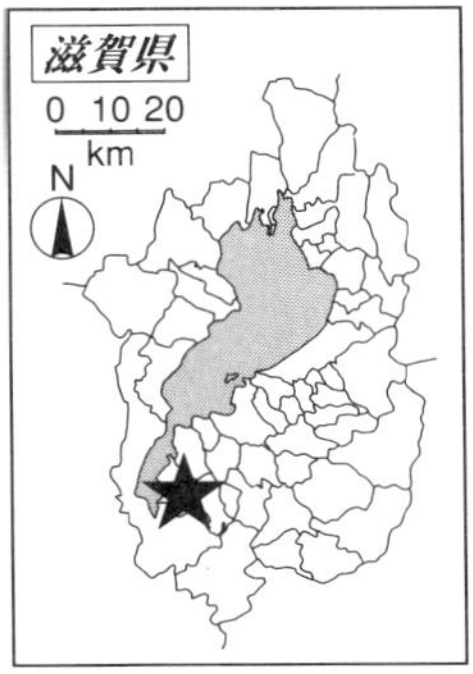

プロローグ

いつのまにか人生から消えていたホタルの光が再び見えるようになって一〇年目。一〇年目といえば私事で恐縮ですが、ホタルの観察が始まった年の秋に結婚式をあげてホタルダス共々無事一〇年目を迎えることができました。最初の年は一人で探し、次の年から二人で探し、今では四人で探すことができるようになりました。これはホタルダスと共に始まった私的一〇年記の一部であります。

1　ホタル発見編（一九八九—一九九二年）

ホタル…。パソコン通信でホタルが話題になって、ホタルダスとやらが始まり、私のところにも観察カレンダーが送られてきました。当時、ホタルのいる場所に見当がつかなかったのでいろいろ探し歩いたものでした。当時のパソコン通信にこんな記述をアップロードしています。

「新しく蛍の出そうな場所を開拓せんと野山を徘徊していました。細い川沿いに土手を歩いていると何やら対岸でガサゴソガサゴソ。その場にしゃがみ込んで草に身を隠して対岸を見つめていると、ノッソリと小さな動物が！！？？？　う？？ん薄茶色の背中しか見えん。

相手もこっちが発する妖気に殺気を感じたようすですが、そいつもこちらと同じくらい好奇心があったみたいで、しばらくじっと身を隠していると、とうとう後ろ足だけで立ち上がりました。うわ？？？お！！〈さてここで問題です。私が遭遇した動物とはなんでしょうか？〉

答えは、…はっきり言ってわかりません。イタチ・テン・カワウソ・マングース・オコジョのどれかだったように思えます。図鑑や動物園では名札をつけている彼らたちも、野山では残念ながら名刺など配ってくれませんでした。五分程、お互いに相手を観察しあった後、相手さんが好奇心をなくしたらしく、またガサゴソと草むらのなかに消えていきました。

私の観察眼ではたぶんイタチかテンのどちらかと思われます（情けないことにイタチもテンもマングースも同じに見える）。アライグマやパンダならなんとか…。これが大蛇だったら私は帰らぬ人となっていたでしょう。」

そんなこんなの数日間、見つかるわけないだろうにと思いながら夜のあぜ道を徘徊しはじめて数日がたったある夜…。人家の明かりもない田んぼと林の間の細い水路で見つけたのです。忘れていた光景を…。あまりの美しさに時間を忘れ、われを忘れて見とれてしまいました。月明かりの田んぼのなかにスーと糸を引くようなホタルの飛翔を…。空の星、蛙の声、風の音、そしてホタルの輝き…。

まぁ、この年になってホタルごときにこれほど感動するなんて信じられないことでした。それほど強く感動したのです。ふだんの生活をしていれば見ることのない光景でした。ちょっと視野をかえるだけで見えてくるものがあるなんて初めて知りました。こんな光景を知らないで、何回もの夏をすごしたのかと思いました。

その夏中、私は毎夜のようにその場所へ通いました。毎日が発見の連続で、光を手にとってそっと覗き込んで、「これはヘイケ」「これはゲンジ」。「雄の点滅は、ほーっ、波長を合わせとるみたいや…」なんて一人で感心しきっていました。

昼間、ホタルの場所を通りがかって、その場所を誰かが草刈りでもしようもんなら、心のなかで「おいおい、ここはホタルの場所や。あかんがな…」ってつぶやくようにもなりました。しかし結婚式の終わったその秋には、その場所で圃場整備が始まりました。全身から気力がすっかり抜け落ちてしまって…。

パソコン通信仲間のYUMAさん、私と家内とで、圃場整備の後の水路を観察にいったのは、車のラジオが雲仙普賢岳の火砕流を伝える暑い夏の夜だったように覚えています。

前年の改修工事後にも、改修前と同じくらいホタルが湧いたのですから、めったに人の話を信じないYUMAさんも駆けつけて、その光景を見てあきれていました。小さな水路が三面張りの立派なコンクリートに変わったので、ここはもうだめだと思っていたのですが、前年と同じ勢いでヘイケもゲンジも飛んでいました。どこからきたのかどうやって生き長らえたのか、私はもちろんYUMAさんにも結論が出ませんでしたが、「ホタルはけっこうしぶとい」という、私のなかでホタルへの認識が変わった年であります。

2　家族誕生編（一九九三―一九九五年）

長男が産まれたのは、「皇太子ご結婚」の日でありました。前夜から病院に入って待合室で朝を迎えるころ、ちょうど皇太子妃がご結婚の準備を始められたであろう頃に「おめでとうございます。男の子です」「もうすぐおつれしますから…」と看護婦さんに手渡されたのが血まみれ赤ちゃんのポラロイド写真でした（今どきの出産時サービス）。その瞬間に私は父親になったわけであります。その夏はホタルどころではありませんでした。その次の年も…。信じてもらえないかもしれませんが「夜泣き」がなんと二年も続いたのです。毎夜泣く赤ちゃんに、枕の下におまじないをしたり、夜泣きに効く薬を飲ませたり、お灸のお寺を探したりと、眠れない夜が二年も…。

長男が産まれて二年目の春、三月三日と勝手に決めていた長女（今どきの出産は生まれる前に性別は分かっています）はちょっと的を外して三月九日に誕生しました。予定日は外しましたが、ちゃんと長男の誕生日と日付を合わせて出てきたあたり、さすが妹として心得ていると感心しているのは私だけでしょうが。まぁ長男の時とは違って、兆しがあってから生まれるまでは、それこそ「ポン」という一言で表現できるくらい簡単だったような気がします。（家内には聞いていませんが…）

この年も満足にホタルを観察できる機会はなく、子育てに専念したのであります。

今、琵琶湖博物館C展示室に永久展示されているのは、私と長男と長女であります。その展示の写真を見ると、このころの思い出がよみがえってきます。子どももずいぶん大きくなり、自分の手で展示用パソコンを操作して自分たちの写真を表示できるようになりました。しかし、なぜここに自分たちが展示されているかということはわかっていないと思います…。

3　死別編（一九九六年）

五年間、看病を続けた母親が亡くなったのはこの年の五月二日でした。日本中がゴールデンウィークに浮かれていたその日の夕刻、病院に向かうために早めに職場をでた私の携帯電話がなりました。「もうあかんから早く行ってあげて…」。家内の声が小さく聞こえました。「絶対死なない、母親に限って死なない」という気持ちと「死んだらあかん、死なないで」という気持ちが私のなかでシーソーのようにゆれていました。急いで病院に駆けつけたときにはすでに亡くなっていました。

母親の四九日の夕刻に、親戚縁者を送りに外へ出たときでした。一匹のホタルがタクシーを待つみんなの傍らの木に点滅していました。タクシーがくるまでの間、誰もが無言で見とれていました。その時、私にはホタルではなくて母親のように思えたのです。後日、その時のことを話すと、その場にいたみんなが同じように母親を思っていたようです。

その夏の数日間、夜になると家の網戸に一匹のホタルがやってくるようになりました。子どもはホタルだと喜んでいましたが、私にはやはりホタルには見えませんでした。この年のホタルはこの一〇年で一番さみしいホタルでありました。

4　次世代へ編（一九九七年―）

最近、子どもたちが身近な虫たちに興味を示すようになりました。クワガタ、カブトムシ、ザリガニ、小魚、そしてホタル…。ホタルを観察していた場所のある町から転居して、ちょっと都会に移り住みましたが、少し歩けば自然が残っています。幸いにもまだカブトムシも採取できますし、ザリガニ、川エビ、蛙、小魚、全部タモで捕まえられます。春にはタンポポを摘み、夏は草の匂いの小道を歩き、蛙をとったり、ヘビを見たり、秋はどんぐりを拾い、先日は厚く氷の張った田んぼへ降りて遊んでいました。

体感です。小さいけれど本物の自然を体のなかに刻み込んでもらいたいと、機会があれば私は子どもと一緒に近所の自然のなかを歩きます。もう少し大きくなったら、もっと大きな自然のなかへ連れ出そうと思っています。この夏には例の場所にホタルを見つけにいこうと思っています。こんな機会を少しでも多くしてやって、自然の感触が少しでも彼らの体のなかに残るようにしてやろうと思います。大人になっても私と歩いたあぜ道の匂いを思い出して欲しいからです。ホタルの光も見つけて欲しいから…。

エピローグ

公私とも、この一〇年間いろんなことがありました。パソコン通信がきっかけでパソコンの趣味が本職になり、ホタルダスの事務局のお手伝いをしたり、博物館の開館に立ち会えたりと…。パソコン通信上でのホタルをきっかけとした、すばらしい人たちとの出会いのおかげだと思っております。これからも、ホタルと自然とそれを見守る人びとを愛していきたいと思います。

（つだ・あつひろ　四一歳、コンピュータプログラマー、ホタルダス歴一〇年）

ホタルを通してすてきなコミュニケーション

栗東町　杉原恵美子

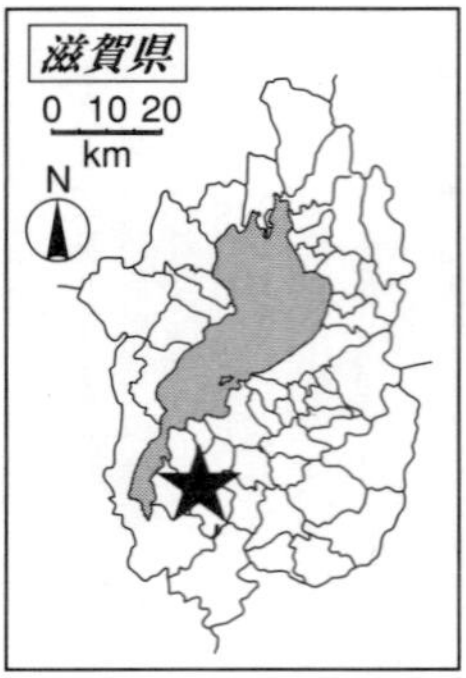

1　栗東の水の味

転勤族だった私は、栗東《りっとう》町に家を残したまま全国を回る生活のなかで、機会を見つけては一年に何回か家の管理に帰っていました。わが家に帰って来て食事をするととても美味しいのです。官舎と違って、わが家は精神的にも落ち着くので美味しいのかなー、と初めの頃は思っておりました。が、あるときはたと気がつきました。

ご飯が美味しいのは水だったのです。だって、米と炊飯器は同じで、違うのは水しかないのです。コーヒー、お茶や水割りが美味しいということは聞いて知っていましたが、ご飯までも水によって味が変わることがわかったのは、昭和五四、五年のことでした。

それから、琵琶湖の水のことが気になり始めました。県外に住んでいてもテレビで湖にアオコや赤潮が発生し、湖が病んでいるニュースが流れると、私の心までもが重くなり、何とかならないものだろうかと胸を痛めたものでした。

琵琶湖周辺の地に人が住み始めて約二万年といわれていますが、二〇世紀に住んでいる私たちが、短期間で琵琶湖を汚したのです。だから昔のようにそのまま日常生活に使える水にして、孫やひ孫に受け継いでいく責任があるのではないでしょうか。

2　蛍調査を始める

ちょうど、栗東町に定住するようになったあるとき、嘉田由紀子さんから「水と文化研究会というのができるんですが、お入りになりませんか」と誘いを受けました。「何をする会ですか」とうかがうと、「琵琶湖にまつわるいろいろな調査や研究をする」とのことでした。水に関心のある私は喜んで参加を希望した次第です。

最初の調査は蛍でした。最も環境や水に敏感な蛍を調べることにより、川の汚染度がわかります。琵琶湖にそそぐ全部の河川が蛍川になった時、琵琶湖は昔のような湖に帰るのではないでしょうか。

私の調べた川は、家の前を流れる綾ヶ井《あやがい》川で、下流で伊砂々《いささ》川に合流して琵琶湖にそそいでいる一級河川です。一〇年前の川の状態は、幅二メートルほどで、草の茂る土手に囲まれ、主に農業用水に使われていました。

栗東町に家を建てた昭和五二年頃は、周りの田んぼに蛍が乱舞していましたが、全国を回っている間に姿を消していました。蛍探検で最初に蛍を見つけた時は、遠い昔の友に会ったような懐かしさで、とてもうれしい気持ちを味わったものでした。

蛍を求めて毎夏歩くたびにいろいろなことがあり、さまざまな変化がありました。最初の頃は、蛍が川面を飛び交ったり、また土手に生えている柳やハンの木などにいっぱい止まって、まさにイルミネーション、光のショーでした。その時は数えるのも忘れて、時幽玄の世界に浸っていました。そのような夜が、ひと夏に七、八回はありました。

近頃、川の周辺の住宅には下水道が完備されましたので、川には生活雑排水は流入せず、川底がよく見えます。ザリガニや小魚が棲み、サギがえさを求めて飛来している姿を毎日のように見ています。また人びとが環境に関心をもつようになったのでしょうか、ごみを捨てる人も少なくなり、見た目にはとてもきれいな川に見えます。でも田んぼでは相変わらず農薬が使われています。毒性は弱くなったとはいえ、やはり心配なことです。

3　蛍を通してすてきなコミュニケーション

蛍を調べている期間中に、必ず「琵琶湖を美しくしましょう」という清掃日がやってきます。その時は土手の草も刈り取り、川底もきれいにさらえますので、その後はぐっと蛍が少なくなり、悲しい思いをしていました。

ところが毎年歩いていますと、川筋の住人の方々ともお友だちになり、私たちのやっている蛍調査をよく理解していただき、蛍が飛んでいる間は草刈りを延期して下さったり、また蛍を捕りに来る人を見つけた時には「蛍の数を調べて県に報告している人がいはるので、見るだけにして捕らんといてねー」とひと言言って下さったりします。蛍を媒介にすてきなコミュニケーションも生まれ、ずいぶん助けられ、心暖かいものを頂きました。

この蛍調べは二二時頃までと決められていますが、女一人で暗い川筋を歩くのはちょっと心配です。だって私もまだ女です。襲われることもあるかもしれないと考え、夫に協力を求めましたら、快く引き受けてくれ、一〇年間雨や嵐の日も共に歩いてもらったことは私として最高の喜びでした。一〇年間蛍調べをした延べ日数はすごく、三三二日にもなりました。その期間蛍を調べるだけでなく、いろいろなことを話しながら歩きました。

私は大阪育ちですので、子どもの頃の蛍の思い出はありませんでした。でも夫は熊本の田舎で育ち、きょうだいも八人もおりましたので、子どもの頃はよくきょうだい連れ立ってホウキ草で蛍を捕りに行き、それも面白いほど捕れたそうです。

蛍を蚊帳のなかで放して遊んだり、きょうだいで数を競ったり、またけんかをした思い出や、住んでいた周りの風景や家のことなどをたくさん語ってくれました。おそらくこのような機会がなかったら聞けなかった話もたくさんあっただろうと思うと、機会を与えていただいた「ホタルダス」に感謝しています。

体調が悪い時など「もう今夜はやめとく」というと、むしろ夫の方から「蛍に会いに行くとしんどいのも治るよ」とハッパをかけられ、調べたことも再々ありました。

蛍は相手を求めて光るんです。私たち夫婦も、歩きながらいろいろな会話がいちだんと弾み、またお互いに体を気遣いながら時間を共有することにより、二人の心のなかに暖かい光が灯ったような気がします。最後のホタルダスが終わった時には「お父ちゃんのお陰でやり遂げることができ、ありがとう」と自然に感謝の言葉があふれ、胸がちょっぴり熱くなりました。

4　子どもたちとともに

こんなこともありました。二人だけで蛍を求めて歩くのはもったいないと思い、「一緒に蛍に会いにいきましょう」と隣組の子どもたちに声をかけてみたんです。すると大反響を呼び、親子ともども喜んで参加して下さいました。一、二分のところに蛍が飛んでいることすら、ほとんどの人が知らなかったことがわかった時は、すごいショックを受けました。子どもたちが蛍を発見して歓声をあげたときの光景は、今も私の脳裏に焼きついております。子どもたちとともに歩く時は、私と夫は蛍の先生でした。

子どもたちから楽しい愉快な質問がいっぱいありました。「おばちゃん、おじちゃん、蛍の家はどこにあるの?」「何を食べてるの?」「お母さん、お父さんはどれ?」「子どもは?」など矢継ぎばやの質問に苦笑したのも、今はよい思い出として心のなかに残っております。

そしてその時、琵琶湖や川の水のことを話し、この川が琵琶湖への玄関口になるのだからきれいにしようねと呼びかけ、また人間と自然がともに仲良く生きていく大切さも話したりしました。

やがて子どもたちは大きくなり、一緒には歩いてくれなくなりましたが、蛍を求めて歩いたあの夏の夜のことを心の片すみに覚えていてくれて、将来環境に関心をもち、自然に優しい大人に成長してくれればいいなーと願っています。

5　破壊されていく自然

ある時、「水と文化研究会」の田中敏博さんと荒井紀子さんが、私が蛍を調べている川を見にこられたことがありました。ご案内した折り、田中さんから「あの土手に生えている大きな

写真（左）改修前の綾ヶ井川と筆者　（右）改修後の綾ヶ井川

木はハンの木といって、水のきれいなところに育つもので、昔はたくさん植わっていたものです」と教えていただきました。

　私はその時初めてハンの木を知りました。また、ちょうどその時トンボがいっぱい飛んでいて、名前は忘れましたが、それも水のきれいなところにしかいないトンボだそうです。田中さんいわく、「杉原さん、この川は折り紙つきの一級の河川ですよ」。

　その言葉に私は綾ヶ井川の素晴らしさを再発見させられました。そして私は、この自然バンザイの川をこれからも護っていかなくては、そしていつまでも蛍が育ってくれる環境をつぶしてはいけないと、気持ちを新たにしたものでした。

　でも、一〇年間よいことばかりではありませんでした。人間の生活整備のためにどんどん自然が破壊されていきました。蛍を調べはじめて四年目だったと思います。民家の前が二〇メートルほどブロックで護岸工事が行われたんです（写真）。

　驚いて役場に聞きにいきましたところ、「心配しなくてもあれは蛍ブロックやから、やがて草も生え、蛍が住むようになりますよ」とのことでした。私としてはその時、本当だろうかと半信半疑でした。

　その後、水面に近いブロックのすき間にはくしの歯のように草は生えましたが、いつまでたっても昔の姿には帰ることなく、単なるブロックでしかありませんでした。また一部は木組みの土手になり、川幅も三メートルほどに広がり、その上、川の近くにマンションが四棟建設されて、街灯の明かりで蛍が数えにくくなりました。やがて、一本しか残っていなかったハンの木、三本ほどあった柳の木も切りとられ、蛍がとまる木々もなくなっていったのです。

　もっと悲しいことが起こりました。それは川底までがコンクリートで塗りつぶされて三面張りとなり、土はすっかり姿を消したことです。周りの住民から、川を掃除するのが楽になったと喜んでおられる言葉を聞いたとき、今の人びとは自然を忘れ、見た目がきれいであればよいと思う人が多いのだなー、なんと寂しいことかと落ち込みました。私としては、周りの人を巻き込んで行政にかけあって、蛍や川を護るべきであったと己れを責め反省しました。

今、川沿いの田んぼが住宅地に大変身するという情報をキャッチしても、田んぼの持主の方の事情もあり、何もいえない空しさも味わっています。

6　身近な環境の将来へ向けて

私のせめてもの活動は、蛍を調べ始めた頃から、自主グループ「青春会議」を結成し、いろいろな分野のことを学習していることです。特にグループの人たちに環境に関心をもってもらうため、滋賀県衛生環境センターの船（みずすまし）に乗り、実際にこの目で琵琶湖の汚染度を調べました。船中では現状を踏まえて、これから私たちがいかに努力して昔のような湖に帰していけるか、専門の先生から講義を受けました。このことをきっかけにもっともっと間口を広げて深く学習を重ねています。

今も新しい環境問題が、次から次に起こっているのが現状です。そこで身近なところで、生き物の住める環境づくり、そしてその生き物と仲よく共存し合う生活感覚を取り戻す大切さも学習し、行政にも改善を訴えていく力をつける学習も大事だと頑張っています。

また、町広報に「ホタルダス」のことを書いてもらったり、消費者大会の時は「ホタルダスのマップ」を展示して、自然環境に関心をもってもらう役目も果たしてきました。

ホタルダスは一応終わりましたが夏が来たら、きっと蛍に会いたくなって足は川に向かっていくことでしょう、夫とともに……。

（すぎはら・えみこ　六二歳、主婦、ホタルダス歴一〇年）

調査をする楽しさを教えてくれたホタルダス

甲南町　森　幸一

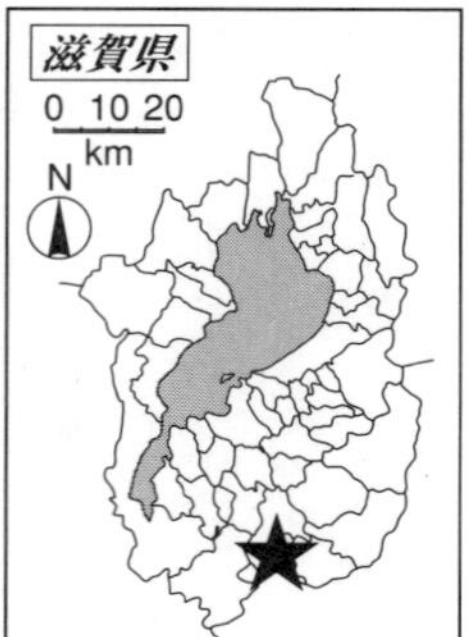

1　おそるおそるのパソコン通信

私がホタルダスと出会ったのは、パソコン通信がきっかけです。やっと買ったパソコンに、モデムという当時はあまり普及していなかった、弁当箱のような機械を取りつけて、初めてアクセスしたのが「湖鮎ネット」でした。最初はＮＥＷＳをＲＯＭ（Read Only Members, ニュースを読むだけ）していても話題についてゆけず、古い書き込みばかりを見ていました。当時、古文書の発掘が趣味（？）とからかわれたのを覚えています。

六月にはいると、湖鮎ネットの話題はホタル一色となり、なにやらおもしろそうだわいと思っておりました。当時は石部に住んでいましたので、Ｍ川のあたりを親子三人でホタル探しをしました。ホタルに関しての初めての書き込みは、一九九〇年六月六日だったかと思います。

2　ゲンジボタルの大群がわが家を変えた

石部でホタルの観察を始めてから一〇日目くらいだったと思います。ある晩、いつもとは観察場所を変えてみようと、少し山の方へ奥まった場所に行ってみて大発見です。ゲンジボタルの大群です。大きな力強いゲンジボタルの点滅が、川の上、周りの杉木立のなかなどいたるところで光っています。振り返ると、まるで花火のように見えます。ホタルが勝手に顔や肩にとまります。

本当にこんなことに出くわすのは初めてでした。片言を話し始めた長男が、感激を彼なりに言葉に表しました。ホタルを名づけて「ぴかむーむー」です。「ぴかむーむー」は光る虫という意味なのでしょう。

この発見以来、わが家のホタルダスの観察用紙はにぎやかになりました。不思議なもので、休みがちだった調査に毎日出かけるようになりました。

3　誰かにこの感激を伝えたくなる

私は中学校で理科を教えています。最初の年は親子三人がホタルを見るのに一生懸命でしたが、『私たちのホタル』第二号を受け取った頃には、このホタルを受け持ちの生徒たちにも見せてやりたいと思うようになりました。学級の生徒に呼びかけたところ、何人かが自分の家の近くで観察を始めました。勤務する学校は草津市の田園地帯を校区に持っていましたので、生徒の報告はほとんどがヘイケボタルであったと記憶しています。

また、その結果をパソコン通信で伝えるということに興味を示す生徒もいました。

そろそろゲンジボタルが最盛期だという頃、前年の体験を生徒に話しました。自分たちもぜひ見てみたいということで、お父さん、お母さんの協力で車を調達し、石部町の観察ポイントに案内しました。その時の感想が『私たちのホタル』第三号に載っています。

「私は小さいときに一度しか蛍を見たことがなかったのでまだ何もわかりませんでした。源氏蛍は、おっきかったし、平家蛍は小さかった。こんな名前がついていることも知りませんでした。蛍を見て、とても勉強になりました。そして、先生に蛍がいっぱいいる所につれていってもらいました。車からおりるといっぱいきれいなほどいました。すごくきれいでした」（中村久美子さん、当時中学校二年生）

「私は森先生に蛍を見に連れていってもらうまで、蛍は一回も見たことがありませんでした。見に行く前には、ドキドキと期待でいっぱいでした。そうしているうちに蛍がいる所に着きました。そしてその道にそって、奥へ奥へすいこまれるように行ってしまい、蛍が多くなっていき、前も後ろも蛍でいっぱいで花火みたいでした。一度見たらその記憶は一生残ると思います。それまで夜八時か九時ごろに蛍の観察をしていました。

父に聞くと、蛍はきれいな川の所にしか出ないと聞いて、草津川は汚いのか知らないけれども一匹も見あたりませんでした。一回草津川の下流近くまで行ってみようと思い、見に行ったけれどもなぜかいないのです。懐中電灯であたりを照らしてみるとカンやらゴミがいっぱい落ちていたのでびっくりしました」（今村美砂さん、当時中学校二年生）

最近、彼女らと話をする機会があり、ホタルを見たことを覚えているかどうか聞いてみました。正直いってあまり覚えていないけれど、たくさんのホタルがあんなにいるとは思わなかったとか、きれいで感動したことはしっかり覚えていてくれました。

彼女たちは今や二十歳をすぎ、そうこうしているうちにお母さんになるでしょう。彼女たちは、あの時よりも自分の周りからホタルが確実に減っていることを残念がっていました。私の時のように、ホタルを自分の子どもに見せられるような環境を、この先残していくことができるのか、不安になります。

4　ホタルからタンポポへ

一九九三年から、勤務する学校が草津市内から甲南町へ変わりました。学校が変わるといろいろな変化があるものです。私にとっては、運動部顧問から科学部顧問へ変わったことが大きな変化でした。

わが校の科学部は古い伝統があり、過去に総理大臣賞をいただいたこともあります。私としては、科学部を指導するのは初めてですし、何をどのようにしたらよいのか、皆目わかりませんでした。ホタルの研究をしようかとも考えましたが、夜の活動となるため、実際にはむずかしいと思われました。

ちょうどそのころ、琵琶湖博物館準備室でタンポポ調査をされており、春からすぐにできる活動として飛びつきました。しかし、タンポポなんて今までじっくり観察したことはありません。湖鮎ネットのなかで、「ヌさん」たちの力をお借りしながら、中学生なりの研究をすすめました。その年の春だけでは納得のいく結果が得られなかったので、次の年の春の研究結果も併せて、シロバナタンポポの果実の研究としてまとめました。

そしてその研究を「けんび鏡観察コンクール」に応募したところ、はからずも賞をいただくことになりました。以来、タンポポの調査は部活動の基礎活動として、ずっと続けています。一九九八年には、タンポポの黄色の在来種についての研究をまとめました。

科学部を指導する上で心がけていることは、顧問も一緒になって不思議がるということです。指導者が「結果はわかりきっている」と思っていることを、ただ生徒に追試させるだけでは、決してよい研究にはなりません。

タンポポの調査も、生徒と一緒になって調べてみて、疑問をいっしょになって真剣に考えてみたことがよい結果につながったのだと思います。そのことから考えると、先生は物知りでない方が適任なのです。その点で、私はよい顧問だったのかもしれません。

一九九四年には、手裏剣の研究で日本学生科学賞に入選し、そのころホタルダスで湖鮎ネットへ盛んに書き込みをしておれた、静岡の松下保男さんと東京の表彰式でお会いすることができました。

5　身近な水辺の生き物や環境へ

科学部のテーマは、所属する部員たちの興味によって変わります。現在の部員たちは、学校の近くを流れる杣川《そまがわ》の生き物や、メダカのたくさんいる池の調査に夢中になっています。また、一九九八年からカブトエビを飼っていて、卵をたくさんとりました。今年（一九九九年）は、その卵を孵して、カブトエビの生態に迫りたいと思います。

また、選択理科で杣川の水質や、生き物などの調査を始めました。特に、川の水を利用していた昔の生活や生き物を捕る遊びについての聞き取り調査がおもしろくなってきました。それから、昨年の夏休みには甲南町内の子どもたちを集めて川虫を探して遊ぶ機会も得ました。

このような活動も、あのパソコン通信から始まったホタルダスの調査が原点になっているような気がしてなりません。実際にフィールドへ出て生き物を観察したり、知らない人から話を聞くことは、骨は折れるけれども、楽しいことでもあります。

このような活動は、書物を読むだけでは得られないさまざまな情報を与えてくれます。ホタルダスをはじめるまでは、ホタルのことについては本当になんにも知りませんでした。それがホタルを見にいくようになってから、ホタルだけでなく、夜の川ややぶのようす、昼間の水の流れやゴミの落ちているようすにまで目がいくようになりました。

ホタルダスのおかげで、ホタルってまだまだこんな近くにいるんだということだけでなく、昼間何となく眺めている場所に、時間を変えて夜に行ってみるだけで、自分が環境というものを一面でしか見ていないことに気づくことができたと思います。また、そんな感想をパソコン通信で伝えあうことがきっかけとなって、新しい活動が広がりました。フィールドで調査することのおもしろさを教えてくれた、そんなホタルダスに感謝しています。

（もり・こういち　三九歳、中学校教諭、ホタルダス歴九年）

能登川南小学校の親子ホタルダス

能登川町　青木正士

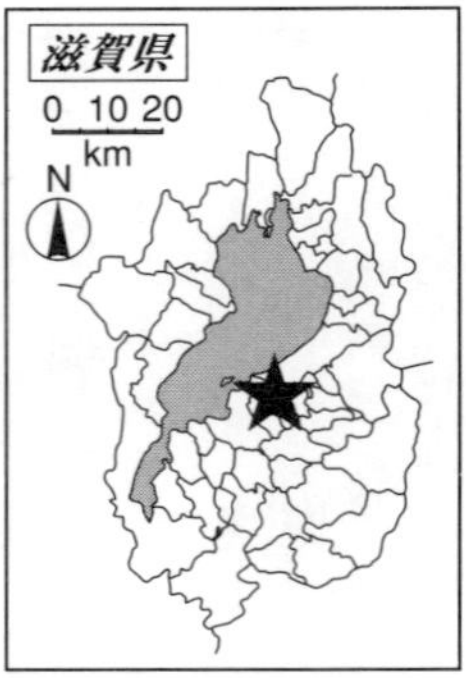

1 ホタルダスってなんだ?

「アメダスなら知ってるけど、ホタルダスってなんのこと?」

琵琶湖研究所で初めて聞いたこの言葉に、何やら現代的な響きと郷愁をくすぐる響きを感じたのは、一〇年も前のことなのですね。

当時パソコンを購入し、モデムをつないで「湖鮎ネット」に接続できるようになった私にとって、この「ダス」の部分の響きは、新しい世界が開けたような楽しさを与えてくれました。それに、ホタルはわが家の近くで多く見られるようになり、子どもと一緒に見に行くのが楽しかったので、まず自分自身がホタルダスにはまりこんだのです。

ふと、自分の勤めている能登川南小学区にもホタルがいるのかなと思って学級の子どもたちに聞いてみると、「たくさんいるで」という子どもの返答でした。「こんな町中に本当にいるのかいな?」とますます疑問に思い、子どもたちにもホタルダスを勧めてみることにしました。

「ホタルダスってなに? アメダスなら知ってるで」「…やっぱり…」「ホタルは夏に見られるんでしょう?」「冬なんじゃない? 蛍の光、窓の雪…」「…むむむ…。」

こんなところからのスタートです。

2 最初は細々と、お次は偉大なるホタルダス

「お母さんの話では、一一年前に浜能登川の田の近くの水路でホタルが乱舞していたのが、とても美しく印象に残っているそうです。ホタルダスに参加する前は『ホタルの光』がどんなものなのか全く知りませんでした。それが、身近なところにたくさんホタルがいてすごくびっくりしました。その光がすごくきれいなことにとてもおどろきました。」

「ホタルを見にいくのはとても少なかったけど、お父さんやお母さんといっしょにきてホタルの種類、数を調べてホタルのことについていろいろわかってきました。でも、毎日たくさんの人がホタルをとりにくるので、少なくなっています。いつも見ているととても腹が立ってきます。なかには大人の人もいるし、ホタルがかごのなかで死んだらかわいそうです。」

ホタルダス参加の子どもたちに、下敷きとホタルカレンダーを渡し、報告書のとりまとめだけをした一年目でしたが、観察に行っただけで多くの発見をしてくる子どもたちの姿を見ては、ホタルの偉大さを感じたものでした。また、湖鮎ネットで情報

ホタルカレンダー①

氏名＿＿＿＿＿＿＿＿　＿＿年＿＿組＿＿番

字名＿＿＿＿＿＿　観察地点＿＿＿＿＿＿＿＿

観察日	観察時刻	天気	種別	10m範囲の数	観察できた数	気づいたこと
5 月 23		晴 曇 雨 不明	ゲンジ ヘイケ 両方 不明	0匹 1匹から3匹 4匹から10匹 11匹から20匹 21匹以上	ゲンジ ヘイケ 不明	
	風	気温	光り方	飛び方	どこにいるか	お家の人から
日 （木）	強風 弱風 無風	℃	強い ふつう 弱い	遠くまで飛ぶ 川の上を飛ぶ 飛んでいない	水面近く 川のへり 道や田など	
	観察時刻	天気	種別	10m範囲の数	観察できた数	気づいたこと
5 月 24		晴 曇 雨 不明	ゲンジ ヘイケ 両方 不明	0匹 1匹から3匹 4匹から10匹 11匹から20匹 21匹以上	ゲンジ ヘイケ 不明	
	風	気温	光り方	飛び方	どこにいるか	お家の人から
日 （金）	強風 弱風 無風	℃	強い ふつう 弱い	遠くまで飛ぶ 川の上を飛ぶ 飛んでいない	水面近く 川のへり 道や田など	
	観察時刻	天気	種別	10m範囲の数	観察できた数	気づいたこと
5 月 25		晴 曇 雨 不明	ゲンジ ヘイケ 両方 不明	0匹 1匹から3匹 4匹から10匹 11匹から20匹 21匹以上	ゲンジ ヘイケ 不明	
	風	気温	光り方	飛び方	どこにいるか	お家の人から
日 （土）	強風 弱風 無風	℃	強い ふつう 弱い	遠くまで飛ぶ 川の上を飛ぶ 飛んでいない	水面近く 川のへり 道や田など	

＊観察して記録できるものだけでけっこうです。
＊ホタルをつかまえて観察したときは、すぐに逃がしてあげましょう。
＊いないのも大切な記録です。でも、ほかの地点にかえたいときは連絡して下さい。
＊このホタルカレンダーは、5月30日に持ってきて下さい。

を仕入れては、子どもたちに情報発信していました。

家の人と一緒に観察に出かけているため、前述のように家庭でも話題となりました。この子たちは今年（一九九九年）で二十歳となり、先日成人式を迎えました。今も心優しいホタルダス経験者です。

さて、明けて翌年。当時能登川南小の校長は、長谷川美雄先生でした。長谷川先生は環境教育に通じておられ、ふるさと学習を南小の特色ある教育活動に位置づけていました。そこで、小さなホタルダスは、学校全体を巻き込んだものに広がりました（四年生以上の児童対象）。

3　四つの道具

独自のホタルダス活動を繰り広げるため、四つの道具を用意しました。

①ホタルカレンダー

天気、種類、観察数、風の強さ、ホタルの光り方の強さ、飛んでいる距離、どの辺りにいるかまで記録するようになっています。観察する内容が細かくなっているので観察にも熱が入り、親にも結構手ごたえのあったようです。さらに、気づいたことを、親も子も書ける欄をもうけました。

②ホタルマップ

地図上に、一週間ごとの観察数を色で区別したシールをはりつけます。子ども自らはりつける作業をするので、たくさん観察できていると得意満面な顔をしてやっていました。どこにたくさんのホタルが見られるかがわかってきて、ホタルを観察できなかった子どもたちも、その地点に集中するようになりました。もっとも多く観察できたところは「ホタル銀座」と名前がつきました。この地点での観察者はホタル学習参加者の約半数にもなりました。

③ホタルアンケート

毎週、ホタルを通して家庭で語り合って書いてもらいました。

写真１　河川工事

全部で六回のアンケートをしましたが、子どもたちの記述よりも、父親、母親、祖父母の熱心な回答に圧倒されました。内容は、ホタルの思い出、ホタルの伝承、ホタルに関する知識などです。

④ホタル新聞（五峯《ごほう》のホタル）

ホタルアンケートや観察記録の内容から、学校の人たち全員に紹介しておきたいこと、話し合ってみてほしいことなど、話題提供の一つとして新聞を週一回発行しました。親も子もたいへん楽しみにしていたようで、発行する側もがんばり甲斐がありました。

4　もどればやっぱりホタルダス

南小学校からフローティングスクール（小学五年生を対象とした学習船「湖《うみ》の子」での湖上環境体験学習）に勤めて三年間。そのときも自分では近くの川で調査を続けていました。ここは、年によって若干差はあれ、いつもホタルの輝く地点です。でも三年後、南小学校にもどったとき、ホタル銀座は竹藪も消えて面影は全くなしでした（写真1）。

写真２　まだ竹薮が少し残っている調査地

もう南小でホタルダスはだめかと思っていたら、「まだたくさん飛んでますよ」と知らせてくれた方がおられました。やっぱり、もどればホタルダス。再開してみました。今度はステッカーも下敷きもなく、本当の希望者のみで、人数は少なかったけど、内容は素晴らしかったです。

川の様子は少し変わったけれど、ホタルを見る感動は以前と一緒です。少なくなったホタルをとっていってしまう人たちに憤りをもつ子が多くいました。また、ホタルを通してホットなつながりができました（写真2）。

5　いつまでもホタルダス

今、生涯学習課勤務のわたしは、能登川町の博物館にホタル調査の用紙をおいてもらって、調査をしてみました。能登川の水生生物調査会のみなさんや博物館のみなさんがホタル鑑賞会を開いたりしてくれて、けっこうホタルのネットワークが広がってきています。

やっぱり「たかがホタル、されどホタル」、続けていると深まり広がるネットワーク。もしホタルダスが一〇年で終わりになっても、能登川町ではもっともっと大きな広がりをもたせてみたい。そんな夢を持ち続けています。

（あおき・しょうじ　四〇歳、教師、ホタルダス歴一〇年）

たんけん・はっけん・ほっとけん

日野町　井阪尚司

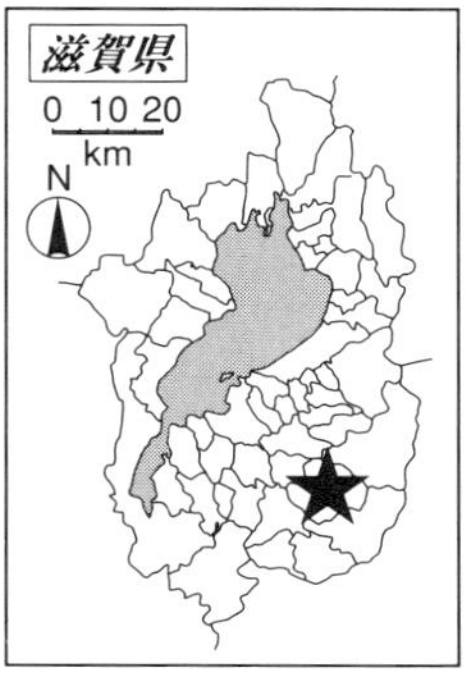

1「みぞっこ探検」が始まった

自分の使った水がどこへ流れていくのだろうかと、台所の水を追いかけて調査した「みぞっこ探検」は、一九九〇（平成二）年に始まった。蒲生《がもう》東小学校の子どもたち、地域のエルダーのおばあちゃんたち、専門家、保護者が一緒になって、蒲生東小学校校区の村の水路の様子を調べて歩いたのである。

子どもたちが見た「みぞ」は、自分の家で使った水が流れている「排水路」だった。みぞを調べ歩いていると、突然白い泡のかたまりが流れてくることがある。この家では、今洗濯中なのだ。汚れを落とすためにたっぷり洗剤を使っているのだろうかと思わせるぐらい、次から次へと泡が流れてくる。時として、甘い香りの緑色の水が流れてくることもある。

家から出ているパイプのあたりをよく見ると、石段がある。この家のおばあちゃんに聞くと、「ここはカワトといって、昔は、ここでよく大根や皿などを洗ってたよ」「メダカやカワエビが泳いでいたわ。そうそう、ホタルもよく飛んでいたね」と、なつかしそうに話して下さる。子どもたちは、ドブと化した今の姿からは想像もつかないという顔で聞いていた。

かつて絶えることなく清水が流れていて、常水文化が根づいていたみぞだったが、このみぞが排水路に変わったのは、ここ四〇年ほどのできごとである。当初は、みぞ調査を通して、この間に何がどのように変わったのかを探り、私たちがどのような暮らしをしていけばよいかを考えることがこの活動のねらいであった。けれども水路調査をしていくうちに、「みぞっこ探検」そのものがねらいになっていた。感性とかかわる力を養う、体験活動そのものが、学習の基本になっていったのである。

「空き缶のなかにザリガニがいたでー」

「みぞを歩いていたらミカンが流れてきたわ。ミカン太郎では、しゃれにもならんわ」

「ぼくの捨てたお菓子の袋がまだあった」

「昔、ここでお鍋を洗うてはったんやて」

などなど、わいわい言いながらさまざまなことを発見してくる。

なかには、

「洗剤の泡が流れてきたら、みぞのなかの生き物は苦しいやろな」

「こんな水やったら、ホタルも出やへんかもしれんな」

と心配する声も。

そして、この水が琵琶湖に流れていき、水道の水になって自分の口に戻ってくることを知った子どもたちは、はっと気がつき、「みぞっこクリーン作戦」を展開していった。生き物の立場にたって物語をつくったり、ポスターをつくって汚濁防止を呼びかけたりもした。このような一連の流れが、「たんけん・発見・ほっとけん」である。

2　どうしたのか、蒲生東のホタルたち

みぞは、さまざまな生き物のくらしと人間の心のありようを映し出すところである。この両者（生き物と人間）の接点に、人にとってもっとも親近感のあるホタルがいる。

みぞっこ探検では、みぞの川底や側壁や堤が土・石・コンクリートの何でできているかを調べ、生き物の棲息状況や水質の調査も行う。川底に小石があり、土手があり、餌のカワニナがいて、水草がある所は、ホタルにとって最適な棲息場となる。

夏の夜、私たちが見るホタルは、みぞのなかの様子が健全なことを伝えてくれており、この環境を良くするのも悪くするのも私たち人間の手にかかっていることを知らされる。このように、ホタルは、人と生き物との水辺環境を考える「みぞっこ学習」にとって重要な位置を占める存在である。

みぞっこ探検を行った後、「ホタルの引っ越し」という物語を通して、生き物の立場から人間の行為を考える学習を行った。この物語は、ホタルが住みにくくなった場所を離れ、安心して子どもが産める上流の方へ引っ越していくという話である。この学習を通して人間に管理されているみぞの世界を、生命の観点からとらえなおすことができた。

みぞっこ学習をさらに広げているのが、ホタル調査である。ホタル発生数の年経緯から、みぞのなかがどのように変わってきているのかを考えることができる。何よりも家族を巻き込んでの調査になり、おじいちゃん・おばあちゃんたちから昔の話が聞けることのメリットは大きい。

ホタル調査は、多くの子どもたちが自分の住んでいる地区で行ったが、桜川東地区の子どもたちは、蒲生東小学校の裏でグループ観察を行った。蒲生町でもっとも多くホタルが見られるのは、蒲生東小学校の裏から桜川西の神社にかけての一帯であった。

桜川東区の村の人たちが、まちづくり事業としてホタルを保護する看板を立てたり、餌のカワニナを放流するなどの努力で、この一帯にホタルが見られるようになったのは一九八八年頃である。その後、増え続け、一九九一年には数千匹の乱舞が見られるようになった。

あまりのうれしさに、蒲生野考現倶楽部が主催して、毎年、蒲生東小学校の駐車場で「ホタルコンサートと鑑賞会」を開いた。

ところが一九九四年になると、突然ホタルたちが姿を消した。ホタルの数は三〜五匹という有様。調査隊のショックは隠せなかった（図）。

ホタルの激減の原因はわからなかったが、上流で気になるできごとがあった。ため池のアオコの発生、魚が大量に死んだこと、上流での工事、などである。後になってだが、カワニナの個体数や水質も調べた。闇夜のホタル調査は、三年間にも及んだ。さすがに、ホタルコンサートは開けなかった。

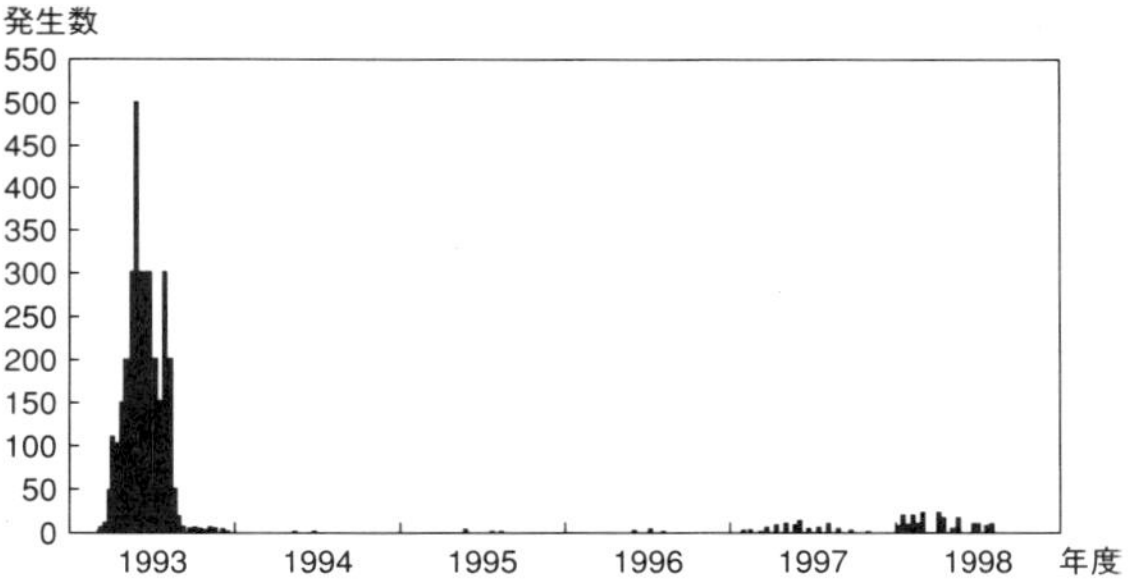

図　蒲生東小学校裏のホタル発生数（年度別）

復活は無理かとあきらめかけた一九九七年、徐々にホタルが戻ってきた。うれしかった。学校裏の防犯灯をホタルの季節だけ消してもらった。次の年、さらに多くの蛍が飛んでいた。帰ってきたホタルへの安堵感と、いろいろな生物に対する人間の行為について反省する一九九八年であった。

3　子どもの目から

一九九八年の観察記録

①「がもうのホタル」　三年　岡　志桜里

今年の夏、蒲生東小学校の裏の水路にホタルが戻ってきました。三年前までは、数千びきのホタルが飛びかっていたのです。おと年の夏、きゅうにホタルが減り、三びきしか見られませんでした。わたしは、「なぜかなぁ」と、まいばん思っていました。

それから一年がすぎ、きょ年の夏、わたしとお父さんが学校の裏の川へ見に行ってみると、まだ五〜六ぴきしかいませんでした。わたしは、また「どうしてかな」と、まいばん考えていました。そして、今年は三千びき近くになりました。わたしは、それがふしぎでたまりませんでした。

今年の夏、わたしはお母さんと夜七時に行ってみるとホタルはいません。「きっとまだ明るいからじゃないのかなぁ」と思いました。次の日、お父さんが仕事から帰ってくるのがおそかったので、おばあちゃんと二人で夜八時に行きました。わたしはおばあちゃんに、

「かいちゅうでんとうを消してよ」

と言いました。おばあちゃんはそっと消してくれました。やっと、学校の裏につきました。八時半になりました。九時まで見ていることにしました。私が持ってきた折りたたみイスにすわっていると、おばあちゃんが、

「昔は、ホタルが手でつかまえられるほどいっぱい飛んでいた。もっと水、きれいやったし、田の薬も今ほどはまかなかっ

たしなぁ。今は、ホタルがいても数えられるわ」

私は、「もっとホタルが昔のように多くなるといいのに」と思いました。

わたしとおばあちゃんは、「八時から九時の間に一番たくさん飛ぶんだなあ」と言いました。そして、九時に帰りました。お父さんとお母さんと妹と弟によく飛ぶ時間のことを教えました。

今年の秋（一〇月）に学校の裏の水路調査をしました。それを、六月に調査した桜川西の水路と比べました。東小の方は水草が多く、下はじゃりでできていました。桜川西は、水草があまりありません。そこはコンクリートでできていて、川もまっすぐでした。横もブロックが積んでありました。わたしは、「横は土でできていて水草があるほうがいいのかなぁ」と思いました。

わたしは、学校の裏の水路で初めてホタルの子どもを見つけました。「こんなまっ黒な生き物が、あんなきれいなホタルに大変身するなんてとても信じられないな」と、わたしが言ったので友だちが、「そうやなあ、ほんとや」と言いました。「来年もさ来年も元気なホタルが見られるといいなぁ」と思います。

②ホタル物語「みぞっこボタル」　三年　高木　あゆみ

私は、学校の裏の川に住んでいる「あゆみホタル」です。私は去年の六月に生まれて、今、ホタル学校の三年生です。来年の夏には、飛ぼうと思っています。

今日は、水が透き通っているので久しぶりに散歩に出かけました。しばらく行くと、ザリガニとタニシの子どもがおしゃべりをしています。

「ねっ、ねっ、タニシさん。このごろ川にアワが流れてくると思わない？」「そうだねー。なぜなんだろう。」と、タニシが不思議がっています。それを聞いていたあゆみホタルの幼虫が、「そうだ、その元を探したら分かるんじゃない」と言いました。

「じゃあ、アワの元を探しに行こう」と、みんなそろって出かけることにしました。

ホタルたちは、大きなパイプから滝のように水が流れているところにたどり着きました。

「うわー。アワの山だー」みんな口をそろえて驚いています。「ここは、人間の台所から出てくる排水口だ」

ザリガニの子どもが、ハサミを降り回して叫んでいます。「このアワが息苦しくしているんだ」みんなは不安になりながら自分の家に帰っていきました。

その晩、あゆみホタルは考えました。「この前亡くなったミズスマシさんも、このアワのせいで苦しんでいたにちがいない」「このアワはきっと体によくないものが入っているんだ」「みんなに知らせなくては…」

次の日の朝、学校の裏の川の仲間たちに、昨日見たことや考えたことを話しました。

「川に流れてくる家庭排水のなかには、何か悪いものが入っていて、それはきっと私たちの仲間の数を減らしてしまっているんだと思う。洗剤を使うのをやめてもらったら、もう少し川がきれいになって、川がホタルや生き物の楽園になるのに…」

そして、あゆみホタルはひそかに心のなかで決めました。「今年の夏、私たちの思いを、自分の光で人間に伝えてみよう」と。

（いさか・なおし　四五歳、小学校教諭、ホタルダス歴九年）

守山市ほたる事業とホタルダス

彦根市　西野　達夫

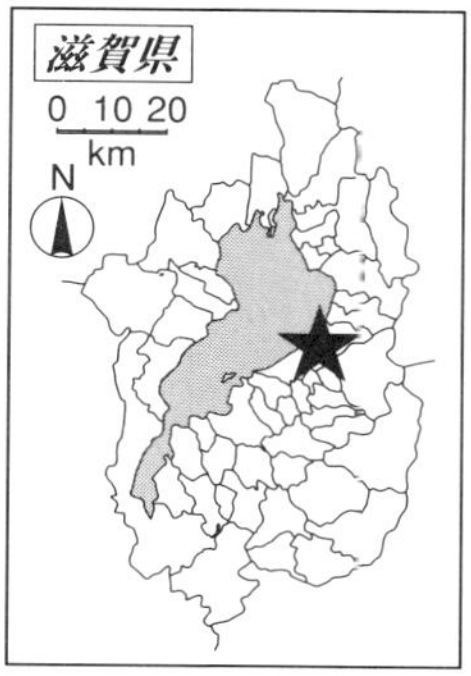

1　私とホタル

私は、彦根市に住む守山市の職員です。私とホタルの関わりは、平成二年四月一日の人事異動により企画調整課へ異動し、「ほたる事業」の担当になってから始まりました。

それまでは、土木課河川係に籍を置いていました。当時、地元自治会からは快適な生活を求めるあまり、清掃が容易な三面張りによる水路改修の要望が多く寄せられていました。が、水質浄化には底打ちコンクリートは好ましくないという持論をもっていたことから、石積護岸や底打ちなしのコンクリート柵工、それに当時流行でしたが、全く効果のなかったホタルブロック護岸などによる改修工事の設計をしていました。

平成元年に竹下元首相が提唱された「ふるさと創生事業」、いわゆる一億円事業への取り組みとして、守山市では「ほたるの住むまちふるさと守山」づくりが決まりました。その拠点として「ほたるの森資料館」を建設することとなり、それが間もなく開館するという節目の時期に、ほたる事業担当に異動になったのです。

「ほたるの森資料館」は、市民運動公園内にある木造平屋建・床面積九二平方メートルで、嘱託職員一名、パート職員一名が交替勤務する小さな資料館です。私に最初に与えられた仕事は、「ほたるの森資料館」の展示物、備品類を取り揃えることでした。苦労しながらなんとかオープン前日に展示物を仕上げることができました。

その年には、「ほたるの住むまちふるさと守山」づくり事業として、シンボルマークの募集やほたる観賞の夕べ、夏休みほたる学習会、ほたるシンポジウムなどのイベントを守山市ではじめて開催しました。

翌年以降もほたるバスや資料館の夜間開館、「友の会」募集など新しい企画・立案を担当させていただきました。苦労の甲斐あって、こうしたホタルにかかわる諸行事は市の年間行事にも組み込まれ、今なお継続されています。

2　ほたる事業のなかで出会ったホタルダス

ほたる事業は、市の総合発展計画や広域行政など本来の企画調整課業務の傍ら、平成八年三月までの六年間、担当させてい

写真　愛知川堤脚水路（彦根市本庄町）

ただきました。

事業の前半はつらい思いの連続でした。平成二年の終わりに、某新聞が各自治体のふるさと創生事業の成功や失敗事例を取り上げ、守山市について、市民運動公園でのホタル人工飼育の発生数が初年度二匹であったことから、「一匹が五千万円のゲンジボタル」と大きく非難されてしまいました。翌平成三年は、ホタルは大量に発生したものの、イベントの前日大量盗難に遭い、失われてしまいました。

そうしたとき、趣味にしていたパソコン通信で湖鮎ネットと出会い、ホタルダスに参加しました。守山市内と自宅のある彦根市稲枝《いなえ》地区の観察結果をはじめ、ホタルへの思いを送る傍ら、県内各地でホタルを観察している多くの参加者がいることに勇気づけられました。

稲枝には、愛知川《えちがわ》堤脚水路（写真）や不飲川《のまずがわ》にゲンジボタルが多く見られます。また、観察をはじめた頃は、秦荘《はたしょう》町の宇曽川《うそがわ》上流にもたくさん飛んでいました。

家からホタルの観察に出かけるときは、はじめの頃、当時、小学四年と二年の二人の息子たちや妻も珍しがってついて来てくれ、家族の絆を強く感じました。

3　守山ゲンジボタルの復活

ほたる事業の担当としての後半は、いかにすれば、人工河川でホタルが盗難にあってもびくともしないほどに多く発生するか、また、人工河川以外の市内一般河川においてゲンジボタルが見られるようになるか、だけを考えていました。

それまで人工飼育していた貴重なホタルの幼虫は、守山市民運動公園や鳩の森公園の人工河川だけに毎年、春と秋放流していました。人工飼育している大切なホタルの幼虫を一般河川に放流することは、失敗すれば非難をうけることは確実で、かなりの冒険でした。

しかし、そこを越えなければ、一般河川での復活はありえないと考えました。ごく少数の関係者だけで、カワニナが豊富にいて、しかも休息場所としての草木や上陸場所である堆積土があるなど、生息の可能性のある市内河川に幼虫放流を極秘に繰り返し、観察を続けてきました。担当していた期間においては、ちらほら程度の発生でしたが、皮肉なもので、担当を外れた平成八年以降、守山市内の各所でゲンジボタルが見られるようになりました。生き物が定着するのには長い年月がかかるものだとつくづく痛感しています。

平成一〇年五月、三津川《みつがわ》にゲンジボタルが大量発生しました。前述の極秘放流によって、平成八年以降、徐々に増え続けていましたが、その年の異常気象による急激な気温の上昇とともに一斉に羽化した感じで、昼間においても休息するホタルが見られるほどでした。地元、泉町自治会では公園内にテントを立て、役員の方々が当番制で盗難の警備に当たられました。

4　身近な環境浄化の試み

ホタルは水環境のバロメーターとよくいわれますが、人から環境に良いといわれれば、凝り性の私は後先考えず、個人のできる範囲で何でも取り組んでいます。

平成七年、ふるさと創生事業の滋賀県版といわれた市町村「淡海文化の創造」事業（三千万円交付）に、守山市としてどのような事業に取り組むか、市民代表を交じえて検討する事務局を担当しました。

いくつかの案のなかから、生ゴミ処理機を市内全小学校に設置し、給食調理屑や残飯を堆肥化し、学校・地域菜園に再利用する事業に決定し、事業は平成八年度に実施されました。

わが家においては事業の検討の時点から、台所の生ゴミをコンポスト（生ゴミ密封発酵容器）で堆肥化しています。EM菌を使ってできた堆肥を家の裏のミニ果樹園の木の周りに埋め、抽出液は害虫予防剤として野菜に散布しています。コンポストは年々増え、今では四個になっています。

また、平成一〇年八月二二日、彦根市民会館において「宇曽川フォーラム98」）が催されたさい、女優の大山のぶ代さんの講演で「米のとぎ汁のたれ流しが琵琶湖の富栄養化の要因になっているが、とぎ汁にふくまれるリンは果樹の実をつけるのには有益」と知りました。早速、わが家の米のとぎ役をかって出て、二日で一升瓶いっぱいになるとぎ汁を集めては、休日に果樹の周りに撒いています。

このままいけば、わが家での私の役割分担はどんどん増えていきそうですが、少しでも滋賀県の環境浄化の一助になればと思っています。

5　四季折々の変化を肌で感じて

今では息子たちも高校三年と一年と大きく成長し、ホタルのことを口にすることもなくなりました。子どもたちが親離れをしてきたので、早く自分も子離れをしようと、休日には家の裏のミニ果樹園で身体を動かすことを楽しんでいます。

以前は、年度の始まりとともに桜の開花、四月中旬の降雨時のゲンジボタルの幼虫一斉上陸、五月下旬から約三週間、各地のホタルの羽化だより、発生状況調査・観察、七月の孵化と幼虫飼育の開始、が季節を感じる節目でありました。今では夏以降、ミニ果樹園にあるモモ、ブドウ、ナシ、リンゴ、プラム、イチジク、カキ、ミカンが順番に色づき、年末が近づけば落葉、そしてもっとも大変な樹木の剪定作業で一年が終わります。

ミニ果樹園には、チョウやトンボなどの昆虫をはじめ多くの鳥たちも訪れ、目を楽しませてくれます。こうした四季折々の変化を身近に味わうことで生きていることの喜び、自然環境の大切さを肌で感じていきたいと思います。

6　私のホタルダスは続く

私の自然への関心が高まったのは、この約一〇年間のホタルダスにおいて、毎夏、ホタルの観察を通し、幻想的な乱舞する姿に魅せられ、自然の大切さを身をもって体験してきたことが大きく影響していると思います。

守山市企画調整課では、前守山市長・高田信昭さんが昔のように守山にホタルを呼び戻そうと市内の有識者や企業の代表に声をかけ、一九七九年に「守山ほたる研究会」が組織されました。私は一九九〇年より事務局を任され、全国ホタル研究会をはじめホタルサミット、ホタルネットワーク滋賀、またホタルの飼育や保護に取り組む全国の小中学校や自治体とも親しくさせていただきました。

こうした各団体の活動は、年々増加し、交流の輪も広がってきていると思います。そうした輪の中核が滋賀県であり、その先導を「水と文化研究会」が担っていたように思います。

ホタルダスの活動をきっかけに、滋賀県の多くの県民が忘れていた身の周りの自然に関心を寄せることになったと思います。「水と文化研究会」のホタルダスとしての活動は終わりますが、私のホタルダスは今後も続きます。身近にはゲンジボタルが今も多く生息し、この自然環境を守り続けることの大切さを、微力ながらより多くの人に伝えていきたいと思います。

私たちの周りにある自然は、祖先から引き継いだと同時に未来の人びとからもお預かりしているのです。少し大げさになりますが、この美しい地球を子の時代、さらに孫の時代に引き継いでいかなければいけないと思います。

（にしの・たつお　四三歳、市役所勤務、ホタルダス歴九年）

ホタルが家族に残してくれたお土産

彦根市　大菅 素行

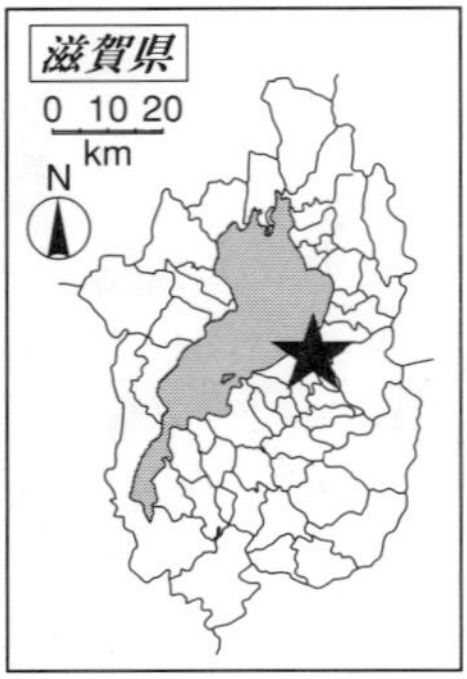

1　生活習慣になったホタルダス

平成二年からホタルダスに参加し、今年（一九九八年）で九年連続調査したことになる。ホタルという光る虫を子どもに見せることで、何か感動を与えてやろうと思ってはじめたが、それ以後も細く長くの精神で、しつこく続けたものだ（写真）。

ゴールデンウィークの田植え作業が終わると、自然とホタル観察が夜の日課となっていた。光るホタルを見た時には、今年も見られてよかったとほっとするものである。

調査を始めたとき四歳だった長男坊は今や小学六年生、生まれたばかりの次男坊も小学三年生に成長した。今では自分から積極的に調査に出かけるようになり、歳月のはやさを感じてしまう反面、うれしく思うのは親バカだろうか。

2　減っていったホタルの数

さて、肝心のホタルであるが、調査を開始した平成二年には大変多く乱舞していたが、年を追うごとに減少していった（図）。

五年は低温多雨、六年は小雨（渇水）、七年は長雨、九年は空梅雨と大きな波で変化した天候によって影響されたのはしかたない。自然は自然に左右されるものである。でも、それ以外の人為的要因で減るのは残念である。そこで思い当たることをあげてみることにする。

写真　子どもたちとともに9年間調査をした家の近くの水路

まず、五年から八年にかけて上流での住宅開発に伴う新川《しんかわ》工事があった。工事後流水量が減った感じがするし、産卵場所がなくなったのではないかとも思う。

またその他周辺環境の小さな変化としては、川べりに外灯がついたこと、牛小屋の牛がいなくなったこと、家が新しく建ったこと等がある。

ただ、減っていたホタルの数も平成一〇年には復活してきたので、ちょっと安心している。

3　ホタルダス調査での収穫

日頃何気なく見ているものとか、昔は何とも感じなかったものに対して、ちょっとしたこだわりを持てば、いろいろなものが見えてくるものである。

今回の調査でホタルについて多くのことを知ることができた。光る回数がオス、メスで違うことや四月の雨上がりに幼虫の上陸を確認できたことは大きな経験、感激であった。他の人より少しはホタルのことを知るようになったと自負している。

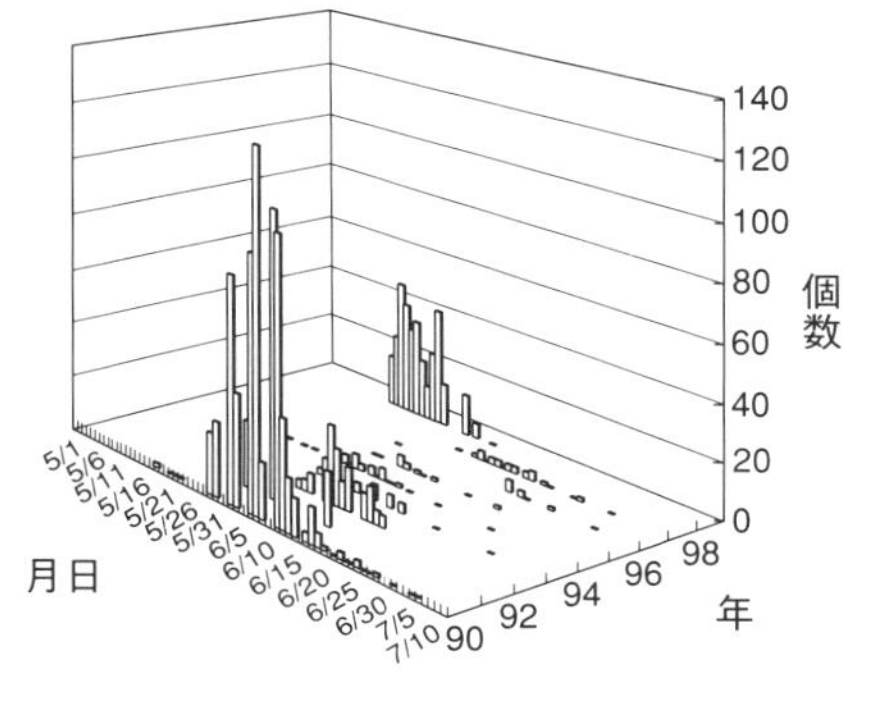

図　ホタル観察数の推移（1990～1998年）

また、家族のみんな、特に息子たちがホタルに関心をもってくれたことも収穫である。家庭での話題にホタルのことが上るようになったことも大きい。子どもは一匹でもいると喜んでいたが、こういう経験が大きくなってからよみがえるものである。

さらに、ホタルのことで近所の人たちと話をすることができたことも収穫である。ホタルはとても水がきれいな所にしかいないものといった感覚があることや、ホタルが減ったらたくさんいるところから取ってきて増やしたらどうか、という意見などなど。

4　これからも続けたい

調査期間中、オウム真理教による地下鉄サリン事件、阪神大震災、神戸の小学生殺害事件等、命の尊さについて考えさせられる事件・事象があった。小さな光を放つホタルを通じて、子どもたちも自然の美しさを感じたのではないかと思う。人間さえよければ、ひいては自分さえよければという世の風潮になりつつある今日、他の多くの生物が共生できる環境をつくるには、自己変革が必要である。

この意味からも、自分が今おかれている環境を見つめ直すべきで、今後もホタルを見ていきたいと思う。自然には美しさだけなく、宿命とか残酷さなどさまざまな面がある。今後もホタルに限らず、何かに「こだわり」をもっていろいろなものを見ていく「行動」を続け、子どもといっしょに考えていきたいと思う。

最後に二人の子どもの感想もあわせてのせて、調査のふりかえりを終わる。

長男坊の感想　大菅 勝之（小六）

ぼくは四歳の時からやっていて、その頃はあまり覚えていないが、ちょっとたった頃からはいっぱいいたのは覚えている。川の端にいっぱいいて、飛び回っていた。毎年、はじめの頃はなかなかいないけど、終わる頃になるとたくさん出てくる。

三年生の時に山東町へ行ったが、家の辺りよりも二倍も三倍もいた。ほたるの幼虫は川のなかにいることがわかって、ほたるの種類もわかった（げんじぼたるに、へいけぼたる、ひめぼたる）。最高一一六匹もいたが、今ではその四分の一ぐらいになった。ぼくは、昔より少なくなったなと思う。ぼくはホタルの住める環境が少なくなっているんだなあと思った。

次男坊の感想　大菅 順平（小三）

ぼくはほいくえんのときからみた。ほたるはきれいだったし、すごく光っていた。むかしは多かったけど、今は少なくなった。川のはしにはほたるが多くいた。川じゃない所にも少しいた。三年生になってひとりでみにいくようになった。よう虫が川からあがってくるのもみた。ぼくはほたるがかたにのったりしてなんかきれいだなとおもった。

（おおすが・もとゆき　四一歳、ホタルダス歴九年。おおすが・かつゆき、じゅんぺい）

III　湖北地区

ホタルダスと共に歩いた「鴨と螢の里づくりグループ」一〇年—ホタルの発生予報にとりくんで

山東町　口分田政博

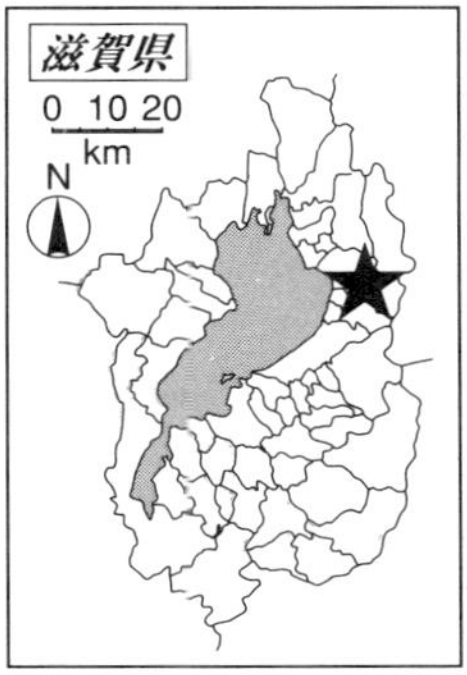

1　ホタル保護からホタル調査へ

私たちの山東《さんとう》町には、国指定特別天然記念物「長岡のゲンジボタルおよびその生息地」があります。ホタル保護につきましては八〇年近い歴史があります。しかし保護活動が中心で、環境調査の積み重ねがなく、社会や自然の変化に対応した保護活動に発展していきませんでした。

特に天野川の上流地域、伊吹山のふもとに産業廃棄物の最終処分場の建設計画案が公表され、ゲンジボタルへの影響が心配された時がありました。この建設計画を阻止するのに、大きな力になったのがホタルです。

私たちは、「ホタルが山東町をすくってくれた」と喜びました。しかし、この反対運動の時に、いろいろ外部からも尋ねられますが、しっかりとした資料がありません。調査研究の重要性を改めて再確認させられました。

2　「鴨と螢の里づくりグループ」の活動分野と研究テーマ

そこでホタルダスの発足と同時に、ホタルダス参加者を中心にして「鴨と螢の里づくりグループ」を山東町の支援を得てスタートしました。そこで行ってきた活動は、おもに三つの分野にわたっています。

ひとつは、ホタルにかかわるもので、（1）ゲンジボタルの上陸、発生調査、発生地図作成、（2）ヘイケボタルの発生調査、発生地図作成、（3）河川の水生生物の回復状況、（4）ホタルの保護および啓発活動などです。

二番目は、三島池にかかわる活動で、（1）「三島池の自然」だよりの発行（毎月）、（2）三島池自然観察会の開催（年六、七回）です。

そして三番目には、山東町内の自然にかかわる個別的な活動と、全体報告書の編集です。山室湿原の調査研究、小田湧水群のハリヨの研究調査とあわせて、研究紀要『鴨と螢のまち』第一集から第一〇集を発行しました。その調査研究として行ってきたテーマはゲンジボタルの生息状況を中心に表1のようになっています。

3　ゲンジボタルの発生予報の試み

私の町、山東町では例年六月上旬に「ホタル祭り」が盛大に行われています。そのため祭りの期日をホタルが発生する最盛

表1　今までに行った主な研究調査。〈　〉内は発表した『鴨と蛍のまち』の号数

1	蛍の出るところと出ないところ〈1〉
2	航空防除の水生生物への影響〈2〉
3	天野川ゲンジボタルの保護についての提言〈3〉
4	天野川，山東町のホタル発生地図〈2～10〉
5	天野川水系の生物学的水質階級指数の推移〈4〉
6	天野川水系の浚渫と水生生物の回復状況について〈5, 6〉
7	天野川水系のヨシ群落占有率とゲンジボタル発生状況との関係〈6〉
8	天野川水系の植生〈7〉
9	姉川の水生生物相の推移〈7, 8〉
10	ホタルサミットさんとう'95〈7〉
11	ヘイケボタル発生地図〈8～10〉
12	山東町蛍保護条例〈8〉
13	気温とゲンジボタルの明滅周期〈8〉
14	弥高川，油里川の改修工事と水生動物について〈8, 9〉
15	三島池の環境変化と水生植物の変遷〈9〉
16	同上と水生昆虫，魚類の変遷〈10〉
17	山東町内の小中学校における自然・地域・文化活動〈1～10〉
18	その他，啓発紙縮小版，意見書等

（注）ごく少数バックナンバーがありますので希望の方はご連絡ください。各集とも500円。山東町志賀谷1532　口分田政博まで）

期に合わせる必要があります。しかも各方面へのＰＲの必要もあって、その期日を四月中ごろまでに決めなければなりません。そこでホタル発生予報の方法を考えてみました。

まず、平成八（一九九六）年四月、ホタルの幼虫がどのように上陸しているのか、皆で観察しようということで「ホタル幼虫の上陸を励ます会」を開催しました。最初は半信半疑で開催した会でしたが、皆とても興味をもってくれたのが意外でもありました。そこで、平成九年にも、上陸を励ます会を開催するとともに、幼虫の上陸状況の観察から、「発生予報」の方法開発に挑戦してみました。

まだまだ試みの第一年目なので、ここで発表をして皆さんのご指導を受けたいと思います。紙面の都合もありますのでデータはごく一部分にとどめさせていただきます。詳細については別の機会に発表する予定です。

(1)ゲンジボタル幼虫の上陸について

幼虫が早く上陸すれば成虫の発生も早いのではないか。気温や水温が高ければ幼虫は早く上陸するのではないか。この仮説を証明するために、天野川の支流である黒田川およびその近くの川（西の川）で幼虫の上陸を約二ヵ月半追ってみました。

(2)ゲンジボタル成虫の発生について

幼虫の上陸と同じように発生についても約一か月半（五月七日～六月二〇日まで）、五地点で観察しました。

表2　1998年のゲンジボタルの幼虫上陸と成虫発生の状況（山東町）

観察項目	黒田川（北方）	黒田川（本郷）	天野川（長岡）
幼虫上陸初認日	3月27日	3月27日	
幼虫上陸最多日	4月 6日	4月13日	
幼虫上陸最終日	4月26日	5月 8日	
成虫発生初認日	5月 7日	5月14日	5月15日
成虫発生最多日	5月20日	5月26日	5月27日
成虫発生最終日	6月15日	6月15日	6月17日

表3　最近4ヵ年のゲンジボタルの上陸幼虫・成虫の発生状況

年	幼虫上陸（気象）初認日	成虫発生初認日	土中生活日数	春先の気温
1995	4月 9日（雨16度）	5月28日	50日	普通
1996	4月15日（雨16度）	6月 1日	48日	寒い
1997	4月 2日（雨16度）	5月16日	45日	暖かい
1998	3月27日（雨16度）	5月 7日	42日	大変暖かい

この幼虫と成虫の観察からいろいろなことがわかりました。そのいくつかを書きます。

①水温の高い所は幼虫の上陸も早く、成虫の発生も早い。

②幼虫上陸初認日から一〇日ほどで最多上陸日（雨の日）を迎える。

③上陸の早い所は終認日も早く、上陸初認日のずれだけ終認日もほぼずれる。

④成虫の発生も上陸日のずれだけ場所によってずれる。

⑤成虫発生初認日から約一〇日で最盛期を迎え、最盛期は一〇日間ほど続く。

⑥ゲンジボタルは初認日から約一ヵ月間ある程度見られる。したがって余程のことがない限り、ホタル祭りに適する期日にはかなり幅がある。できたら最盛期の一〇日間にほたる祭り期間が重なると一番よいことがわかる。

（3）ゲンジボタル成虫の発生予報方法（試案）

一九九八年のゲンジボタル幼虫および成虫の観察記録のまとめは表2の通りです。これを基にして、例年のデータと比較したものが表3です。

表3をみますと、幼虫上陸の初認日から成虫発生初認日までの日数に、年によってかなりのばらつきがあることが分かります。また上陸初認日、発生初認日も年によって大きくずれていることも分かりました。それらの原因は、一月～四月の気温によるものと思われます。例えば、一九九八年の一月～六月までの気温はいずれの月も平年気温よ

り約摂氏二度高かった（彦根地方気象台資料による）。一九九七年も暖冬でしたが、一九九八年はそれよりもさらに暖冬でした。

当初私は、土中生活日数の五〇日、四八日、四五日の平均をとって、一九九八年の土中生活を四八日と仮定し、成虫発生初認日予定を五月一三日と予定しました。ところが五月七日が初認日となり、六日のずれを生じました。土中生活日数が四二日となり、予報の根拠とした四八日より六日間短かったのです。一九九七年よりさらに暖冬であったので一九九七年の四五日より短くすべきであったようです。一九九八年のように、著しく上陸、発生初認日の早い年はめったにはないものと思われます。

したがって今年（一九九八年）のほたる祭りの期間はホタル終認日に近くなってしまいました。そこで観光客の皆さんを例年のメイン会場でなく、ホタル発生の遅い町内の場所へ、バスで送迎することになってしまったのです。

今後とも幼虫の上陸、成虫の発生の記録を続けながら、気温との関係を確かめ、ホタル発生予報を一歩でも前進させたいと考えております。ご教示をお願いいたします。

4　おわりに

私が自然にかかわる調査研究のグループ活動をはじめたのは、三〇年以上前になります。当時の大東中学校の科学部の生徒や先生たちとの共同活動で、湖北の東北斜面から琵琶湖岸にかけて、水生生物、野鳥を中心とした調査研究をすすめてきました。平成元年三月に退職し、町からの呼びかけもあって、グループを組織して、調査を継続することになりました。

最初の二年間は町からの補助金があり、この補助金で二年間、調査研究をして、研究紀要『鴨と螢のまち』を第一集から第二集まで出版しました。そして第三集で町への環境保全への提言をまとめました。この提言は、町の土木工事、環境保全への各事業に頻繁に利用されました。

しかし、第三集（一九九一年）から補助金が打ち切られ、大変苦労しました。しかし幸いに、一九九一年は滋賀県自然保護財団、一九九二年はTakaraハーモニストファンド、一九九三年は再び滋賀県自然保護財団の助成を受けて研究を継続しました。

そして一九九四年には「ほたるサミットさんとう'95」が山東町で行われることになり、町から過分の補助金をいただき、サミットのメイン印刷物として『鴨と螢のまち』第六集を出版できました。これが大変好評であり、山東町の環境保全のためにも、必要であることがわかってもらえました。それ以降毎年助成をしていただいて、一九九八年には第一〇集を出版することができました。

今後、さらに調査研究をすすめるとともに、幅広い人たちの参加をえて、「ほたる祭り」の全町への普及、生活と水、水質汚濁の啓発等に広げていきたいと考えております。第一〇集はそのきっかけづくりの内容となっています。いろいろご教示をいただきたいと思います。

（くもで・まさひろ　鴨と螢の里づくりグループ、ホタルダス歴一〇年）

ホタルにのめりこんで—ホタルダスとともに歩んだ一〇年

山東町　田中万祐

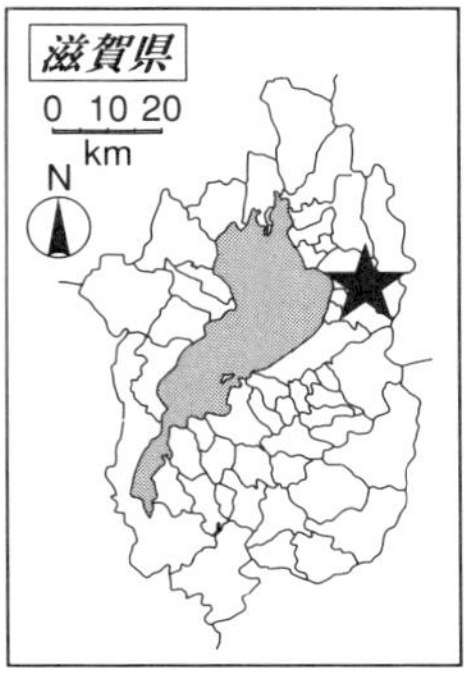

1　山東町におけるゲンジボタル保護の歴史

私たちの山東町における蛍保護の歴史は、今から七〇年以上前の大正一五年にさかのぼります。長岡青年団の団長と副団長が中心となって、農繁期にもかかわらず団員を督励して活動した「ホタル番」に始まり、当初の保護の思いは昭和四〇年発足の「天野川源氏蛍を守る会」にしっかりと受け継がれてきました。

国指定特別天然記念物「天野川のゲンジボタル及び発生地」のホタルは、時代や環境の急激な変化とともにその消長が激しく、時には絶滅の危機に瀕したことさえ何度かありました。特に、昭和三四年の当地を襲った八月の集中豪雨と九月の伊勢湾台風で、天野川の護岸は各所で決壊氾濫し、ホタルの繁殖河床は根こそぎ洗い流されてしまいました。その後の大規模な天野川復旧改良工事、さらには上流からの工場廃水、農薬等によりホタルの発生は皆無に等しくなったのです。

しかし、この小さな生き物を子々孫々に残し伝えていきたいと「守る会」が中心になって懸命に保護育成を図ってきました。昭和四三年にはホタル飼育池を、昭和五九年にはゲンジボタル保護研究施設（敷地面積三〇〇平方メートル）を設けて人工飼育に取り組む一方、「山東町蛍保護条例」の制定に向け積極的に運動するとともに、地道に蛍保護に尽力してきました。

平成元年、本町がゲンジボタルを対象とする環境庁の「ふるさといきものの里」の選定を受けたことを契機に、行政と研究者、ホタルの保護団体が一つになって本格的に取り組もうという構想のもとで「鴨と蛍の里づくりグループ」が組織されました。グループでは町内全域、さらには天野川下流から琵琶湖までのホタル発生状況調査とその他の研究調査を毎年実施し、研究紀要『鴨と蛍のまち』にその結果をまとめてきました。また、ホタルに限らず野鳥や植物・昆虫などの自然観察会を毎年六回程度実施し、併せて地域住民へ「鴨と蛍のまち」のチラシを通して活動を行ってきました。

平成元年に「ふるさと創生事業」一億円を基金に、山東町池下の三島池周辺に「鴨と蛍の里」整備事業が着手され、平成七年四月に総額四三億円の巨費を投じた「グリーンパーク山東」がオープンしました。

2　ホタルダスから見た山東町のホタル発生状況

私のホタルダスへの参加は、平成二年度からです。理科教師として地元の高等学校に勤務し、特別天然記念物指定地の「守る会」役員としての誇りが、私を毎晩ホタル調査へと駆り立てていったように思います。

一九九〇年ホタルカレンダーによれば、私は五ヵ所の観察地点を五月二一日から七月九日まで一日も休むことなく、ホタルダス調査に出かけていたことがわかります。七月一日頃からはゲンジとヘイケの両方が観察されました。

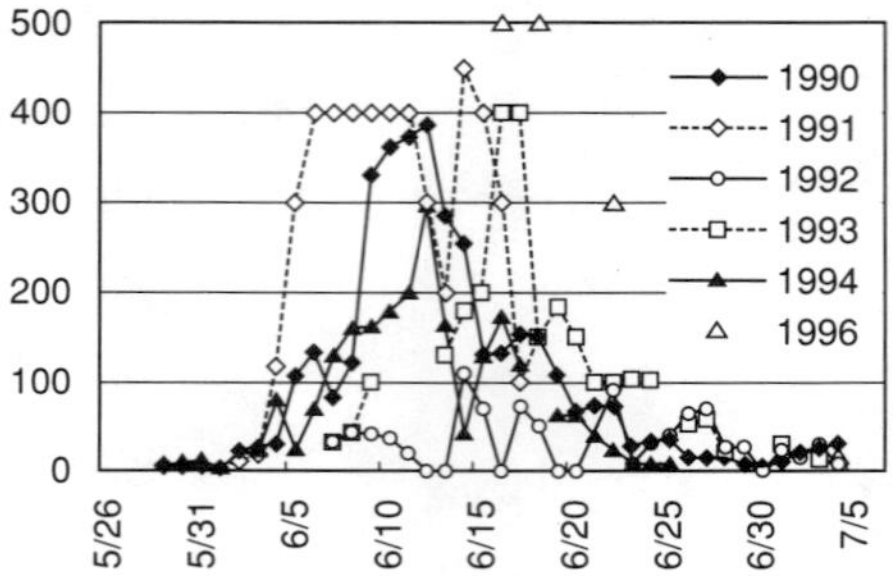

図　天野川支流弥高川（早刈橋付近）での6年間のゲンジボタル発生記録（1990～94年および1996年）

山東町内を大きく二分して、天野川水系の西側を流れる黒田川については口分田さんが、天野川本流とその東側を流れる支流については沢田さんと私が受け持ち、お互いに密接な連絡をとり励ましながらやってきたから、きわめて濃密な調査が九年間もやれたのだと思います。

ホタルダスとは別に、山東町の文化財専門委員として、町職員と一緒に公用車で町内全域のホタルパトロールを兼ね、約二五地点のゲンジボタルの発生状況を記録してきました。平成七年からは、このホタルパトロールに新たに「鴨と螢の里づくりグループ」も参加するようになりました。グループでは、毎年分担する地域を決めてゲンジボタル発生段階地図を作成してきました。平成一〇年五月三〇日と六月一日に、三島池から流れ出る大和川《やまとがわ》（別名蛍の川）で今までになかったホタルの大発生が観察され、一〇メートルに二〇〇匹の高密度のホタル調査結果が報告されています。

図は、私の家から歩いて五分位の所に位置し、例年「山東町ほたるまつり」の観賞コースでもある天野川支流の弥高川《やたかがわ》（早刈橋付近）での六年間のゲンジボタル発生記録です（この地点での観察距離は約四〇メートル）。なお、一〇平方メートル当りの最高記録は、平成八年の七一匹でした。

3　天野川、弥高川の浚渫工事

長岡地区では、伊勢湾台風後の河川大改修工事後も、年に一、二回の頻度で数件の家屋が床上浸水を繰り返しているありさまで、天野川本流の浚渫は長年の強い住民の要望でした（写真1）。

度重なる町や県への要請にもかかわらず遅々として浚渫《しゅんせつ》工事が進まないのは、「守る会」が反対しているからだ、と吹聴して回る心ない人びとがあったことも事実です。「守る会」の会員ほとんどが長岡地区の住民ですので、「守る会」を非難中傷するのではなく、役員個人に矛先が向けられることの方が多かったようでした。草刈りが七月下旬までできないのは「あいつらが悪い」「ホタルが大事か、人間の命が大事か」などと、役員の耳に聞こえるように言われたように覚えています。

写真1　（左）中島に立つぼんぼりと天野川橋（木橋），昭和30年代前半。（右）平成2年の浚渫工事によりゆるやかな浅い流れになった天野川。それより以前，伊勢湾台風後の河川大改修により両岸には1メートルほどのコンクリート壁が作られ，川に下りることが難しくなってしまった（天野川橋上流）

ようやく天野川本流の浚渫工事は、平成三年九月から一二月にかけて、天野川橋下流の土鍋橋から坂田消防署までの約一〇〇〇—一三〇〇メートルが行われました。川にはダンプカーが走り、ユンボがうなり声をあげて動き回りました。

その結果、前年まで見られたゲンジボタルの姿は探すのさえ難しいほどに急激に数を減らし、現在に至るもほとんど回復の兆しが見られていません。国指定の特別天然記念物指定区域および町保護指定区域であるにもかかわらず、ホタルの生息した河床は完全に破壊されてしまったからだと考えられます。

それに対して、平成七年一二月から翌年の三月にかけて行われた弥高川の浚渫工事（総延長約三〇〇メートル）では、平成六年滋賀県における「環境アドバイザー制度」の発足があったことを忘れてはならないと思います。

さらに、水生昆虫等に造詣の深い地元の口分田政博先生がこの工事の生物環境アドバイザーとして、ホタルの保護の立場から的確なご指導を下さったことが大きな成果として現れたものと思われます。

弥高川の早刈橋の上流は、平成九年度事業として冬期間に浚渫工事が行われましたが、前年度とほとんど変わらない数のホタルの発生を見ました。弥高川を占有しかけていたツルヨシが適度に除去され、今までツルヨシに隠れて観察しにくかったホタルがよく見えるようになりました。人里昆虫であるホタルには適度な人の手を加えることが必要なことがわかりました。

4　ホタルの思い出

「私のホタル」は天野川ではなく、私の家の前を流れる中村川という川幅九〇センチほどの小川です。子どもの頃、昭和二〇年代にはシジミや小魚を取ったり、母が田圃から帰るのを待ちわびながらホタル狩りに夢中になったのも、この中村川でした。

各戸の家の前には専用の洗い場があり、川の上には数枚の板が渡してあって、そこで御飯を炊いた釜を洗ったり、食器や洗濯物を洗ったりしていました。どの洗い場も、その付近だけが急にどろ深くなっていて、いろんな小魚が「うろ」に隠れていました。また、石垣の隙間には、蛇が蛙を狙って頭をちょっと覗かせていました。

子どもたちは、夜になりあたりが暗くなるのを待ちかねて家を出て、笹の葉で草や木に止まったホタルを舞い上がらせ、たたき落とすようにしてホタルを捕えたものでした。かごのなかでは、元気よくホタルが動き回って、わずかな隙間からでも逃げようとしています。かごいっぱいになったホタルを高くかざして家路につくのですが、あのやわらかい光は至福の喜びを与えてくれたようです。当時の思い出が鮮明に私の脳裏に焼きついています。

5　中村川改修工事のこと

最近は各家庭の雑廃水が流れ込み、昔日の面影はまったくありませんが、まだ写真のように水が流れる光景は心をなごませてくれたものでした（写真2）。

しかしながら、町の公共下水道工事に伴って、平成四年四月から河川改修という美名のもとに、地先住民の反対にもかかわらず、写真3のようなグレーチング方式の三面ともコンクリートで覆われた水路に変貌を余儀なくされました。車社会の利便性の前にはやむをえないのかもしれませんが、市街地のなかで唯一残ったヘイケボタルの発生地であった場所でもあり、私にとってのふるさとの川でありました。

私がたまたま地先の自治会の組長をしておりましたのでそれまでに至る過程を詳しく覚えていますが、上流の私たちの組が反対するだけで、下流の三つの組は中村川を暗渠にして道路を広げるべきとの考えでありました。

平成三年八月三一日、区長、建設委員長および町当局の係員の出席を要請し、組住民全員参加の話し合いを行いました。「消防車が入らなくてもいいのか」「救急車が入らなくてもいいのか」「ガードレールをつければ道路はさらに狭くなる」などの長い長い議論の末に、下流が賛成しているなかで私たちの組のみが反対する訳にもゆくまいとのことで、涙を飲んだのであります。

私にとって大変寂しいことは、ホタルだけでなく、オニヤンマやカニを追いかけた子ども時代の楽しい遊びの原風景が永久に失われてしまったことです。工事前までは、近くの保育園の子どもたちは、安全なザリガニ取りに川に入り、あぶないことは何もありませんでした。ただ子どもたちの喜々とした声が今もなつかしく思い出されます。

6　蛍保護運動で住みよい町づくり

私にとってのこの一〇年は、ホタルに魅せられ、蛍保護運動にのめりこんだ年でありました。その影響で、身の周りの環境について非常に強い関心を持って接することができるようになったように思います。

写真２　河川改修前の中村川と道路

写真３　公共下水道工事に伴う河川改修により失われてしまった中村川（平成４年）

さて、ホタルダスはなくなっても、私たちの山東町の「鴨と蛍の里づくりグループ」の活動は、ますます重要になると思います。ぜひとも、さらに一〇年、二〇年と継続してホタル調査をやっていきたいと思います。これからの滋賀県の蛍保護運動はいったいどうなっていくのでしょうか。

最後に、ホタルについて勉強する機会を与えていただいた「守る会」やホタルダスの皆さん、本当にありがとうございました。今後も、及ばずながら蛍保護運動に力を注いで、住みよい町づくりに少しでも貢献できればと思います。

（たなか・かずすけ　六〇歳、高校教師、ホタルダス歴九年）

おばぁちゃんの株が上がったホタルダス

長浜市　宮川琴枝

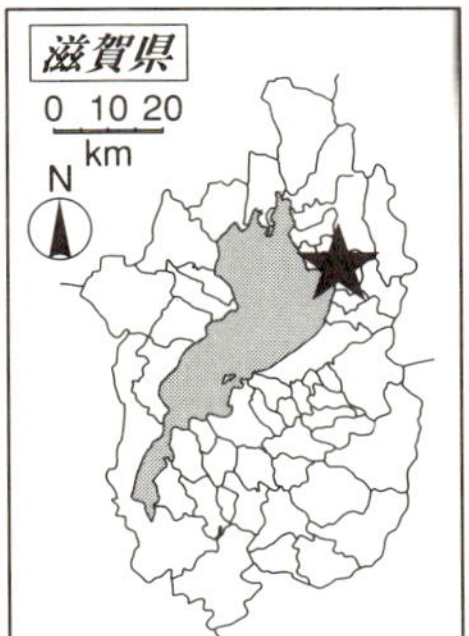

１　川祭りで気づいた川のようす

「なんや、雨が降るのに行くのか」「うん」。この一〇年間、蛍の時期になると、夜の八時半から九時までは町中を流れる、小さな小川のほとりに立つのが習慣になっていました。

初めのころは、小さな子どもを連れたお父さんが「ホラホラこんなところにも蛍がいるんや」などと言いながら岸辺に止まっている蛍をつかんで持参のかごに入れてしまうのが恨めしく、でも「取らないで下さい」とは言いづらくて、ただただがっかりしていたものです。

しかし、二年、三年と経つうちに、私が蛍の観察をしていることが町内の人たちに知られてきて、さすがに目の前でつかんでしまう人はなくなってきました。それでも一年に一、二回は知らないうちに全滅に近い状態になり、川岸に残る濡れた靴のあとを恨めしく悔しい思いで眺めたこともありました。また川も年々汚れがひどくなってきていました。

平成六年の八月に長浜市の呼びかけで、町内で川祭りを催す

写真1　川祭りの様子。川底はコンクリートだった（平成6年）

写真2　工事により川底に砂利が敷かれた川（平成10年）

ことになりました。川の水が少ないので、一キロも離れた上流での分流を少し余計にいただいての作業だったようです。川を二ヵ所に分けて堰き止め、三～六年生までの子は少し深い所、その下に浅い所を作って小さな子どもたちが入れるようにし、鱒の幼魚を放って手づかみをさせようという計画でした。

さて、お父さんたちが川のなかに入ってみると、思っていた以上に川は汚れ、コンクリートの底はぬるぬるしていて、おまけに割れた瓶などがそのままむき出しで、たいそう危険なことに気がつきました。全員で丹念に掃除をしましたが、それでも危険だということで、子どもたちにはゴム草履を履かせることにしました（昔は裸足で川入りをしたものですが）。

川祭りには離れて暮らしている孫まで呼び寄せ、子どもたちは水のなかでキャッキャッと騒いでいます。初めは尻込みして魚をつかめなかった子どもも、いつの間にかしっかりと両手で掴んで、お母さんに見せています。

大人たちは手分けをして、にわか屋台のあるじとなり、掴んだ鱒をその場で焼いてくれます。自分のつかんだ魚を大いばりで口にする子、かわいそうだと食べられない子などいろいろで、川祭りは大成功でした（写真1）。そして翌七年にも楽しい行事は行われました。

2　川底のコンクリートを割る

祭りのすんだある日、その年の若い自治会長さんより、「あんなに川が汚れているとは知らなかった、どうすれば美しくすることができるのか。川を美しくして蛍がたくさん飛ぶようにするにはどうすればよいだろうか」との相談を受けました。

「川底がコンクリートで水草が生えないし、カワニナも少ないので、せめて砂利を川底に撒いてもらえたら」と申しました。そして、「本当は川底のコンクリートを割って元の土にするのが一番いいのだけれど」とつけ加えたのです。若くて怖いもの知らずの彼は、早速に市の生活環境課へ掛け合いに行きました。しかし、そんな理由でいったん整備した川をやり直すことは、到底考えられないことでした。

ちょうどそんな時、前の年から町内の圃場整備事業が始まりました。町中を流れるこの川には今までも農業排水が細々と流れ込んでいたのですが、田が大きくなるとこのままでは一気水が出る恐れがある、と町の人たちが農政課にお願いしたのです。

農村総合整備モデル事業（農業集落排水施設整備）として国・県・市の予算で工事をしていただけることになり、河川容量確保のための道路かさあげ工事と石組みの積み直しが始まりました。それと同時に、かねがねお願いしていた川底のコンクリートを破砕し、砂利を敷いてもらうことができたのです（写真2）。

工事期間中は水が止められ、川が干上がっていましたので、その年の蛍は正直あきらめていました。なのに、平成八年六月あの懐かしい光を見つけたときは感激で、「お父さん、お父さん、蛍がいたよ」と、子どものように家へ飛んで知らせに帰りました。

3　葦の思い出

長浜市南小足町の「小足《こあし》」という地名は小葦から来たといわれています。この辺りは姉川の古川が流れていたといわれ、私の子どものころは至る所に湧水の池があり、葦の原が広がり、竹やぶや林も鬱蒼と茂っていて、別名「荒田」と呼ばれていました。

この葦は、家々の屋根葺き材料として、とても貴重なものでした。冬の間に葦の欲しい人たちが集まり入札をして、その年に刈る所を決めます。まだ一五歳だった私も母の代理で入札に参加しました。皆にからかわれながら、それでも何とか一ヵ所落札したのを覚えています。

その値が高かったのかどうか、母はなにも言いませんでした。が、晩秋になって大きな鎌でこれを刈ることまで自分でしなければならないとは、思いも寄らないことでした。それまで町のなかに暮らしていた母子にとって、田舎暮らしのつらさを思い知らされたできごとでした。

しかし時代とともに萱葺きの屋根は次々と瓦屋根になり、貴重だったこの葦原は、無用の長物と化してしまったのです。

ちょうどその頃、あちらこちらで新興住宅地ができ始めました。昭和四〇年頃だったと思います。町の上に団地など作ったら川が汚れる、何が流れてくるかわからないから反対だという大方の意見もありました。

が、町内に莫大なお金が入ってくるということの方が優先されて、とうとう林は切られ、池も埋め立てられ、今では二百戸程の団地と雇用促進事業団の住宅二棟の大きな団地になってしまいました。そしてその家々が井戸を掘り、揚水するようになって、それまで豊かだった私たちの自噴の井戸は、だんだんと水の出が細っていきました。

4　「しんのみやのいけ」の再生

それ以前から、昭和三四年九月二六日の伊勢湾台風で姉川が氾濫し水脈が変わったのか、家によっては水の出が悪くなったところもあったのです。町内を流れているこの川の上流には、昔から「しんのみやのいけ（真行神池）」（写真3）と呼ばれる池があり、この池から湧き出る水が町中を潤していてくれたのですが、ここもやはり年々水が細ってきていました。

町では隔年に池さらいをして水を確保していたのですが、平成六年の大渇水の折りには、湧き水は全く絶えてしまいました。それでも翌年六月になると蛍の光を見ることができたのです。その生命力の強さに驚くばかりでした。平成九年になると一〇メートルくらいの間に三〇匹以上が飛ぶようになり、川辺は子ども連れのお父さんやお母さんで賑わいました。にわか先生よろしく「これが雄でね、こちらが雌よ」などと、ふだんあまり話さない人たちとも、楽しみを分かち合うことができました。

その大渇水を期に、町内でも「しんのみやのいけ」を何とかしなければという気運が高まり、市にいろいろ働きかけました。折から平成八年の琵琶湖博物館の開設にあたって「水環境カルテ、地区の人と水」についての調査でこの池のことを取り上げました。琵琶湖博物館準備室に報告したその文書が、平成九年度から環境庁に出向することになった人の目に留まり、私のところへ「浚渫をすれば間違いなく水が復活するのか」と問い合わせがありました。その後この池が「井戸・湧水復活再生事業」のモデル事業として取り上げられ、平成九年の暮れから池改修の大規模な工事が始まりました。

池のほとりの木や草は根こそぎ起こされ、なだらかなすり鉢状にならされた大きな穴の中心に三個のコンクリート管が埋められて、そこからこんこんと水が湧いています。周囲は小石が敷きつめられ、コンクリート管の上にはステンレス・ネットが張られました。

また、池の真ん中にはコンクリートの橋が変則的にかけられ、とてもモダンになりました（写真4）。近くの保育園からは保母さんに連れられた子どもたちがやってきて、水遊びに歓声をあげています。

でも今年、平成一〇年の夏には蛍の姿が激減してしまいました。長期間の工事による水枯れと、池の周囲のコンクリート工事のアクの流れ込みが原因ではないかと思います。四月、幼虫の上陸もわずか四匹を数えるだけでした。でもそれはとても神秘的な光でした。来年は再びあの美しい光がよみがえってくれることを祈るばかりです。

5　池と子どもたち

息子が帰省しました。幼い頃、この池のほとりを遊び場とし、早朝から樫の木の蜜を吸いに寄ってくるかぶと虫を捕ることを日課とし、「危ないからやめなさい」と何度言っても、池のザリガニ取りで日がな一日遊んでいた子でした。

その息子に「しんのみやの池がきれいになったよ」と伝えると、顔を輝かせて走っていきました。が、しばらくすると憮然とした表情で帰ってきて、「あれはしんのみやの池ではない、ただの池や」とつぶやきました。息子は、かぶと虫やかみ切り虫を取った大きな樫の木や、二股に分かれた杉の木の上で試験勉

写真３　改修前の「しんのみやのいけ」

写真４　改修後の「しんのみやのいけ」（平成10年）

強をした思い出、ザリガニのいた草ぼうぼうのあの池のほとりがみな消えてしまったことに、たまらない郷愁を感じたのでしょう。

しかしそれによってまた、新しい思い出をつくる世代がここに集まっていることも事実です。暖かくなると近くの保育園の子どもたちが保母さんとともにやって来ます。池は浅く、せいぜい子どものひざくらいです。池に入るのが怖い子には、幅の広い石橋が真ん中に稲妻型についていて、お兄ちゃんたちのそばへ行くこともできます。この子たちにとっては、この池が幼い頃の思い出として残ることだろうと思います。

こんな楽しい観察を思いついて下さったホタルダスの皆さん、たくさんの思い出をありがとうございます。そして蛍観察がきっかけで、川底を割り、池が改修され、さらになによりも、たくさんの親子がそろって神秘的な光を愛でる機会ができたことに、感謝いたします。

最後に、栗東町に住む孫が学校から琵琶湖博物館へ見学に行き、「あのね、パソコンのたまっこをくるくる回していたらおばあちゃんが写ったよ」とお友だちにおおいに自慢したらしく、得意げに話してくれました。とんだところで株を上げさせてもらったおばあちゃんでした。

（みやがわ・ことえ　六八歳、主婦、ホタルダス歴一〇年）

ホタルと米川

長浜市　飯田志加恵

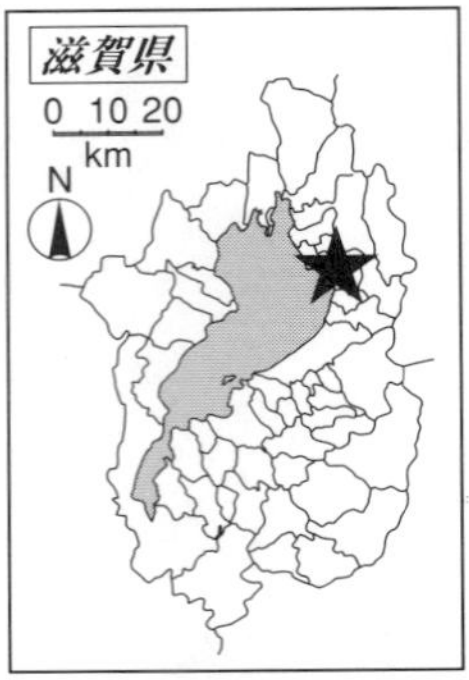

1　米川四〇年の変遷

長浜市の街の真中を流れる大きい川、米川《よねかわ》。私の家はこの中流に位置しており、裏はすぐ川という場所です。

米川は、滋賀県（近江の国）長浜市の繁華街の中央を流れる、幅七～八メートルの一級河川で、長浜市内では一番大きな河川です。源流は、長浜市の北にある伊吹町、浅井町、虎姫町、山東町、びわ町を縦断する姉川より流れ出て、山東町と長浜市の境にある茶臼山《ちゃうすやま》をつつんで長浜市内へ流れ、生活を営む住民を横目に琵琶湖まで流れています。その中流から下流の、幅の広い水量の多いところに私の家は位置して、裏はすぐ川となり、石段を数段降りると満水の川に恵まれています。石垣の上に拙宅があり、その石垣には少しばかり草が生えて、緑も春になると水面に美しく映っています。

四〇年ほど前、この米川は大変に美しく、すべての家の前の川沿いは石垣であり、その上に塀がありました。その石垣の端には一メートルほどの幅の川へ降りる階段があって、野菜や米を下洗いすることもできた記憶があり、メダカ、子鮎やホタルが数多く家の窓より見ることができました。

三〇年ほど前からは、日本の高度成長とともに生活様式が著しく変化し、加えて汚いものは川へという住民意識の低さから、ゴミや生活雑廃水がすべて米川に集中し、その上、染め汁や洗車の油までもが浮いて流れるような状況になってしまいました。幅の広い川でもあり、清掃作業もおのずとできない状態でした。

二〇年ほど前より、ヘドロ状態になって悪臭がするほどにドブ川と化しつつあり、ホタルも子鮎も絶滅の危機を迎えました。そんな米川の危機を救おうと立ち上がったのが今は亡き、片野喜代士さんでした。長浜市の中央を流れる米川に悪臭がただようようになったこともあって、一五年前から市民や各種団体から清掃作業の発案がなされ、官民一体の協力体制が整いました。最初はただヘドロをかきまわすようなもので、川掃除とは名ばかり。大変な作業の連続でしたが、少しばかりはきれいな流れになり、二～三匹のホタルが飛ぶようになりました。しかし、飛ぶ力も弱く、草むらにひそんでいる状況でオシリの光をピカピカとさせていたように思います。

その後、毎年、米川沿いの各自治会の住民ほとんどが参加して、六月の第二日曜日に川の清掃が実施されるようになりました。川の汚れがひどいため、蚊やハエが発生しないようにと乳剤が配布され、その消毒液により、またホタルは減少の一途をたどりました。

ちょうど一〇〇メートルほど上流にドンド橋があり、その周

写真1　自宅裏を流れる米川（1998年）

写真2　かつて野菜を洗っていた米川のカワトと筆者

写真3　澄んだ水が戻ってきた米川

辺は石垣が多く並んでいます。そこは三〇年ほど前にはたくさんのホタルの群生が見られました。その頃は、木造の古い橋で、その橋桁の裏側には無数のホタルが飛び交い、夕方から夜そして早朝へと光を放っていたものでした。

その後この橋は、コンクリート橋に架け替えられ、ホタルはほぼ皆無となり、その上、橋のそばには街灯がつけられて大変明るくなり、ホタルも棲みにくくなったのではないでしょうか。

その後七～八年前から下水道工事の普及により生活雑廃水を直接川へ流し出せなくなり、乳剤の配布も中止となり、希望者のみ支給となったこともあって、米川の朝夕はずいぶん澄んだ川に復活しました。川底には青々とした藻が生え、ヘドロも少なくなりました。石垣の草むらには数匹のホタルを観察することができ、魚も琵琶湖より溯上してきて、六～七月上旬にかけては子鮎の大群を確認することができます。

米川が少しずつ生き返ったのは、いろいろな条件が重なってのことと思われますが、第一は生活雑廃水がなくなり、雨水のみが流入するようになったこと、また毎年周辺の住民の力で清掃作業に力を注いだこと、そして川へゴミ（例えば空き缶や空きビン）が捨てられなくなったこと、などが考えられます。ところが石垣が古くなってしまったので、その後コンクリートになり、そのためかホタルの生存が危ぶまれ、その上だんだんと情緒がなくなっていくのが現状のようです。

写真4　米川での一斉清掃

2　私とホタル

一〇年の間を通しホタルを観察し続けてきましたが、多くのホタルが生存する美しい川であった米川が、一度はゴミや生活廃水、消毒液などの汚染により絶滅の危機に瀕したものの、また再びホタルにとって居心地の良い川となったことは、市民一人一人が川を大切にし、互いに協力し合えた成果の現れだと感じ、喜ばしく思っています。

今夏は久し振りに子どもたちが川の中をタモを持って魚を追いかけて元気に遊んでいる姿を見て、昔を思い出しております。

毎年夏が来ると、雨の日も長靴をはき、懐中電灯を持ち、毎晩裏の川辺を観察することが私の何よりの楽しみです。これからもこの街の中でホタルが見られることを祈りながら見守っていきたいと思います。

（いいだ・しかえ　七七歳、主婦・元教師、ホタルダス歴一〇年）

蛍の思い出

木之本町　藤田増治

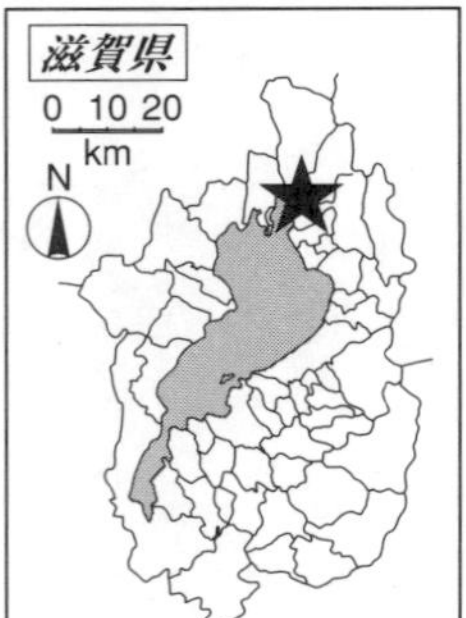

蛍と蚊は同じ頃に発生したのか、昨今では農薬の関係か蚊の発生をみないので、蚊帳を使わなくなったが、私が子供の頃は蚊も蛍もたくさん発生していたので、六月の頃になると、蚊帳を使って寝ていたのを覚えている。ときどき母が子供達の蚊帳の中に蛍を三匹ほど入れてくれた思い出がある。子供達が寝てしまうと、母は蛍を蚊帳からそっと戸外に出して、蛍を親の元に帰すのだと、朝私達に話してくれたことがある。

私は大正九（一九二〇）年生まれで、妹二人との三人きょうだいであった。私達の子供の頃は、どこにでも蛍が飛んでいたので珍しいものでもなく、蛍が出てくると暑い夏が間もなくやってくる。余呉川の泳ぎ場所はどこがよいかなどと子供達で話し合い、蛍取りなどはあまりやらなかった。夜になり蛍を取りに出かけると、草叢に蝮が目を光らせているから草叢に入らないように、と親から注意されていたので家の前の小川で五、六匹取っては朝になると籠から出して、お母さんのところへ帰れと声をかけたものであった。

私の先祖で四代前の清七という人は筆まめな人で、江戸に旅した時の控帳とか、旱魃の年の気候などを記した「日照記」という文書が残っている。文政四（一八二一）年の日照記を見ると、田んぼの作業とか、用水の具合だとか、天候のことが書いてあるが、蝉が鳴いたとか、蛍が出たとかそんな事柄は書いていない。あの時代の百姓は、生きること、食べることが先決問題で、情緒的、文学的なのどかなことは関係なかったのか、書いた清七にその気がなかったのか、蛍も蝉も、秋の雁行も書いていない。

あの頃は今より自然が豊かであったろうから、蛍も多かったものと思う。「蛍の光、窓の雪」が本当の話のように思えてくる。

昭和一七年一月、私は現役兵として敦賀歩兵一一九連隊に入営した。一八年、見習士官として敦賀連隊で初年兵の教育をやっていた頃、七月頃であったか、夜間演習を営外で終わり帰営の道は田んぼのなかの一本道、当時は灯火管制で明かりは一切許されない時代であった。

ほのかな星明かりでやっと道がわかる程度である。道の片側に水路があって、岸辺の草叢に蛍がたくさん列をなして光っていた。その蛍の道を通り、蛍の標識で一兵も水路に落とさず営舎に帰ったことがあった。

南方へ行く初年兵に、蛍は南方にもいると思うから、今夜の演習のことは忘れずに蛍の標識のことを思い出せと話した。その兵達はビルマ戦線へと向かい、半数は帰らぬ人となってしまった。

昭和二三年から五〇年頃まで、仕事の関係で東京生活が多かった。その間に何年頃であったか、東京の芝白金の八芳園、山手の椿山荘で「蛍の夕」という会があって出かけたことがある。八芳園の池のある庭園に蛍が飛び交い、東京の都内であることを忘れるような雰囲気であった。

さて、あの蛍はどうであったのかとフト考えたのは「蛍の夕」が終わった後日のことであった。田舎で蛍を集めて都会に売り込み、短い蛍の命で商売するという業者の話を聞いたことがある。蛍にとっては残酷物語である。その後、心ある人の運動で「蛍の夕」はなくなったと聞き、やれやれと思った。

昭和五一年、会社を定年で終わり、郷里に帰ってきた。昭和一三年から田舎を離れて各地に暮らしていたので、約四〇年近い不在者であった。田舎の自然は昔とそれほど変化していなかった。時々帰っていたので子供の頃との較差を少なく感じたのかもしれない。春になるとタンポポが咲き、初夏には蛍が川岸から飛んでくる。

夏休みになると孫娘二人が毎年田舎に帰ってくるのが例年のことになった。私の子供の頃より少なくなった蛍が飛んでいる。孫娘をつれて蛍を取りにいき、籠に入れて家に持って帰り、孫娘が寝る頃には籠から出して「お母さんのところへ帰りなさい」と放してやるのが習慣となった。私の家では蛍でも魚でも生きものは、取っても後で必ずお母さんのところへ帰してやるのが孫娘への教育であり、習慣となっている。

その孫娘はいま大学で、嫁に行くのも忘れて古文書を研究している。

（ふじた・ますじ　七九歳、ホタルダス歴一〇年）

マキノ北小学校の子どもたちとホタルダス

マキノ町　谷口　浩志

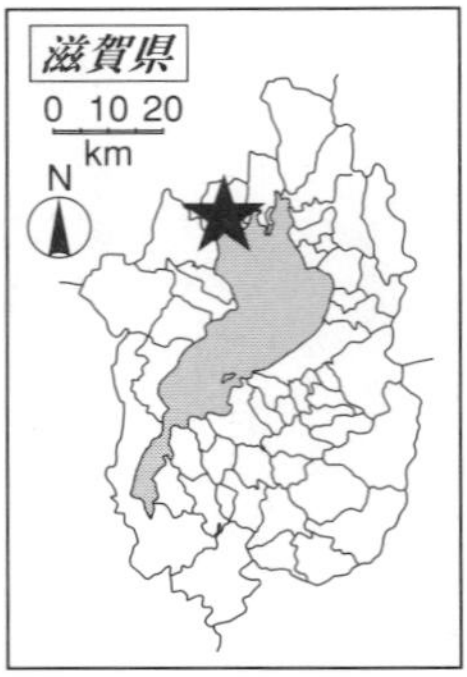

1　ホタルダスとの出会い

ホタルという小さな昆虫が、なぜこんなにも人びとの心を惹きつけるのでしょうか。産卵から孵化、水中での幼虫の生活、上陸から羽化への劇的な変化。どれをとっても、ふだん、私たちの目には届かないところで行われる営みです。長い冬を越し、春を過ぎて、空気がようやく暖かさを感じさせる頃、宵闇と共に突然現れて、頼りなげな光を放つ不思議さが、いっそう見る者の目を誘うのかもしれません。

考えてみると、ホタルダスにかかわるまでは、ホタルの生態について何一つ知らず、小さな頃から、ただ、その不思議な光に惹かれるままに、初夏の夜を楽しんでいるだけでした。正直なところ、それまでの数年間は、夜になってもホタルの光を気にとめることすらなく、仕事や用事に追われて、ただひたすら夜道を走り回っていたような気がします。車に乗っていては、ヘッドライトの明るさのなかでホタルが見えるはずもなく、家の近くの川も改修され、小さな頃の面影もなくなってしまったこともあり、もう、ホタルはいなくなってしまったのだろうと思いこんでいました。

そんな私の目を、再びホタルに向けさせてくれたのが、このホタルダスだったのです。その頃、パソコン通信を通じて、琵琶湖研究所や通信仲間の方々と情報交換をするなかで、ホタルの調査を、それもパソコン通信を使って始めるという話が持ちあがっていました。私は、今ごろホタルなんか探しても、たぶん見つからないのでは、と思っていました。

ところが、ホタルダスの観察が始まった頃、そのメンバーから、「今津に大量に発生する場所がある」とか、「マキノでも知内川《ちないがわ》に沿ってたくさん出ている」というような情報が届いたのです。早速、観察にかかわったメンバーが集まり、観察会が催されたのですが、その時の驚きと感動は、今でも忘れられません。

今津では、幅二メートルほどの小さな川を覆うように、数百というホタルが乱舞しているではありませんか(写真)。こんな大群は、子どもの頃にも見たことがありませんでしたし、まして、毎日車で行き来している道の、ほんのすぐそばだったことに、信じられない思いでした。

そして、知内川でも、下流から自宅に近い上流まで、いたるところでホタルの大群を見ることができました。川から遊歩道をはさんだ山手側の木には、鈴なりにホタルがとまっているところもあります。自宅から小学校に通う道筋にも、新しく立派になった橋のそばで、たくさんのホタルが飛び交っていました。この時は、私たちが住んでいるこの場所に、大きな宝物を見つけた気がして、本当にうれしく思いました。

2　マキノ北小学校の子どもたちと

一九八九年、滋賀県の各地で一斉にホタルの観察が始まりました。とりわけパソコン通信では、毎日の観察の様子が、リアルタイムで伝わってきます。私のように、ホタルを再発見して喜ぶ人、これまでもそっと見守ってきた人、ホタルの出ない川であることを再確認するために観察を続けた人。たくさんの人たちが、それぞれの思いのなかで、ホタルと時を共有するという、とても不思議な世界が、そこにはありました。

写真　知内川で乱舞するホタル
（今津町，1990 年 7 月）

当時は、パソコン通信というものが、やっと一般に広がり始めた頃で、私もその数年前から始めたばかりでしたが、通信をするための接続先でも、みんなが自由にメッセージを読めて書きこめるＢＢＳ（Bulletin Board System）が、全国的にも少ない頃でした。

今と違って、その頃は電話線を介したパソコンどうしの通信スピードが大変遅く、ちょっとしたデータのやり取りにも時間がかかるため、遠距離通話になると、とんでもない電話料金を請求されることになります。そこで、どこか近くにないかと探していて見つけたＢＢＳが、ホタルダスを始めるきっかけとなった「湖鮎ネット」だったのです。

私が卒業したマキノ北小学校は、自宅から一キロメートルほどの距離にありますが、ちょうどその中間点くらいに、知内川を横切る橋があります。このポイントが、一番自宅に近いため、定点観測の場所に決めました。

ちょうど、長男がこの小学校に通っていたため、当時の五、六年生を中心に観察をお願いし、その頃小学校に入ったばかりのパソコンを使って、通信でデータを送ってもらうことにしました。生徒数が、全校で六〇人あまりの小さな小学校ですが、パソコンは学年の人数分そろっているという、当時としては恵まれた小学校です。先生の得意分野が理科ということもあり、子どもたちと一緒になって、協力していただくことができました。

子どもたちにとっても、このホタルの観察と、パソコンによる通信は、とても興味深いものだったようです。電話回線の向こうにある各地の観察データに、目を輝かせながら見入っていたのが、大変印象的でした。

ＮＨＫのテレビが、その様子を取材に来たこともありました。

当時の子どもたちも一〇年を経て、今では高校を卒業しており、時の流れを感じさせます。

定点・定時観測は小学生たちに任せ、私自身は、夜が遅く、決まった時間に調査できないということもありましたので、ホタルを見つけるたびに、パソコン通信でメッセージを送る、「自由型参加」ということになりました。

昼間、あちこちの道を走りながら、川を見るたび、「ここはホタルが出そうだな」などと、考えていることもありました。夜も、あまり遅くない時は、出そうな場所を探して遠回りをして帰ったことも、楽しい思い出です。

そのうち、上の子どもが大きくなってきたので、妻や子どもに定点観測を頼みましたが、私が放っておいたために、あまりきちんと観察することができませんでした。ホタルダスを通じて、私が得た知識などを含め、ホタルの話を子どもたちにもしておけば、もう少し興味を持って取り組んでくれたのではと、今になって少し残念に思っています。

ある年には、ホタルの観察が始まる頃になって、自宅周辺に熊が出没し、妻や子どもたちだけでは調査に出られなくなり、たまに出かけてもびくびくで、車のなかからちょっと眺める程度になってしまったこともあります。

3　川の変化

こうして、不完全な観察と報告をしながらも、一〇年目を数えたホタルダスですが、その間には、観察をしていた川の様子にも、いろいろな変化があることに気づきました。改修されたあとは、川幅が広く浅い川になっており、もう自然の川のように、状態が変わることはないと、思いこんでいました。ところが、ある年は、川のなかにたくさんの葦が生えていたり、次の年には丸い石がゴロゴロと転がっていたり。

また、土手の草刈りをする時期によって、ホタルの発生に影響のあることもわかりました。ちょうどホタルの飛びたつ頃に草刈りをすると、そのあとホタルの数が少なくなってしまうのです。

三年ほど前には、観察をしていた橋のたもとに、ナトリウムランプの道路灯が建てられました。この影響で、橋の付近にはホタルがいなくなり、それ以後は、もう少し下流と上流で、観察することになりましたが、やはり明かりが届く範囲には、あまりたくさんのホタルは出ませんでした。

観察している場所からは、五〇〇メートル近く離れているのですが、国道端に新しくできたコンビニエンス・ストアの照明も、気になりました。二四時間営業の店ですから、夜になってもあたりがぼんやりと明るいままです。

ホタルにとっては、川の状態も大きな問題ですが、夜間の照明が増えてきたことも、たぶん歓迎できない環境なのかもしれません。

4　九八年の観察

一〇年目のホタルダスも、やはりきちんと観察することができず、最後の機会だったのにと、とても残念でしたが、それでも出かけていって、ホタルに出会えると、ほっとした気持ちになれました。

今回は特に、最初の何日かは見ることができず、もしかしたら今年はだめかな、と思っていたので、初めてのホタルを見つけた時には、本当にうれしく思ったものです。

ホタルとともに、川を見つめてきたこの一〇年間は、私にとっても、大変貴重な時間となりました。川が改修され、地域の下水処理施設ができ、水の環境も大きく変化をしてきましたが、それでもなお生きつづけているホタルの生命力と、何もかもが便利になって、自然との関わりがだんだんなくなっている人間の営みが、なぜかオーバーラップしてしまいます。

ホタルダスはこれで一区切りということですが、私は、できるだけ川の様子を、そしてホタルや、川に棲む生き物たちに、目を向けつづけていたいと願っています。そこには、私たちに、本当に大切なものは何かを、教えてくれるものがあるような気がするのです。

（たにぐち・ひろし　四三歳、建築士、ホタルダス歴一〇年）

「ええんちゃうん、富栄養化」

今津町　杉原　芳也

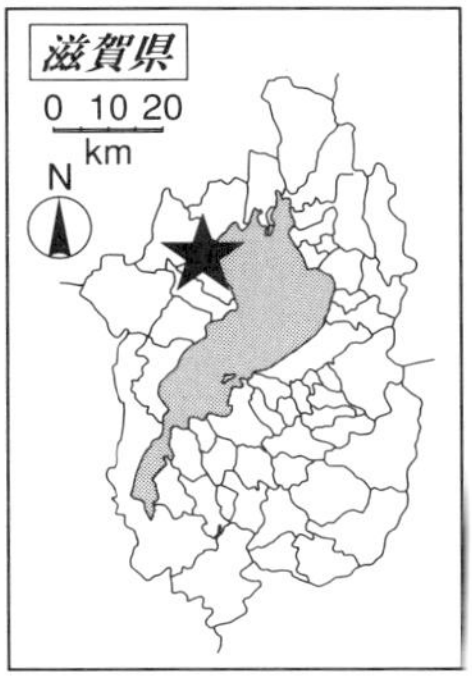

1　役牛は糞と耕作の一石二鳥

まだ荷車が活躍し、田んぼを耕作するのは黒牛が当たり前、それは昭和三〇年初期の福井県境に近い今津町の北の端の集落での場面です。その生まれ育ったわが集落には、おおよそ五五戸の世帯があり、九割近く農家であり、役牛は一三頭程度、それぞれに飼育されていたと記憶しています。

牛を飼育するということは、現在での大型トラクターを所有しているといった感じで、贅沢な農業だったようです。それが、一番遠くの記憶に残る農家の風景です。鋤を後ろに引きながら、大きな黒い牛が残雪の消えた田んぼの黒土を起こしていくのです。

農業に知識の少なかった私でしたが、田んぼへ出かける牛は道中でいつも大きな「糞」をポタポタ落としながら歩きます。その糞が、雨に打たれ、道横の小さな水路に流れ落ちていきます。その流れの行き先は田んぼのなかです。田んぼの肥料の一部になっていたようです。私が知らないうちに初めて体験していた

「環境のなかでの知恵」の一部だったのかもしれません。目をギョロリとさせ鼻息も荒く、手綱に操られ牛は耕します。

ちなみに、当時の高島郡内での農家数は、約八、一〇〇戸で、そのうち黒牛を保有していた農家は約二、六〇〇戸であり、役牛の数は約二、七〇〇頭という数字がありました。一家に一頭あるいは二頭という黒牛が、役牛として田んぼを耕していたようです。

しかし、当時としては手に豆を作りながら備中鍬での肉体労働の田起こしが主流であった頃、やはり贅沢なことでもあったし、牛も家族の一員として大事に扱われていたのも覚えています。

その後、梅雨後期になると、そこには青々とした稲が一面に広がり、夏が始まります。その少し前、梅雨が終わりきらない頃の時期から、夜になると淡い光を放ちながら、ホタルの飛び交う光景が毎年始まるのです。どこからも子どもの声が聞こえだし、小さな金網で造ってもらった虫かごを抱えて親子で、あぜ道を行列してホタルを追いかけます。

その頃は、ホタルは苦い水が嫌いで、甘い水が好き。それだけの知識で何気なく追いかけ、蚊帳のなかに放ってもらうことの嬉しさだけが思い出に残っているだけでした。

2　パソコンのなかのホタル

それから三十数年の時間が経過し、ホタルも私のなかから消えていました。再会したのが一九八九年の春頃、その頃から一部で始まったパソコン間での通信、パソコン通信の画面上でした。

環境問題がにわかに騒がれだした頃でもあったようですので、県下各地のホタル分布状況をパソコン通信上で調査するという「ホタルダス」が始まったのです。それに素人ながら参加してしまい、今度は環境という言葉のなかでホタルとの出会いだったのです。

環境問題にはほど遠い私ですし、一〇年のなかのわずか一部分でしたので、その調査でわが町の水環境は「どうのこうの」という能書きをいえるほど進歩はなかったのですが、ただただ、今の生活風景と幼かった頃の生活習慣の違いを垣間見たように思われて、それだけで満足な期間であったのです。

パソコン画面の「カーソル」が、ホタルの点滅と交差して、毎夜、必ず川面に出向く習慣ができてしまったのは、私だけではなかったようでした。パソコン知識も、ホタル生息知識も初歩のままで過ごしてしまったのですが、それでも少しだけホタル博士になったような気分を一瞬ですが味わったのも貴重でした。

「ゲンジボタル」と「ヘイケボタル」の見分け方、日本のホタルと世界各地のホタルとの違い、点滅させる周期、時間帯、一匹一匹が意味不明に点滅させているんじゃないことも、点滅の周期も地域によって異なることも、それによって電力周波数の違いと同じように、日本をそれぞれに分断しているのも不思議。ほとんどオスだけが空中を舞うこと、メスは優雅に草葉の上で動き回る等々。そうしたなか、毎年のホタル出現が待ち遠しくなっていたのです（写真1）。

3 「昔はようけいたで」とおじぃちゃん

夜になると、近くの水路に出かけていましたが、時折遭遇する「おじぃちゃん」は孫を連れて来ていました。自慢げに「昔はここにもようけいてたんやで、こんなもんじゃなかったで」って闇のなか、顔も分からず会話をしていました。

不思議なことに、去年無数に近いホタルが乱舞した川筋に、今年は数匹とか。逆に昨年全く出現しなかった場所に、今年はたくさん出現したのにも当惑していました。昔からなのかそれとも最近になってかは不明ですが、人間の生活のなかに原因があるのかもしれないと、一人またまたホタル博士気分になっていたのです。

写真1　ホタルの乱舞（1996年6月24日）

夜は川の様子がわからないので、昼間の状況はと思い、出かけると、そこは夜とは裏腹に凄かったのが驚きでした。「なんでこんな所にホタルが生息できるんやろう」って思うくらい、水は汚れプラスチックの器などの家庭からのゴミが浮かんでいたのです。

ホタルはきれいな清水の場所にしか棲まないと、小さな頃からの知識は違っていたようでした。またまた驚きの発見でした。

おじぃちゃんのお言葉通り、昔は必要最小限の家庭雑廃水が排水されていたのでしょうし、身近な川を、集落全体が大事に使い利用していた様子も教えて頂いたのでした。そこでは今以上に、ホタルもメダカもカエルもザリガニもその他の小動物も、人間と共存して生きている光景を、おじぃちゃんの言葉から見せてもらったように思います。それでもホタルは毎年出現する。変化する環境に精一杯反発しながら、その環境に適応しながら光っていてくれるのかもしれません。

4 「ええんちゃうん！　富栄養化」

確かに一時、ホタルと出会い、環境問題にも興味が出かけたのでしたが、やはり難しい。

「富栄養化」ってなんじゃい、琵琶湖に栄養が豊富なら、今流行言葉の「ええんちゃうん」と思ったり、琵琶湖の水質関連で「総窒素」「総リン」「COD」などの数字があっても、そんな数字みても、無知な私はどうすればよいんだろうとか、もっと身近な生活のなかでの環境問題を知りたいと思い始めたのです。でも、わからないことを解決するのは大変です。ただただ毎年ホタル出現の場所へ出向くだけで、一〇年が経過したのです。

しかし、毎年初夏になると、環境という言葉と「ホタル」と

写真２　箱館山を背に自然があふれるわがふるさと，今津町

写真３　雪の観測「ユキダス」（2000年２月のわが家）

いう幻想の虫さんを意識しだし、出かけていったのは多少なりとも関心をもった証拠だと、自分自身で感じていられるのが、一つの大きな収穫でした。こう自己満足している一〇年目だったのです。

５　ホタルさんからの贈り物

同じ町内ですが、きれいな川が集落内を流れる自治区があり、数年前から「ホタル祭り」を始めた場所がありました。「ホタルの館」を設置して賑やかです。身近な生活のなかで環境を思い、同時に人びとの集団ができて、ふれあいが生まれ、子どももたくさん集まる。とても素晴らしい事業だと感じました。これがホタルの贈り物です。

私自身、見知らぬ人と多数出会い、今でも親交を温める人が数人いて、これまた素敵なプレゼント。こんな乱文文章が皆さんの目に触れるのも、ホタルさんからの贈り物。

また、カタカナの町「マキノ町」のなかの大きな川の上流をさかのぼると、松の木をクリスマスツリーのようにしてしまったホタルの乱舞がありました。人に見てもらおうとして放つ光じゃないんでしょうが、なぜか人の生活のなかには欠かせない初夏の風物詩のようです。仄かな光を放ち、湿度の高い無風の夜には、どうしても必要なホタルです。

人の日常生活からも、多少のお返し。ホタルさんへ、素敵な環境をプレゼントしたいものだと思い、環境に優しい生活を徐々に始めているつもりなのです。

　淡い光を、より淡くしながら川面に
　　落ちて流れていくホタルさん。

偶然かどうか知りませんが、パソコンのなかで、ホタルに出会い、それらの知識を与えてくれた皆さん、本当に有難う。タンポポ調査、ホタル、トンボ、そして雪の観測「ユキダス」すべて、そのもの自体の観察は単に参加するだけで申し訳なく思ったのですが、大きな収穫となったのはそれに関連した、生活風景がより身近に感じられたことが、一番の収穫だったと感謝しています。

わが住処には、まだまだ自然が溢れています（写真２・３）。

春には小川で芹の合間にメダカを探し、夏には麦わら帽子の蝉採りが、秋には雑木林へ木の芽採りに、冬には雪上の獣の足跡。

　もっと、目の前に残る自然の不思議を大切にしたいと、歳のせいか最近、夙に思い始めているのです。私も淡い光を放ちながら、与えられた自然のなかで生活を楽しみ、過ごしたいと思うようになってきました。この思いもまた、ホタルさんからの「プレゼント」なのかもしれません。

　ホタルの時期の終わり頃、ゆるやかに流れる川面に落ちて、光を放ったまま流れ去っていくホタルを時々見ます。

　わずかな時間の命。でも、それは人間の時間との比較。ホタルにとっては人の人生と同じ長い一生の時間であろう。その最後は儚く淋しそうであるが、また来年もその次の年も、同じ光を放ってくれると信じて願ってしまう夏の始まりの一〇年間でもありました。

　本当におおきに！　有難う　蛍さん。

（すぎはら・よしや　四六歳、地方公務員、ホタルダス歴八年）

ホタル調査はむつかしい

新旭町　堀野善博

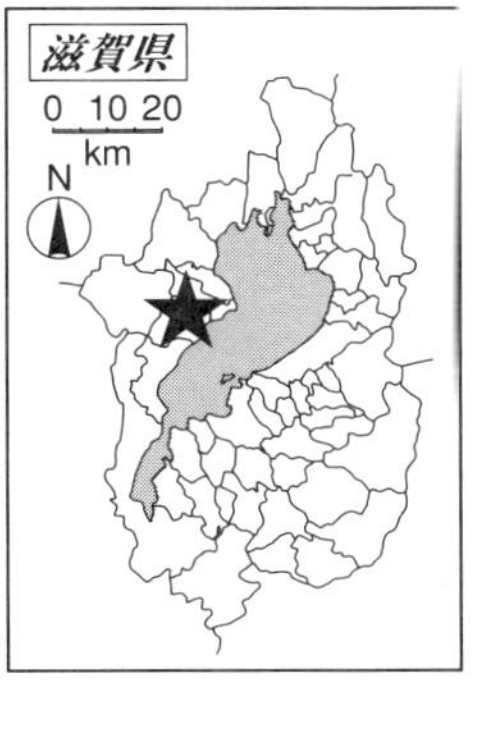

1　七〇年昔の思い出

　今から約七〇年前、私が一〇歳の頃は、近くの川幅五〇センチくらいの小川にはホタルが乱舞していました。その小川へ、弟と妹を連れて、「ホーホー、蛍来い、あちらの水は苦いぞ、こちらの水は甘いぞ」と、ホタルを打ち落とすシノ竹と蛍籠をもってホタルをつかみに行ったことを思い出します。夏になると、その小川で、タニシと違って細長い巻貝（大人になってからカワニナとわかった）をたくさんつかまえて遊びました。その川は今、コンクリート三面張りとなり、そばを走る道路は舗装されてしまい、ホタルの姿は見られなくなりました。

2　ホタルの飛ぶ場所探し

　ホタルの調査は平成五年から始めました。昔は家の近くの小川で見られたホタルは、今はほとんど見られません。そこで、私が住んでいる「岡」集落の付近と、隣の「日爪《ひづめ》」集落付近でホタルが飛んでいる場所を探すことにしました。

写真2　北谷川

写真1　新川

写真3　林照寺川

表1　岡・日爪集落付近の川で観察された各年のホタルの最多数（平成5〜10年）

河川名	集落	水源	平成5年	6年	7年	8年	9年	10年
新川	岡	水田水	5	20	3	—	—	27
北谷川	日爪	山水	8	15	16	—	—	—
林照寺川	岡	水田水	少	少	少	468	90	71

新川《しんかわ》は、上流の方にある水田の水を集めて流れている川です（写真1）。もう一つの川、北谷川《きたたにがわ》は、饗庭野《あいばの》山麓の山水が流れている川です（写真2）。流れてくる水の条件によってホタルの発生に違いがあるのかどうかについて、平成五〜七年の間、比べながら調査してみました（表1）。しかし実際には、両方の川ともホタルの数は少なく、とくに川の水の条件とホタルの関係はないように思われました。

次に、平成五年から一〇年までの各年について、岡、日爪両集落付近のホタルの発生最多数を比べてみました。平成七年まではホタルがあまり発生していなかった林照寺川《りんしょうじがわ》（写真3）に、平成八年になって四六八匹もの発生を観察しました。しかし平成九、一〇年には減少していたようです。一方、ずっ

表2　林照寺川のホタルの数。平成8年6月17日，21日，28日，7月1日の観察値とその平均値を示す。（　）内の数値は100m当たりの観察値。

	区間	区間距離（m）	6月17日	6月21日	6月28日	7月1日	4回の観察の平均値
下流	A区間	120	68（56.7）	13（10.8）	1（0.8）	0（0.0）	20（16.7）
	B区間	120	138（115.0）	55（45.8）	6（5.0）	2（1.7）	50（41.6）
上流	C区間	220	262（119.1）	135（61.4）	18（8.1）	3（1.4）	105（47.7）
合計		460	468（101.7）	203（44.1）	25（5.4）	5（1.1）	175（38.0）

とホタルの発生が少なかった新川には、平成一〇年に多く発生しました。

年によってホタルの発生状態が大きく変動しています。どのような環境の変化によって、このような現象がおこるのでしょうか。とにかく、ホタルの発生状態を予想することはむつかしいと感じています。

3　林照寺川のホタル

〈ホタルの個体数調べ―大乱舞のホタルを数える工夫〉

平成八年六月一六日に、家から約四〇〇メートル南方にある林照寺川にホタルが多数飛んでいることを知り、さっそく調べにいきました。たしかに今までに見たことがないほどの多数のホタルで、三〇〇〜四〇〇匹が飛んでいるようで、とても正確な数を数えることができないほどでした。

そこで翌日の一七日、午後八時三〇分に、正確な数を記録する方法を考えて現場に臨みました。その方法とは、冬季、琵琶湖沿岸の水鳥の遊泳数調べに使う数取器（カウンター）を用意したことと、町役場で二、五〇〇分の一の地図をいただき、林照寺川でホタルが飛んでいる場所の地図を作り直したことです。工夫のポイントは、あまりに数の多い場所ではあっても、少しずつ区切って数取器で数えれば正確に個体数を記録することができるだろう、ということです。

地図で調べると、林照寺川のホタルが飛び交う区間は四六〇メートルあることがわかりました。そこで、川にかかっている橋を境にしてその区間を三つの区間、A区間（約一二〇メートル）、B区間（約一二〇メートル）、C区間（約二二〇メートル）に区切りました。橋なら夜でも間違えることはありません。

このようにして作った調査地の地図を持ち、川の堤防の上の歩道を歩きながら、区間ごとに数取器を使って数えたのです。念のため、堤防の上を往復して数えたところ、それぞれ似たような結果になりましたので、以後はこの方法で調べることにしました。その結果を表2に示しました。

この表から、平成八年のホタル個体数は、六月一七日が三区間合計で四六八匹ともっとも多く、以後は少なくなり、七月一日にはほとんどいなくなったことがわかりました。各区間を比べてみると、上流側のC区間に一番多くホタルが見られました。しかし、その数を一〇〇メートル当たりになおしてみると、表二のカッコ内の値のように、B区間もC区間も同じくらいの数

（密度）で、A区間の数（密度）はその半分くらいのものでした。B区間とC区間にホタルが多いのは、その区間の北側に高さ三メートルほどのアカメガシワの木が並んでいるためではないかと思われます。

ところで、六月一七日の最盛期のときには、ホタル全体がいっせいに光を点滅させていました。一分間に三〇回くらいの点滅でしたが、一匹一匹のホタルが相互に関係をもちながら生活しているように見えました。

〈林照寺川のようす〉

最近、岡区の区長さんからの依頼でホタルの話をする機会がありました。区の子どもたちにホタルのいろいろな話を聞いてもらい、その後みんなでいっしょに林照寺川へホタルと川のようすの観察に出かけました。

林照寺川は三面コンクリート張りとなっていますが、ホタルの多かったC区間では、両岸から川底にかけてかなりの植物が繁茂しています。川の側壁が高くて川床へは降りられないので、堤防の上から生えている植物を調べたところ、ヨシ五〇％、ドクゼリ三〇％、ヨモギ・ミゾソバ・クサヨシなどが二〇％の割合で生えていました。このように植物が多く生えていることが、ホタルの生活に大切なのではと思いました。なお、川底の貝や小動物は調べられませんでした。

4　コハクチョウの越冬と水位

コハクチョウは越冬のため、はるかカムチャツカ、東部シベリア、サハリン、千島から一気に日本海を越えて琵琶湖へやってきます（本田清『白鳥のいる風景』ＮＨＫブックスによる）。このコハクチョウが越冬する状態を、新旭町を中心にして昭和五六年から観察を始めていました。ホタルダスに先立つこと、一二年前からのことです。その後、昭和五八年に新旭町水鳥観察観察小屋（現・新旭町水鳥観察センター）が開設され、桑原俊雄さんや木尾佳代子とともに、コハクチョウ琵琶湖で越冬する状態の観察をさらに続け、それが今一七年目になりました。

その結果、越冬数が年度によって、最多数九三羽（平成七年）から最少数一三羽（昭和五七年）まで変化していたことがわかりました。しかし、何が原因でこのような変化が起こるのかは疑問のままでした。

ところが平成七年に、琵琶湖研究所の浜端悦治さんに、今までのコハクチョウ越冬数の調査結果を見てもらったところ、コハクチョウの数は琵琶湖の水位と関係するのではないか、という調査・観察上のヒントをいただきました。

一方、琵琶湖で越冬しているコハクチョウは、湖底に生えているカナダモ類やネジレモ、ササバモなどの水草、湖岸に生えているヨシやマコモの根や茎を食べています。ところが、水深八〇センチ以上の深いところに生えている水草は、コハクチョウが倒立して湖底の水草を探ろうとしても、届かないのです。つまり深いところの水草は、エサとして利用できないのです。

琵琶湖の水位は、コハクチョウが琵琶湖へ飛来する一一月から、琵琶湖から北へ旅立つ翌年三月の間に、年度によって大きく変動します。そうなりますと、琵琶湖の水位が低い年には、湖底に生えている水草を容易にたくさん食べられますが、水位が高い年には、コハクチョウが倒立して口が届く場所が少なくなって、エサが少ない状態となってしまうのです。

　このようなことを念頭において、これまでの観察結果を見なおしてみると、琵琶湖の水位が高かった平成五年度はコハクチョウの越冬数が少なく、水位が低い平成六年度は越冬数が多かったのです。実は平成六年度でも、二月になって琵琶湖の水位が高くなってくると、コハクチョウは近くの松ノ木内湖へ移動して、そこで内湖周囲のヨシやマコモの根や茎を食べていました。そして内湖のエサを食べ尽くしてしまうと、危険をおかして田んぼへ上陸し、そこで田んぼに残っていたエサを食べていました。

　このように、琵琶湖の水位とコハクチョウの越冬数は密接な関係があり、また水位の変化に応じてコハクチョウはエサを採る場所を使い分けていたことがわかったのです。

　しかしながらホタルについては、いまのところどのような条件が整えば多く発生するのか、残念ながら一〇年にわたるホタルダス調査をもってしても明らかにできなかったようです。ホタルはコハクチョウよりも人に近い場所に住んでいるので、その分、もっと複雑な事情がいっぱいあるのかもしれません。いつの日か、ホタル発生のようすが予想できるときを待ち望みたいと思います。

（ほりの・よしひろ　八〇歳、ホタルダス歴六年）

雨にも負けず　風にも負けず

志賀町　井口雅子

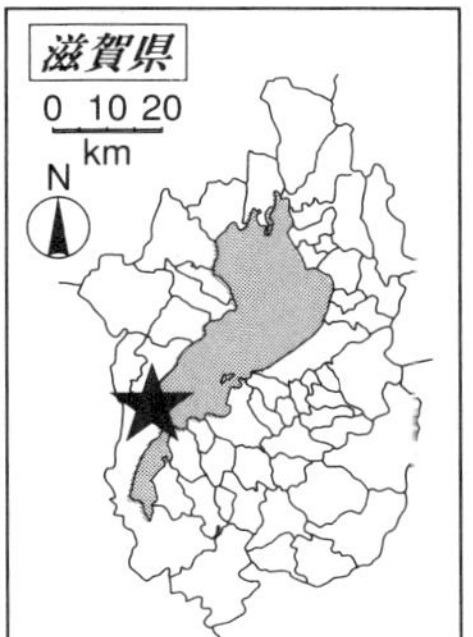

1　きっかけ

　私がホタルと初めて出会ったのは、まだ小さい頃で、志賀町にある私の家の近くの小川のことだと思います。私がまだ小さい頃は、まわりの環境といえば田んぼや空き地がたくさんあって、川の水がきれいで、道もアスファルト舗装ではなく、池には毎年虫たちが産卵するためにやって来ました。毎日のように虫とりや魚とりをして遊んだりできる自然が多く、家のうらの用水路でもヘイケボタルが二〜三匹は飛んでいました。でも今はもういなくなってしまいました。

　私が「水と文化研究会」のホタルダスと出会ったのは、今から五年前の小学校六年生の頃です。あるきっかけで「水と文化研究会」の小坂育子さんに出会ってホタルダスに参加する機会を得ることができました。

　私はもともと動物や植物、もちろんホタルも大好きだったので、喜んで参加させてもらいました。一年目の観察は、ホタルがちゃんといるか心配でした。それにこんな長期の観察は私にとっても、家族にとっても初めての経験だったので、とても緊張しました。

2　ホタルにどっぷり

ホタルダスを始めてからは、ホタルがいちばんよくいる時間帯は一九～二一時頃で、メスはあまり飛ばない、雨の日はほとんどいない、多くのヘイケボタルは田んぼのなかにいるなど、ホタルの生態や習性なども知ることができました。また観察しているとホタル以外にもアオダイショウやイタチ、キツネやゴイサギなども見られて感動したのを今でもよく覚えています。

同時にこのあたりでは、まだせめぎ立つように家が並び、騒音のため虫の声が聞こえず、夜でも明るくあまり星が見えない所に比べて、自然が残っていることを実感しました。ホタルダス調査の成果は毎年、『私たちのホタル』として一冊の本になることも楽しみでした。

私が観察に行くときには、必ず父か母が一緒に行ってくれました。私は四人家族で、家族構成は父、母、妹なので、四人で行くことも多く、家族ぐるみで参加できました。私が病気で行けない時は母と妹が、また父が一人で観察に行ってくれたので、私のホタルダスの成果はやはりすべて家族のおかげだと思います。

私が調査のなかで感じたことは、夏のホタルはとてもきれいで、まるで大地に空の星が落ちてきたような。でもその生命はその年ひと夏しか残されていないことです。そのホタルを観賞するためにつかまえて、元の場所に帰さない人びとがいます。その人数は五年間でだんだんと増えたことはとても悲しいことです。今では、遠くから車で来て、多人数で捕獲して行きます。ホタルは自然のもので私たちのものではないと思います。

それに家庭や工場などの廃水による川の水の汚れがまだ進んでいるようですし、川の周りのゴミも増加の傾向にあります。これは私の町でいうなら志賀町民すべての責任であり、何とかしなければならない義務でもあり、課題として受け止めなければならないことです。町民一人一人がゴミを拾ったり、洗い物の時はびわ湖にやさしい石けんを選んだり、油をそのまま流さない工夫をして、少しでも汚さないようにしていかなければならないと思います。早く、私が知るかぎりの昔のような、ゴミがない、水底まで見える透き通った、においも泡もない、多くの水生生物が暮らせる川に戻って、そしてホタルも戻ってきてほしいと思います。

守山市や山東町のほうでは、市民が一丸となって、ホタルを守っていることを知った時は、志賀町ももっと動物や植物、昆虫の保護区を作って、守山市や山東町のようになってほしいと思いました。二～三年目のいち時は五〇〇メートルほどに三〇〇匹ほど群がっていたホタルも年々と数が減って、今年（一九九八年）は一〇〇匹～二〇〇匹ぐらいまでになってしまっているので、また空いっぱいにホタルに飛んでほしいものです。

私はまた、その夏、初めてホタルを見たときは、まるで赤ん坊が生まれたときの感動のように、とてもうれしいです。それは、ホタルが幼虫の時も見にいった時があったので、無事成長したんだなぁとホッとするからです。

毎晩観察しに行くのは病気や怪我の時、台風が来た時など、つらい時もあるけれど、もっとつらいのは人がホタルを獲っているのを見た時です。反対に、ホタルを一匹でも見つけた時はやっぱり心のなかからそのつらさも消えていくように感じます。ホタルの光にはそのような魅力があるのかもしれません。私にとって、ホタルの光は元気になる特効薬かもしれません。

またホタルにはゲンジボタルとヘイケボタルがいますが、私の観察場所にはこの二種類ともいるので、あきることはまったくありません。ゲンジボタルは時期的に早く出てくるようですが、ゲンジボタルのなかにヘイケボタルを見つけた時には、まるで宝物を見つけた時のようにうれしいです。二種類を同時に見つけられる時は毎年、約七～九日ぐらいのずれがあるので、そこが観察していて面白いところのひとつだと思います。

夏になれば、肌寒い日も蒸し暑い日もホタルはいます。観察時間が同じでも、温度、天候がすこしでも違えばまた違った観察になり、同じという日はありません。毎日毎日ホタルの数をかぞえてよろこんだり、悲しんだりして、調査記録の結果を見ながら、観察というものがこんなに面白いものだと気づかせてくれたのが、ホタルダスでした。

確かに悲しいこともあったけど、その何倍も楽しいことや嬉しいこと、面白かったことや驚いたことがありました。この五年間の夏はいろいろなことがあって、ホタルのことも以前とくらべてたくさんの知らなかったことをより詳しく知ることができました。

一度壊した自然が戻りにくいことと、今の環境破壊の現状を深く痛感しました。私たちは私たちの先祖が愛し、これまで守ってきてくれた自然を未来へ多く残し、引き継いでゆかねばなりません。最近は年々、田んぼの水生動物は農薬などの影響を受けて減少し、奇形も生まれ、ホタルの食料であるカワニナの数もその生息地も川の汚れで少なくなっているそうです。だからホタルも昔にくらべてずっと少なくなってしまったそうです。

でも、周りの人びとがホタルを理解し、たくさんの努力と協力があれば多少人間にとって不自由なことが起こるかもしれないけれど、日本のホタルが絶滅してしまうことはなくなるかもしれません。例えば、必要のない河川工事や道幅を拡張したり、車道の増加による川の埋め立て、土地不足といっては池や沼などの埋め立てなど、将来私たちの憩える自然のなかの居場所をも破壊しているのかもしれません。

少しの努力でまただんだんと数が増えて、私たちの子孫がたくさんのホタルを目にし、触れるようになることを願います。いろいろあったけれど、私にとってのこの五年間の夏は意義のあるもので、考えさせられるものでした。

3　やっぱりホタル

このホタルダスに関わって、私はすっかりホタルに魅せられてしまいました。私の五年前の判断、それはホタルダスをするか、しないかということで、参加することに決めたことはまちがっていませんでした。もっといろいろなことを考えたり、調べたくなるという好奇心から今、滋賀県の環境保護を考える生きもの総合調査協力員となって、絶滅の危機に瀕している動・植物を調査研究することへと結びついていきました。

私が五年間のホタルダスで観察した日数は約三五〇日になり、(のべ日数では)ほぼ一年間一日も欠かさず毎日観察し続けたことになります。観察を始めて五年目の台風の時はもうダメかと思って出かけましたが、まるで水から避難するように木に止まっているホタルに出会うことができました。

このホタルダス調査は一応これで終わると聞いていますが、これからも私なりに環境問題を真剣に考えて、ホタルの居場所とカワニナを守っていきたいと思います。ホタルは野生では力強いけれど、今では人間の保護と干渉が必要だと思います。大昔の人たちが自然に全く手を加えず、共存していたころ、ホタルにとって本当に住みやすかったと思うし、それこそが本来の野生ではないかと思います。人間によって決められてしまうホタルの住みかを元通りにするには、保護区を増やすぐらいかもしれません。

最後にこの観察は雨の日も風の日も一緒に出かけてくれた家族の協力があったからこそ続けられたことを父、母、妹に感謝します。私の五年間、ホタルダスに出会えてとても嬉しかったです。ありがとうございました。

(いぐち・まさこ　一六歳、高二、ホタルダス歴五年)

V　滋賀県外

時空を超えて――「ホタルダス」へ徳島からの参加

徳島県　村上瑛一

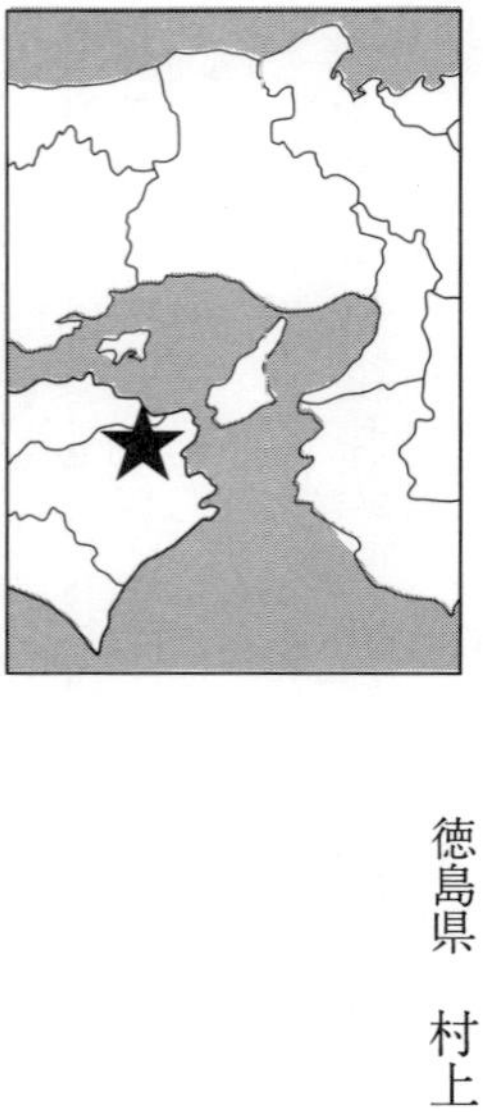

1　わたしとホタルとホタルダス

わたしがパソコン通信のホスト局「湖鮎ネット」のホタルダス・コーナーに記事を書き込むようになったのは一九九三年からです。ホタルダスの活動については開始当初から知ってはいましたが、もっぱらホタルダスの報告書『私たちのホタル』や「湖鮎ネット」のホタルダス・コーナー上で、たまに読む程度の関わりにしか過ぎませんでした。

一九九三年五月、四〇年あまり過ごした近畿の地を離れ、故郷の徳島へ帰りました。帰るとき訪ねた大西行雄さんの「湖鮎ネット」の事務所(いたづら工房)で、嘉田由紀子さんから「徳島からのホタルの情報を待っています」と言われましたが、その時は郷里へ帰ってホタルが観られるのかどうか全然見当もつきませんでした。

わたしは郷里へ帰るに当たり、退職後の暮らしには静かなところがいいと思って、郊外の高台にある団地に居を定めました。帰郷後一ヵ月ほど経って「湖鮎ネット」に接続して覗けるようになり、嘉田さんの呼びかけに触発されて家の周りを歩いてみることにしました。

家は農村地帯とはいえ、戸数一三〇ほどの団地のなかにあり、正直いって家の近くでホタルが見られるとは思っていませんでした。団地の坂を降りたところが田んぼと畑になっていて、幅三メートル、深さ二メートルくらいのコンクリート護岸の農業水路がうねりながら通っています。団地から一〇〇メートルほど離れた、水路沿いに薮が覆いかぶさっているところへまず行ってみました。時刻は『私たちのホタル』に書かれてあった、最適といわれる八時頃です。

何気なく覗いた真っ暗な水路の岸の茂みのなかに、なんと数匹光っているではありませんか。さらに道路を隔てて五〇メートルばかり水路に沿って歩くと、十数個の光を見ることができました。感激したのは、何匹かがゆらゆらと飛び交っているのを見たときでした。その時、わたしの脳裏に浮かんだのは「螢火」とか「幽玄」という言葉の語感でした。

団地の裏は山が迫っていて、小さな渓流が団地の地下へ暗渠となって流れ込んでいることを思い出し、その落ち口へも急いで行ってみました。いました、いました。数個の光が鮮やかにゆらめいているのが見られました。こんな身近なところにホタルがいる、という不思議な思いが胸のなかに沸き起こったことを、今でもはっきりと覚えています。

これがわたしのホタル観察の始まりです。そうして以後、一九九八年の今年まで、毎年「ホタルダス自由型」へ番外情報として「徳島のホタル」を発信するようになりました。

一九九三年六月一二日のわたしの第一回の報告には、

「…ところで、小生恥ずかしながら〝源氏〟も〝平家〟もわかりません。…頭が赤く胴体真っ黒で身長七～八ミリ、細長の体のものは〝平家〟ですかね。徳島の山地は平家の落武者で有名ですから。…ホタルについてはどういうことを観察したらいいのか、湖鮎のホタル博士、教えてください」

と書いています。すると早速、遊磨さんが、ホタルの形状や発光の状態がわかる通信画像（電子図鑑）を「湖鮎ネット」に載せてくださり、それをいたづら工房の津田厚弘さんが初心者のわたしにも扱えるようにフロッピーに落としたものを送ってくれました。その時わたしは、時と場所を超えたパソコン通信の威力と面白さのようなものを強く感じたのでした。徳島と滋賀のホタル情報は、時空を超えて、同じ空間内の現実となったのでした。

毎年その季節になると、わが家から五〇〇メートルぐらいの範囲にある観察場所を四ヵ所、特別な用事のない限り毎日見歩くことが習慣になりました。家内も一緒に行くようになりました。はじめは「一人では危ないから」というのが理由のようでしたが、今は自分もホタルを観察すること自体を楽しんでいるようです。

一九九五年からは範囲を一キロぐらい遠方までのばしていま

写真１　筆者居住地前の水路。左側のコンクリートは道路工事の護岸壁

写真２　麻名用水の一支流。左側に檜の林があったが，伐採された

す。これは家の前の水路沿いに道路が開かれ、コンクリートの護岸ができて、以後そこではホタルが全然見られなくなってしまったからです（写真1）。そこはかつて、岸辺の茂みや木立が水路に覆いかぶさり、他の場所で見られないときでも見ることができた、わたしにとっての頼りの場所だったのですが…。

2　わが家周辺のホタル観察結果のまとめ

「ホタルダス・番外」のわが家周辺での観察結果の概要は以下の通りです。

イ　光り出す時期は大体五月の中旬、見納めの時期はおよそ八月中旬です（一九九八年は四月下旬に出現。また、八月下旬まで見られた年もあります）。

ロ　観測数は常時数匹から二〇、三〇匹、時に数十匹がみられます。

ハ　観察された日の気温は、夜八時～九時で二〇～二六度。三〇度を超えたり、逆に二〇度を割り、一七度にさがった日でも観られています。雨の日は数が減少する傾向がみられますが、これはホタルが茂みや葉の裏に潜むからでしょうか。

ニ　出現種はほとんどがゲンジボタル、まれに水路の横の田圃でヘイケボタル（数匹）が見られました。

ホ　周辺に休耕田が増えて、ここ二、三年は全然ヘイケボタルを見ていません。

ヘ　道路整備により護岸をやりかえたところでは全然観られません（ここ五年間）。裏山の渓流も上流で流路が変更され、水量が減って出現数が減少しています。

ト　水路に沿って数十本の檜の並木があった所で、毎年二〇匹ぐらいが観察されていましたが、この並木が伐採されて以来、全然出現しなくなりました（ここ四年間）（写真2）。

チ　非常に高い木の上、竹藪のなかでも光っていることがあります。

リ　田圃の周りの小さな農業水路のなかにもカワニナがみられますが、ホタルはほとんど観察されません。魚は、地元の人が「じんぞく」と呼ぶ小魚やフナを時々見かけます。

ヌ　近年ホタルの身体が小ぶりになってきたように感じています。一〇ミリくらいのゲンジボタルが観られ、光り方も弱いものがいます。

3　麻名用水とホタル

わたしが観察している水路は「麻名《あさな》用水」といい、四国山地の北部の低地を走る農業用水路で、麻植《おえ》郡川島町の城山西南の水門口から吉野川の水を導入し、鴨島町《かもじまちょう》西麻植《にしおえ》の馬渕の水門で二分し、南は向麻山《こおのやま》北麓を通り上浦から浦庄・石井へ流れ、北は上下島《じょうげじま》・殿郷《とのごう》の南部から牛島を経て名西郡《みょうざいぐん》高原へ通じて流域を潅漑しています。明治三九年から着工、四一年に通水されました。

麻名用水組合に勤めていたことのある近くの農業者・近久宇一さん（七五歳）の話では、昭和三〇年頃に現在のコンクリート製の水路になったが、それまでは土盛り・石積みの水路で、ホタルは周囲が明るくなるほどいたそうです。この用水路に棲む水生動物は、吉野川に棲む動物と同じものが見られたといいます。

魚類では、ドンコ（トブロク）、ヨシノボリ（ジンゾク）、カワアナゴ（アブラハゼ）、カマツカ（イッシュ）、カワムツ（ゴウジバイ）、アユ、タナゴ、ナマズ、ウナギ、ドジョウ、コイ、フナ、ムキジャコ、ヤツメウナギなど。甲殻類では、サワガニ、モエビ、テナガエビなど。貝類ではカワニナ。そしてこれを食べるホタルの幼虫やその他、モンキゲンゴロウもたくさんいたようです。

しかし昭和三〇年から四〇年頃にかけては、ホリドールや青酸石灰系の農薬を盛んに使用し、ホタルを含め田や水路の動物は全滅したと近久さんは言います。そうして使用農薬の変化によってホタルが多少とも復活してきたのは昭和六〇年頃からだということでした。しかし近年、せっかく復活してきたホタルも、周辺の開発行為などによって再び減少の方向をたどろうとしているようです。田のあぜがコンクリート化し、水路周辺の草地が減少しています。

観察し始めて二、三年した頃、近所の小学生を誘って、夏休みの宿題にホタルの観察を題材にしたことがあります。夏休み前から観察にかからなければならないのと、先生がホタルは珍しくないといい、とのことで二年ほどでやめてしまいました。

また観察の時、たくさんの子どもが来ているので喜んでいたら、遊園地へもっていったら一匹一〇〇円で買い上げてくれるので取りに来ているということがわかって、しばし呆然としました。近所の人は、子どもが親と来て採り尽くすからいなくなるのだといっています。一方、各地のホタルの復活は、小学生たちのカワニナや幼虫の飼育放流、河川の清掃などによっているという事実もあります。ここでの、ホタルをとりまく自然的・社会的環境も、時代と共に変化していっているわけです。

4　徳島のホタル

徳島でも、ホタルについての話題が報道機関でよく取り上げられています。観光的な催しも多くなってきました。徳島では、昔はどこでもホタルが見られました。

徳島のホタルの名所としては、海部町の母川（六月中旬）、山城町の黒川（六月中～下旬）、日和佐町白河（ヘイケボタル、六

写真3　美郷村「ほたるの里」の棚田の石積み。石はすべて阿波の青石

月下旬～七月上旬）、美郷《みさと》村の川田川（六月上旬～中旬）などが有名です。しかしこれらの地でも、観光用にカワニナやホタルの幼虫の放流を行って、その数の維持をはかっているようです。

近年、徳島市内の田宮川、大松町用水口や、文化の森総合公園のそばを流れる園瀬川にホタルを復活しようとする運動が、地元の人や小学生の間に起こり、ここ二、三年前からホタルが見られるようになっています。脇町の東俣谷川《ひがしまただにがわ》でもゲンジボタルの群舞が見られるようになっています。

わたしも一九九四年からは、美郷村へ脚をのばすようになりました。一九九七年六月、美郷村で河野南代子さん（国際交流懇話会）をコーディネーターに、遊磨正秀（京大・生態学研究センター）・花井正光（文化庁）・兼重保（山口市大殿ホタルを守る会）・原田一美（児童文学者）・伊井昇（美郷村長）の五氏をパネリストとして「ほたるフォーラム」が開かれました。その時の、「植林地帯や水田が姿を消した所ではホタルは生息しない」、「ホタルと人との共生」といった言葉が記憶に残っています。遊磨さんが何重にも築かれた棚田の石積みに着目していたのも印象的でした（写真3）。

美郷村では、「ほたるフォーラム」をきっかけに、いま川田川河川敷に六億三〇〇〇万円をかけて「ホタル資料館」の建設を進めています。完成の二〇〇〇年春以後に、資料館から元のようにその前の岸辺のホタルの乱舞がみられるのかどうか興味あるところです。二年先にその結果がでます。

5　時空を超えて―生活と自然、人とホタル

ホタルは人と自然との接点としての象徴的な生き物なのかもしれません。

わたしにホタル観察をさせているその根底にあるものは、社会科学的、自然科学的、文化教育的なものではなく、多分に個人的、情緒的なものでした。

ホタルの光を追って、さまざまな想いを暗やみのなかに馳せて楽しんでいました。螢の火は人に「永劫の深淵に陥るような気持を抱かせる（家内の言）」ものをもっています。螢を追うことが習慣となり、季節がくると夕食後自然と外へ出るようになりました。都会にいるときは考えられもしなかったことです。

しかし考えてみると、この充足した気持を味わえるきっかけを与えてくれ、その持続を可能とするよう媒介してくれているものは、パソコン通信とホタルダスだったのでした。パソコン通信というものを通じてでなければ、わたしは時と場所とを超

えて、何千という多くの人と、このようなホタルをめぐっての情報と心の交流を行うことはできなかったでしょう。一〇年にわたるホタルダスを振り返り、その報告書『私たちのホタル』をめくってみますと、そこには厖大な人とホタルをめぐる営みと、親しみある交流の足跡が残されています。そうしてそれは、さらに未来への志向と新たな実りが生まれることを予感させるのです。

私たちに、この充足した気持ちを味わう手段と場を与えてくださった「水と文化研究会」の皆様とその活動に対し、心から敬意と感謝の気持ちを捧げたいと思います。

（むらかみ・てるいち　六八歳、ボランティア団体役員、ホタルダス歴一〇年）

VI　ホタルダス世話役

ホタルの思い出と「事務局奮戦記」

大津市　田中　敏博

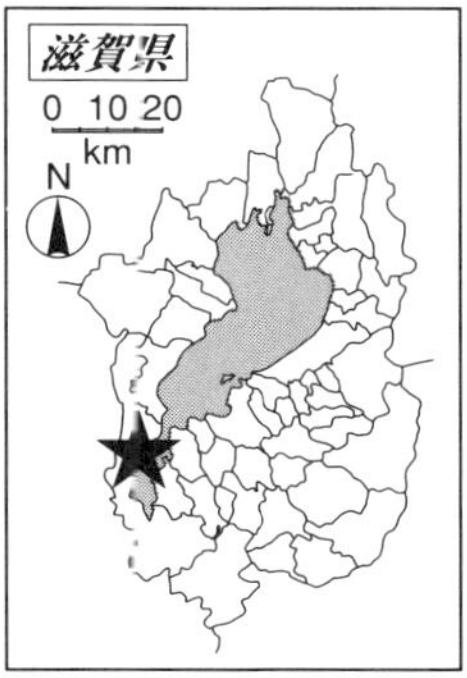

1　京都・北山通りは田園地帯

「ああ、もうこんな虫いらんわ」「死んでもまだ光ってるわ、臭いなあ」…そんなことを近所のガキどもとワイワイ騒いで、籠の中の虫をポンポンと叩いて捨てながら子供達は夜道を急ぎました。捨てられた虫は昨夜とってきたばかりのホタル、その夜のお目当てはクヌギ林でのゲンジとカブトムシでした。

私は子供のころを京都の北郊、賀茂川の北大路橋の近くで過ごしました。太平洋戦争が始まるまでの京都は平和でした。いまはファッションビルが軒を連ね、地下鉄まで通う北山通りですが、植物園から北は上賀茂・西賀茂まで田園風景でした。

スグキの収穫が終わった田に水が引かれ、牛が入って田おこしが始まると春本番です。そしてイネの香りが田づらを渡る夏、誘蛾灯に火がともるころカエルの声もひときわ高まりました。ホタルはゲンジもヘイケもいました。田んぼの横の流れにはへイケが、賀茂川からの分水が流れる少し幅のある川にはゲンジがいっぱいいました。

　戦争が始まると虫どころではなくなりました。空にはB29の編隊が、川面すれすれにはグラマンの戦闘機が飛んできました。旧制中学生になっていた私は勤労動員をさぼっては、昼は畑と、ゴリやハイジャコのジョレンすくい、ウナギのつけ針の用意と結構忙しかったです。ウナギは小さいけれど時々釣れました。どれも貴重な蛋白源でした。

　ある日、ハイジャコ釣りをしていると、超低空で旋回してきたグラマン機のアメリカ兵と目が合いました。彼の目は、いまも笑っていたように確信しています。

　警防団、つまりいまの自治会のような組織から「空襲警報下に釣りをしているやつがいる」とおふれが出て、母がこっぴどく叱られました。それから少し自粛していたら、大阪のほうの空が何遍も真っ赤に焼けてから、戦争に負けました。

2　パリ祭の日のホタル

　高校時代には「青い山脈」に憧れて、彼女もできないままに野や山を自転車で走り回っていました。銀閣寺から山中越えをしていまの比叡平から皇子山のキャンプ大津（米軍基地）へ迷い込んだのもその頃で、シェパードを連れた黒人のMPに逮捕されてしごかれました。

　私の隣ではアメリカ兵の靴を買ったとかの闇屋のオッサンが後手錠でドッカレてました。私が迷い込んだのはキャンプ大津の浄水場だったようです。何かと水には縁が深い人間です。しかし、容疑?が晴れるとアメリカ兵の数人が、私と自転車をジープに乗せて三条京阪まで送ってくれたのには驚きました。

　いつの間にか大学生になっていました。

　ギターやマンドリンのプレクトラム音楽にのめり込んでいました。イタリヤへ行きたしと思えどもイタリヤはあまりにも遠く、夢のまた夢でした。

　アルバイト先の百貨店で知り合った女の子を大学の女子寮から誘い出して、賀茂川出町あたりの堤防で夕涼みをしていました。川の中には中洲があってあたりは草ボーボー。今でいうほぼ自然状態の土手でした。辺りが暗くなってきて、突然、ツイーッと飛び出した光のすじ、ホタルでした。

「ホタルやぁんか」と無視するつもりで言った私の声を聞き流して、追い掛けた彼女は小石につまずいて下駄の花緒がプッツンと切れました。たまたま、ハンカチを持っていた私は、それで下駄の応急修理をしてやりました。

　数日後、ハンカチがかえってきました。見違えるようにアイロンまでかかって。そこはかと香水のようなかおり、女を感じました。「きょうはパリ祭です。云々…。夏休みは田舎へ帰ります」手紙が添えてありました。パリ祭といえば七月一四日、したがってあの日のホタルはゲンジだったか、ヘイケだったか時期的にいって微妙なところ、今もって不明です。だが、一匹のホタルがつくってくれた青春の断片、ほろ苦い思い出となりました。

3　事務局は返信の山に埋もれて

時は流れて三五年。私はすでに勤めをリタイア、ええ年をしてまた捕虫網を手に虫や小魚どもの世界へとのめり込みつつありました。住まいもあこがれの湖国・滋賀へと移していました。そして当時、県立琵琶湖研究所におられた嘉田由紀子さんと「水と文化研究会」との出会いが、忘れていたホタルとの思わぬ再会となりました。

「水と文化の人達がホタルの全県調査をやってるの…」嘉田さんのことばを聞いて、ああ、滋賀県にはまだホタルというものがいるのだと、あらためて思いました。「パソコン通信でも季節になれば、リアルタイムのホタル情報が入ってくる…」。かねて、虫ケラどもの分布に、いたく関心を寄せていた私の心を知ってか、知らずでか、嘉田さんがいわれたことばは、私の心をいたく刺激して、明くる日にはもうホタルダスのメンバーの一人として、事務局まであずかる身となっておりました。

当時、水と文化研究会の事務局は比叡山のふもと、北湖・南湖を見はるかす坂本本町の〝野田平〟にありました。

一九九〇年、暑い夏でした。山の水に冷やしたムギ茶を飲みながら時計を見るともう一〇時前、そろそろ郵便局の赤いクルマが上がってくる…。やがて、美しい琵琶湖を背景に止まった赤い軽四の扉がガラガラと開いて、配達のおじさんがおりてきます。

「おはようさん、暑いなー、今日もこんだけあるわ」という間もなく、コップのムギ茶を一息に飲み干して「きょうはお寺はんの荷物が多いのや、ほなサイナラ」と、ご苦労さんをいう間もなく、軽四の扉をバタンと閉めて下りて行きます。

目の前、上がり框には紐でくくられた「ホタルダス事務局御中」のホタルアンケート返信の山。「ああ、きょうも始まった」「えらいこと引き受けてしもた」…。実のところそう思いました。だがこれが、参加者延べ三三〇〇人を数えるホタルダス調査のほんの序曲でした。

夏場の事務局の毎日の仕事というのは、このように毎朝届くアンケートの返信の封を開き、シワを延ばし、読みにくい（ほとんどが）字を訂正し、地域ナンバーとメッシュコードを、地図と首っ引きで書き込んでいくことから始まりました。

事務局に毎日詰めていたのは、私（田中）とパソコン入力担当の牧野邦子さん、川島光子さん、石津栄子さんのいずれも妙齢のスポーツウーマンの三人、どなたさんもママさんバレーやバトミントンの名アタッカーとして近隣では知られた人でした。

事務局にはパソコンが三台あって、私が点検した調査票を順番に渡していくと三人がすぐさま「湖鮎ネット」（大津市）のホストコンピュータに送ってくれました。

「田中さん、この字出ません」「この苗字なんと読むんですか」…。振り返りざまにいわれるたびに、私は頭の中の乏しい語彙をグルグルと回転させては答えていました。

「出ました。田中さんヤッパリ年の功や」…うれしかったです。

4　きょうは今津か長浜か

毎年、窓外に雪が舞う二月ごろから始めたその年のホタルアンケートの方針検討会。前の年の『私たちのホタル』冊子の発送作業。もうホタルが飛び出しそうな天候にシリを叩かれながらのアンケート用紙、メッシュマップなどの袋詰め作業は、毎年深更まで世話役総出であたりました。

いま、琵琶湖博物館の環境展示室に展示してある「ホタルと人と環境と」は、世話役の荒井紀子さんと私が、北は余呉町から南は信楽町まで、ホタルダスに参加して、報告を寄せていただいた方々八〇人をおたずねしてお話を聞かせてもらったものです。荒井さんがインタビュアー、そして私がカメラを担当しました。

琵琶湖を真ん中にして五〇の市町村が取り巻く滋賀県ですが、北と南、湖西と湖東では気候、自然環境も大きく変わります。

八〇人の方々にホタルを観察していただいた場所に案内してもらって感じたこと、嬉しかったこと、それはアンケートそのものを読んだ私が抱いていたイメージとぴったりと重なったことでした。アンケートへの記述がそれだけ正確だったと敬服しました。

ホタルの居場所は決して美しい川端柳の下ばかりではなかったし、手ですくって飲めるような水辺ばかりではありませんでした。「ここにホタルが出るんですよ」と指さされたところは、台所からの排水がドボドボと落ちるところだったりして、おったまげたこともありました。

しかし、どこにもカワニナだけはしっかりと住んでいました。カワニナが排水からの有機物を食べ、ホタルの幼虫がまたその貝を食べるといった食物連鎖みたいなものの存在を感じました。「去年の観察場所です」と連れていってもらったところが立派な二車線道路になっていて、唖然としたこともありました。

県下八〇ヵ所といっても、隣から隣へと順番に回れたわけではないのです。取材の相手さまの日程、こちらの都合、そしてお天気のすべてが合致して、住宅地図を片手に「ハイ出動」となるのです。荒井さんも私も住まいは大津、湖国は広い。クルマの走行二万七〇〇〇キロ、「きょうは今津か長浜か」と、琵琶湖周航の歌を歌いながら一夏を走りました。

（たなか・としひろ　ホタルダス世話役、ホタルダス歴一〇年）

みんなでホタルダス—「水と文化研究会」と私

志賀町　小坂育子

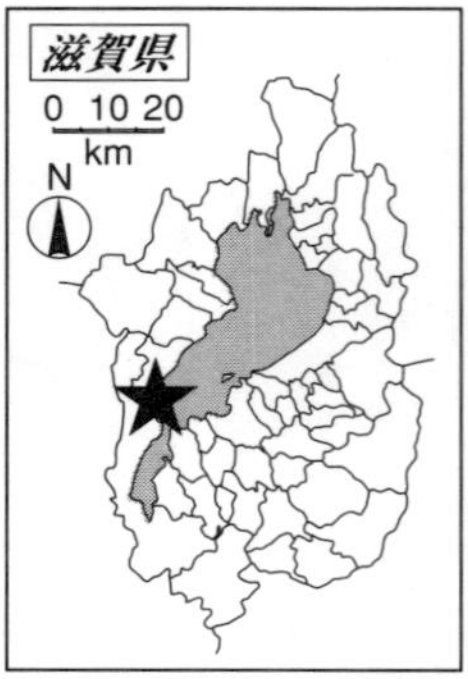

1　プロローグ

「今日は今津か長浜か」と、田中敏博さん、荒井紀子さんの名コンビによるホタルダス取材の旅の途中、志賀町でインタビューを受けたのは今からもう八年前のことになります。昭和四〇年後半から始まった土地区画整備事業の換地処分で、町南部では低い山を切り開き、大型住宅地の開発が進められていました。そんななかで、周りの環境も少しずつ変わろうとしている時でした。新聞の呼びかけで「水と文化研究会」の存在とホタルダス活動を知り、これに参加して一年目のことでした。

2　出逢えてよかった〈愛縁機縁〉

「小坂さんの観察地点を案内していただけますか」。田中さんからこう言われて本当に何でもない小さな幅五〇センチほどの小川を案内しました。細い土手は自然のままで、雑草が踏まれても踏まれてもなお強く生い茂り、なかばこれらの雑草で覆い隠されるような、見た目はやはり小川、通り過ぎるだけの人には変化さえ気づかない小川でした。

しかし近づいて見ると、少し上流からは赤味を帯びた水が流れていて、周りには民家しかないのに、この水はどこで換えられてしまったのか、わずかに臭いも感じられました（この変化は未調査のままになっています）。ホタルはそんな変化さえしっかり受け止めていたのでしょうか、私の知る限りでも確かに初めての観察から一匹、二匹とその数を減らしていました。

その頃、集落ごとの水利用の調査「水環境カルテ」が始まり、上水道導入前と後の生活用水の取水・排水のしかたを古老からお聞きする「聞き取り調査」のお手伝いをさせてもらっていました。

志賀町に上水道が入る昭和四〇年までは、この川の水は地域の大切な生活用水として、住民の命になっていました。川に対する住民の思いは自分たちの健康管理そのものであったといいます。上水道が入った昭和三〇年代頃を境にして生活様式が変わり、地域住民の用水としての共同利用が、蛇口をひねるとすぐ水が出る個別利用になることで人の意識も大きく変わり、川に対する人の思いは薄れていきました。と同時に、人は川からの距離をだんだん遠いものにしていったのです。

山に囲まれた小さな田舎町に育った私にとって、夏はホタル、冬は雪と、季節の当たり前の風物詩として受けとめていました。自然の恵みによって生活し、川や泉の近くを住みかとして、川と仲良くつき合う努力を重ねてきた先人を思うと今、私たちは川から離れようとしているこの変化（川が死ぬ）は哀しい現実でした。

開発に伴う人口の増加によって、出されるゴミも膨大な量になっていました。私の町内だけでも年間四〇〇〇トン以上になります。あり余る物資があり余るゴミと化し、楽に生きることが他への思いやりを忘れ、感謝の気持ちが持てなくなってしまっていました。

「ホタルいますか？」こんな話ではじまった田中さん、荒井さんとの出逢いが今の私の原点となり、「水と文化研究会」の活動に積極的に関わっていくことになりました。

3　ホタルダスから〈以心伝心〉

私の調査は三年目から、仕事の都合で観察時間が遅くなり十分な調査ができなくなったということもあり、共同調査となりました。その強い助っ人が井口雅子さんでした。観察地点も私が調査していたところからすこし北の方になり、農業用水路として引き込まれた和邇川《わにがわ》の支流で行いました。ここは以前から〈知る人ぞ知る〉ホタル銀座にふさわしく、多い時には目撃数だけでも三〇〇匹という、このあたりでは類のないほどの数でした。手を伸ばせば止まって来ることもありました。その変遷は雅子さんのホタルダス報告となりました。

ホタルダス調査が一つの手段となって、環境によせるさまざまな思いが地域を見つめ直すきっかけとなりました。特に私たちの世代（団塊の世代）は、木のぼり、小鮒つり、ホタルとり、石けり、路地で鬼ごっこなど自然を相手にあそんだ豊富な体験の持ち主ばかりで、集まると必ず昔の思い出話にホタルが登場しました。そんな話題があちこちで飛び交っている時でした。

大津市のTさんはホタルについてこんなコメントを寄せてくれました。

「昔は縁台で夕涼みをしていると、ホタルが飛び交う姿をみて楽しみました。それは田植えの終わった初夏の風物詩でした。きれいに澄んだ川の水、カワニナ、ホタルグサ、高島町の黒谷でホタルの乱舞みて、それが今も脳裏に焼きついています。最近は私の住むところではほとんど見かけない。川は生える草もなくなり、排水路のコンクリート文明はいかがなものか。コンクリートやアスファルトで塗り固められた住環境は幾何学的で味わいのないものになってしまっている」。

Tさんの思いはその後、琵琶湖に船を浮かべ、湖上から自分たちの住む地域を見つめてみようという企画（湖上ルネッサンス）に発展し、地域の人に問いかけをしました。私も参加させてもらい地域の人たちとしばしの間、古き良き時代に思いを馳せながら、壊されていく自然の名残りと新しく開発が進むベッドタウンに目をやりながら、時の流れを心痛く受け止めた一時となりました。

また大津市のKさんは、近くの川で魚つりをして遊んだ小さい頃を振り返りながら、子どもたちが自然のなかで生き物とふれあいながら、季節を感じてほしいとの思いを強くしていました。「ホタルの話をしてもらえないか」という相談を受けたのもそんな理由からでした。私たち、「水と文化研究会」のホタルダス仲間はこうして子ども会の行事にも参加して子どもたちと一緒に身近な生き物、ホタルについての学習会を開きました。ホタルの寿命、出現期、生息状況など熱心に聞き入りながら、会場の中の話ホタルがおおいに飛び交いました。

ホタルが一つの話題となってたくさんの人の輪が広がり、そこからそれぞれが自分たちの地域を見つめ、またお互いに情報の交換をしながら環境について考えるようになっていきました。私たちのホタルダスから生まれたこうした展開は、少なからず私たちが求めていたもう一つのテーマであったのではないかと思われました。日常生活の中で、これほど人々の生活に入り込み、ホタルによせる思いを強くしながら、ホタルとの関わりを大切にして来たことを認識させられた調査はありませんでした。

4　ここまできたか〈事務局奮戦〉

ことばで語り尽くせない想いの一〇年間。「一〇年ひと昔ひと未来」、ここまでやったホタルダス。家庭に向けられることが多かった私の生活環境は外に向かって走り出し、水と聞けば心が、環境と聞けば体が、気がつけば「水と文化研究会」事務局のお手伝いをさせてもらうようになっていました。そして迎えた一〇年目、一〇年調査に向けて、私の事務局奮戦記の幕が切って落とされました。

三年で終了するはずであったホタルダスは、参加者の強い要望で一〇年間調査となりました。これまでの参加者数は三四〇〇人を超え、観察日数も四万日を超えるものとなりました。私たちはホタルダス一〇年を記念して、一九九八年一一月一日「ホタルダスの集い」研究発表会を開催することにしました。

発表形式はホタル調査からみえる地域環境、ホタルダスを支えるひとの輪と情報システム、ホタルダスの方法と成果を専門の方々から批評してもらうという三本を柱としました。当日は予想を超える参加者があり、事務局として嬉しい発表会となりました。それぞれのホタルによせる想いは、単に「調査しました」で終わっていないことを十分証明してくれるものでした。観察を通して家族をみつめ、地域をみつめ、環境問題を考えていく新しい展開の胎動を感じさせてくれました。

発表会の熱き余韻を残しながら、『私たちのホタル』一〇号の出版に向けての作業が始まりました。ホタルとかかわった一〇年間の思い入れを文字に託して、たくさんの原稿が寄せられました。整理に追われる毎日が続き、?歳の手習いで苦手な文字盤たたき（パソコン入門）もすることになりました。

頭の中の整理と原稿の整理、絶妙のタイミングで送られてくる原稿に追いつけ、追いこせと、ホタルダス組の意気の合ったチームプレーで、次々と完成稿が箱を満たし、机の前に貼られた大きな進行状況表の白紙が完の文字で埋められていきました。どこかで見た光景？　そうだ選挙事務所の花マークに似ている！　夢のなかでもキーを打ち、夜更かしの眠い目をこすりながらも、ホタルダス一〇年間の心熱き思いが爽快に仕事場（図書館）へと足を運ばせてくれました。

寄せていただいた原稿からは、環境問題にゆさぶりをかけてくれた主役としてのホタルが登場しました。それぞれの心のなかで光り続けてきたホタル、それを守っていきたいと願う参加者の声が、社会のなかでどれだけ光り続けていくことができるか、ホタルダス一〇年には一瞬の光で終わらせたくない思いが強く込められていました。

5　ホタルの事情、ひとの事情〈一生懸命〉

私の職場が図書館ということもあって、毎日たくさんの本と出会います。「蛍」を題材とした本だけでも、私の図書館には六〇冊ほどあります。たまたま郷土資料の整理をしていて見つけた次に紹介する話は、高島郡の庄助さんという人が、仕事の合間を見つけては付近の古老の話を書き留め、一冊の本にまとめられたという昔話の一つです。今からもう三〇〜四〇年ほど前の話です。

ホタルの減少は、乱獲や川の汚れ、水辺環境の変化など複合的なものに起因するといわれてきました。こうした現象は私たち人間の自然に対する傲慢さからくる結果としながらも、この話はどこかに救い（ホタルの社会もたいへんだ?）を与えてくれる昔話です（山本庄助『庄助の高島昔話・はなし・噺』ぎょうせい、一九八一年より）。

『源平蛍合戦』

ほうほう　ほたる来い
あっちの水は　にがいぞ
こっちの水は　あまいぞ

蛍呼ぶ子供達の声が暗い田んぼに聞こえてきます。高島勝野の里はのどかな水郷でした。昔、大門川と小田川の蛍が合戦をしたのです。戦争の原因は、水郷の生息地の取り合いでした。

小田川の蛍は、百姓の川の育ちで大柄で、光も強く源氏蛍でした。大門川の蛍は、町内を流れる川に育ったので、小柄の平家蛍でした。光も途切れ途切れで、小さい蛍でしたが、数においては大門川の平家蛍の方が数百倍もまさっていました。両方の決戦場は萩の生えた浜の湿地の広い浜辺でした。七夕に近い真っ暗な、風もない夜半、双方の斥候の衝突から小競り合いの戦いが始まりました。そして夜半の一二時頃には、両軍の主力が出動して、萩の浜の湿地は双方のたいまつの灯で昼のように戦場を照らしたということです。

攻めつ、攻められつ、一進一退、本当に火花の散る光景だったといいます。激突数刻、始めは小田川方の源氏蛍が優勢だったのですが、数においてまさる大門川方の平家蛍がしつように攻めるので、互角の合戦となったのでございます。双方の死傷者も増えました。萩の湿地は火の粉をまいたように光で埋まったそうです。

水の上を蚊取浦に流される蛍が夜光虫のように光り、砂浜に落ちた蛍は真珠のように光っていたといいます。真長浦の沖におそい三日月が出る頃には、源氏蛍も平家蛍の大将も討ち死にして水葬されて行ったそうです。無駄な争いは双方傷ついてそれから蛍はへって行く一方の暗い運命になったのです。今も小田川尻や大門川尻にはその子孫がとぼしい光を放っていますが、絶滅寸前ではないでしょうか。

ほうほう　ほたる来い　夜はたいまつ
昼はお母ちゃんの乳のんで　よさりは提灯高のぼり

子供達の蛍呼ぶ声も絶えて久しい今日この頃です。

6　エピローグ

私たちは快適な生活を望み、自然との折り合いを忘れて利益を求めることに走り続けてきました。何か大きな忘れ物をしてきたのではないでしょうか。歩みをとめて、立ち止まることから、もう一度考えてみたい。私たちが本当に必要としているものは何かと!

これからが本当の私たちの「ホタルダス」かもしれません。

(こさか・いくこ　水と文化研究会事務局、ホタルダス歴九年)

あの五分から

石部町　岡田　玲子

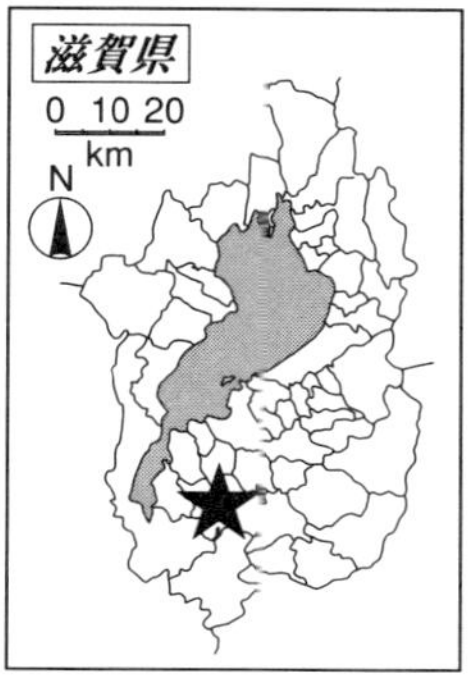

1　いつのこと?

日付は忘れた。季節も覚えていない。ホタルダスが一〇年目だとみんなが言っているので、その年は今から一〇年ちょっと前のことである。私は突然ある会議に出席するようにいわれた。何の会議かも全くわからなかったが、ともかく出席した。会議での立場は住民の立場ということだった。

だいたい普通の主婦は会議に最も遠いところにいる。主婦が何人かで「お食事会」なんかの日程を決めているとき「あ、その日は会議だわ」など誰かが言おうものなら、いっぺんに座がしらけてしまう。主婦が社会に進出して久しいが、決定権があるところまで進出している人はまだ少ない。というわけで私にとってもその会議は大変珍しく、緊張して出席した。

「なんで私が」という思いで頭の中はいっぱいであった。なるほど会議とはこういうふうに進行するのか、など感心していたから全く発言はしなかったと思う。いろんな人があれこれ言っていて何かを調査の対象に選びたがっていた。最後になって、ずっと黙っていた私に、何がいいかと発言を求められた。みんなの話を聞きながら私は「ホタルしかないやんか」と思っていたから「ホタル」と答えた。当然と思って言った「ホタル」に、会場の人達が驚きで(だと思うが)一瞬ざわめいたのが大変不思議であった。一〇年経った今も分からない。

その時の私は、あの飛び回る蛍の姿しか知らなかったが、その後の一〇年でよく知るようになる。こうしてホタルを調べようと決まったのが、全部で二時間ほどの会議のうち最後の方の五分間であった。この五分後には私は「こんな重要そうなことがたった五分で決まるのか」という驚きでいっぱいであった。これがその後の私の生活の中で価値判断をする基準をすっかり変えてしまった。「あれほどの重大そうなことがほんの五分なら、私のこんなこと」とほんの数秒で決めていくようになった。おかげで無駄に考える時間がずいぶん節約できた。

たった五分の後ろには、おそらく何人もの人たちの何時間もの準備があったことと想像する。誰が脚本を書いて誰が演出してなど知ろうとも思わないが、何か大きな事の始まりには、このような五分間がどの場合にもあるのだろう。私がこの場に居合わせたのは大変に幸運なことだったと思っている。その後「何かテーマはないですか」とよく聞かれるようになったが、全く一人でやる場合を除いては、この脚本を書く人、演出をする人など何人かがそろわないとこういう五分間はおこらないと思う。だから人を育てなさい、というと相手は不満そうだ。

2 それから？

ひとこと「ホタル」と言ったがためにあれよ、あれよという間にホタルダスとともに歩くことになった。まず最初は蛍そのものが興味深く、自分の近くにいるわ、いるわとなるとまたおもしろかった。蛍の「蛍生」（卵→幼虫→さなぎ→成虫→卵）などの全く知らなかったことも知るようになったし、蛍のいそうな川の様子にも詳しくなった。また虫にはあまり興味がなかった私が、他の昆虫にも注意を払うようになった。

こうやってみるとホタルダスもけっこうなものである。このような人がどんどん増えて延べ何千もの人達が参加したという。これだけの大人や子どもを動かせるのだから、蛍が魅力をもっているのだろう。ほんの何日しか飛び回らない、しかも夜だけとなると「今みておかねば」と誰もが考える。ものがあふれている今、こんなに少しの時間しか存在しないものは他にはあまりない。しかも自分の近くにいるはずがない、と思っていたのが「あそこにいるならうちにもいるかもしれない」と思うようになる。それがまた人を動かす。誰かさんが見たら自分も見たくなる。蛍はとてもよい材料である。

3 なにをしてどうなった？

終わりにあたってこの一〇年間に、私は何をしたのかまとめてみようと思う。私が個人的に調べたホタルダスのデータの内容は、データベースに載っているのでここでは省略することにして、まず最初の頃にみんなに広めてまわったこと。特に参加者がゼロだった土山町は全域を生協の配送車に乗せてもらって調査票を配って回った。また他の地域へも毎日たくさんの調査票を配って歩いた。この時のエネルギーは今思い出しても懐かしい。

次には、私の地元のゴルフ場の造成工事で蛍の生育地域がつぶされてしまうので、なんとか残そうとがんばったこと。これは世の中が不況時代に移り変わったおかげで今もそのままである。

その次には、高校生にホタルの授業を約二〇時間（生徒数約八〇〇人）してきたこと。これとともに関連した他の環境関係の時間を入れるともっと多くなる。中、高校生は反抗期とも重なって、ホタルなどの環境問題に最も遠い生活をしている。小学生は親に連れられてホタルを見ることもあるが、中、高校生ともなるとそんなことも全くなくなる。しかし社会に出るのがもうすぐなので高校生に関心を持たせるのは大変重要なことだと思う。

ホタルの話は何の学科にも属さないので、このような環境を考える授業を彼らはほとんど受けて育っていない。以前は各家庭がやっていた。だが今はどの領域でも教えない。しかし彼らは大変興味を持って聞いてくれたし、ホタルに感動さえしていた。蛍をみたことがある生徒は大きな顔をしていたし、蛍が地元にいる子はふるさとが自慢そうであった。

ホタルの授業は私にとってもやりがいがあった。しかし、去年（一九九八年）くらいから生徒たちがホタルに関心を示さなくなった。蛍を見たことがあってもなくても、どおってことない、という風な感想をいう子もでてきた。ちょうど一〇年同じようなホタルの授業をしてきたけれども、来学年からは授業内容を変えようと思っている。一〇年というのはこれくらいの期間なのだ。

4　これからは？

一〇年の文章を書くにあたって、せっかく終わりだから今までとは違った風な文章を書こうとずいぶん思い悩んだ。しかし卒業文集になってしまった。しかしこの後（仮称）「新ホタルダス」では新タイプに変身しようと決心している。この一〇年で、環境問題に限っても、いろんな住民運動が私のまわりでもおこった。それが同じ時に始まってほぼ同じ時に転機を迎えようとしている。

これからの活動のために、またあの五分を経験するのは誰なのだろうか。

（おかだ・れいこ　ホタルダス世話役、ホタルダス歴一〇年）

石山螢を次の世代へ

大津市　井上　誠

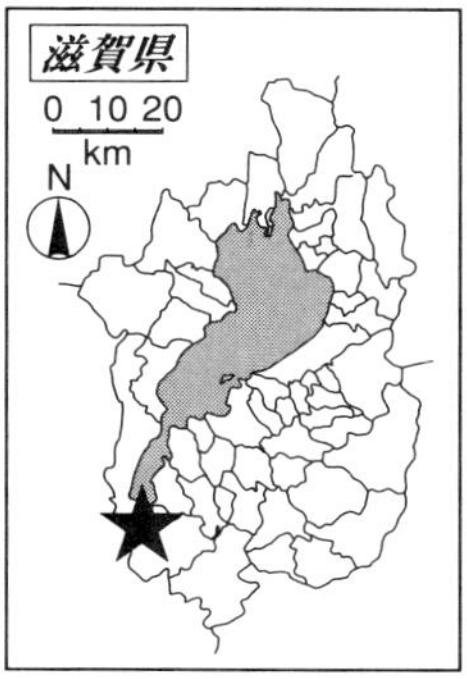

源氏螢と向かい合って二〇年、ホタルの魅力

この原稿を書くために、荒井さんから『私たちのホタル』のバックナンバーを頂戴し、改めて読み返してみました。一〇年ひと昔とよくいいますが、私の住まいする石山寺の周辺で、源氏螢の増殖を目的に「石山源氏螢育成保存会」を結成したのが昭和五五年と書いてありました。ですから、その前の会を結成するまでの準備期間を含め、私が本格的にホタルと関わってから、もうふた昔が過ぎた計算になります。

当時はまだ、石山寺や瀬田川周辺が名実共に日本一のホタルの名所といわれていた頃の様子を語って下さるお年寄りがご健在で、明治の頃の話を聞いていては、往時の自然を取り戻せないものかと一人心を熱くしたものでした。ホタルの発生時期になると、瀬田川の対岸の木々に多くの源氏螢が群がり、まるでクリスマスツリーが明滅するように明々と見えたこと。螢合戦のこと。螢狩りのお客さんの雑踏。今から約八〇年も前に石山小学校で源氏螢の飼育が試みられていたこと、等々。

しかし、今ではもう地域のこと・昔のことをよく知る古老と呼ぶにふさわしい方々も亡くなられ、あの新鮮な心の高ぶりを思い出すこともほとんどなくなってしまいました。二〇年は長いのか短いのか、大いに迷うところですが、この間の社会の変動は激しく、人々の意識は大きく変わったように思います。

この変化が、私事としてはもちろんのこと、全体としても好ましい方向に向いていたとは、決して思えませんが、他の事象はともかく、ホタルを取り巻く環境に関してだけは、国・県・市等、行政の河川管理者の意識も含めて、当時より数段望ましいものに確実に変わってきてくれたといえると思います。このことは、大きな成果ですし、また非常に喜ばしいことです。ホタルのもつ、誰からも愛される素晴らしい魅力の賜物ではないでしょうか。

2　石山寺、瀬田川における源氏螢の歴史について

ここで、石山螢の歴史について少し書いてみたいと思います。石山寺および瀬田川周辺の源氏螢の歴史は古く、かつては日本一のホタルの名所と呼ばれていた時代もありました。石山螢、宇治螢という言葉は、螢狩りが大人のレクリエーションとして、相当盛んに行われていた頃のホタルの愛称の名残りだと思います。

その歴史は、もしかすると縄文時代にまで遡れるのかもしれません。今から約八〇〇〇年前の石山貝塚から、セタシジミと一緒にカワニナの化石が大量に出土していることが、当時から瀬田川で源氏螢が発生していたことの間接的証拠になりませんでしょうか？

西暦一一二九年、源三位頼政が詠んだ、

「いざや其螢の数はしらねども玉江の芦の見えぬ葉ぞなき」は、琵琶湖のような広々とした清水に、源氏螢が多数棲息する様子を描いたもので、もしかしたら石山のことかもしれません。

西暦一六八二年、井原西鶴は『好色一代男』の中で、「螢みるなど催して石山に詣でけるに…」と書いていますし、また、松尾芭蕉も「ほたる見や船頭酔ふておぼつかな」と瀬田川で詠んだりしているのをみても、江戸時代には、螢狩りとしての石山詣でが相当一般化していたものと推測されます。

さらに、貝原益軒の『大和本草』（一七〇九年）、寺島良安の『和漢三才図会』（一七一三年）、寒川辰清の『近江輿地志略』（一七三四年）、小野蘭山の『本草紀聞』（一七九四年）などにも石山螢の記述がみられ、『東海道名所図会』（一七九七年）の石山の螢狩りの図は、当時の風流を端的に物語っている代表だと思います。

しかし、瀬田川にたくさんの源氏螢が棲息していたのは、明治の中頃までの話で、その後一八九六（明治二九）年の大水害、明治三〇年代の南郷洗堰の新設、瀬田川の浚渫工事などの影響で、源氏螢は激減の憂き目を見ることになってしまいました。それでも、戦前までは、石山螢の名声だけは衰えることなく長い間続いていました。

有名なホタルの研究家、神田左京が、一九一六（大正五）年

に石山を訪れた時の日記に、「この名高い石山ホタルの見物に、私も京から行きました。ホタル見物の季節になると、石山ではホタル見物の人出を当てこんで、臨時の料理店、茶店がたくさんできます。それでもよほど早くからホタル見物の場席を申し込んでおかないと、飛び込んでは、場席を求めることは容易ではありません。着倒れの京の人もホタル見物ときてはまったく夢中です。京からの汽車、電車の雑踏、大津からの汽船の乗り降りの雑踏ときたら、とても名状することができないごったがえしの騒ぎです…」とあります。

数を数えることもできない無数の源氏螢の棲息のさまを、鷲尾光遍石山寺先代座主は、「螢の宮」と表現されたのだろうと思います。ホタルの数より人間の数の方が多い現代とは大違いです。

3　「石山源氏螢育成保存会」の改組、改称

ホタルダスは一〇年で一区切りになるということですが、私とホタルとの付き合いは、少し途切れることはあっても完全には切れることなく、一生の仕事として細く長く確実に続いていくだろうと思います。

二〇年前に放流した源氏螢の幼虫は、今も石山寺の境内の奥の小川に石山螢として棲息しています。二〇年の間には、全くホタルの世話ができないほど、精神的にも肉体的にも追い詰められてしまった時期が何度かありましたが、二～三年に一度カワニナの補充をするだけで、その発生数は最初の頃とほとんど変わることなく、一応の成果を収めています。このことは、ホタルの育成や保護を計画する時、ホタルに適した自然環境を作り上げられるか否かが、その成否の大きな鍵になることを私に教えてくれました。

そしてそれ以上に、大多数の人びとが普遍的にホタルが育つ自然環境を魅力的ですばらしいものであると感じるという事実がありました。これはほとんど例外のない事実であると思えるまでの確信を私に与え、またそのことが大きな自信に変わりました。

たまたま今年（一九九九年）の三月に、石山寺東大門の北側約五〇メートルの所に、朗澄律師の青鬼を顕彰した新しい庭園が完成するのですが、これを機会にこれまでの会の名称を改めて、活動の内容も絞っていこうと思っています。

今までは、源氏螢の育成と保護に関することなら、要請さえあれば（否、要請がなくても押しかけて？）、大津市内ならばどこへでも我がテリトリーと思って頑張ってきました。千丈川の源氏螢保護のきっかけを作ったことは、わが活動の大きな足跡になっています。滋賀大学生物学教室の学生さんの協力を得て、大津市内のかなり広い範囲の河川のホタル棲息調査（昭和五八年）をやり遂げられたことは、懐かしい思い出ですし、その後、滋賀県内のホタル保護活動のネットワーク作りにもつながりました。

また、全国の源氏螢の発生地を見に出かけられたことが、私の見聞や人脈を広げる上で大きな助けになっていたことも、紛

れもない事実です。しかし、一度広げたネットワークや仕事を皆さんにご迷惑をおかけしないようにずっと維持していくことの難しさまでは、当初考えが及びませんでした。

冒頭で書いたように、大切にしていた資料や書物等をすべて処分せざるを得なくなり、この原稿を書くのにも人様にもう一度資料を集めて頂かなければならない状態でした。今後私がしなければならないことは、本来の意味での石山螢の保存と、かつてはその発生地であった瀬田川の環境整備（自然にもどすこと）を管理者である建設省にお願いし続けていくことではないかと思っています。最近、少し瀬田川にセタシジミが戻ってきたことには大いに勇気づけられています。

さらに現在の「石山源氏螢育成保存会」は、会としては有名無実なものになってしまっています。会の名称および活動内容の変更は、わりと簡単にできますが、瀬田川で屋形船からホタル見物ができる日を楽しみに、しばらくは「石山螢・ほたるの宮保存会」の立ち上げに全力を傾けようと思います。

これからも、楽しい夢を見続けることができそうです。そして、長い歴史と伝統ある石山螢を次の子どもたちの時代に残していきたいと思います。

（いのうえ・まこと　ホタルダス世話役、ホタルダス歴一〇年）

琵琶湖博物館へようこそ

1　琵琶湖って展示できるの？

琵琶湖は南北に六〇キロメートル、東西の最も幅のひろいところは一五キロメートルもある、日本一大きな湖です。地元の人たちは、おおきいので「うみ」と呼びます。その「うみ」のほとりに琵琶湖博物館があります。

そんな大きな琵琶湖ですから、博物館という建物にとじこめられるわけはありません。ですから、琵琶湖博物館では、しかたなく建物をつくって、そこで、四〇〇万年も大昔、人間はまだいなくて、ゾウが闊歩していた時代の琵琶湖や、一万年ほど前、湖辺に人がすみついて湖の魚貝や森の獣をとって生活をしていた時代にタイムスリップできるように展示物をつくって、見る人たちに昔のくらしや環境を理解してもらうような工夫をしています。

その琵琶湖博物館に、環境と人間のかかわりの最近の変化、とくに昭和三〇年代に急速にかわった私たちのくらしのありさまを展示するところがあります。博物館では「環境」展示と呼んでいます。その環境展示は二階だての丸いドーム型の建物にあるのですが、その二階の真ん中あたりにあるのが「ホタルと人と環境と」という展示コーナーです。

2　ホタル展示の小物にも注目

水と文化研究会は博物館のスタッフと協力しながら、この展示コーナーづくりにかかわってきました。一九八九年からのホタルダス調査結果をもとに、この展示にあたってまふたつの方針を提案しました。ひとつは、ホタルというと生活史や生態など、理科的な側面が重視されるけれど、人とのかかわりや歴史など、文化的側面も重要であること、またもう一点は、来館者との交流ができるように、滋賀県内でホタル調査に参加した人たちの生の声を伝えたいということです。

まず、ホタルの生態やホタルの歴史・文化などについての資料あつめをしました。ホタルダスに参加した人たちの中には、それぞれの子供時代を思いだしながら、麦わらでホタル籠を編んでくれたり、空き缶でホタル入れをつくってくれた人もいました。大根のホタル籠をつくってくれたのは今津町の広瀬一知さんでした。大根のホタル籠とは、春になってトウがたって固くなった大根を川の流れにつけておいて、果肉を流すとあとに大根の形にそって筋だけが残ります。その筋が籠の形になるのです。長い大根だと長い籠が、丸い大根だと丸い籠ができます。でも、展示室にあるこの大根ホタル籠は一年目にうまく作れず、二年目も失敗をし、三年目にやっと成功した苦心作でした。なぜ失敗したかというと、今の大根は昔の大根のように筋が固くないので、いくらトウがたっても籠にならなかったからです。それで三年目には、できるだけ遅くまで畑において、固くしてから水につけてくれたのでした。

3　八〇人の声をきいてください—小学生からお年寄りまで

さて、水と文化研究会としてもっとも力をいれたのは、ホタルダスに参加した人びとの生の声をお伝えし、同時にそれぞれの観察場所を写真で紹介しようというものです。写真と声を組み合わせてコンピュータでひとりひとりのメッセージが選べるようにしようということになりました。それにはそれぞれの自宅まで訪問してインタビューする必要があります。そこで、まず長期間続けて参加した人一二〇人ほどに趣旨を説明する手紙をだしました。その中から、八〇人の人たち、それも一二歳から八〇歳の人たちが、インタビューと展示での公開に応じてくれました。

さて、それからが大変です。おひとりずつに連絡をして約束をとり、家まで訪問し、観察場所を案内していただく訪問がはじまりました。これは水と文化研究会の田中敏博と荒井紀子がコンビであたりました。六月のホタルの季節にはじめたインタビューは、真夏になってもおわらず、テープレコーダーにセミの鳴き声がはいってあせりました。すべての人のインタビューがおわったのは一〇月でした。

八〇人のインタビューがおわって、それぞれの方の録音テープを聞き直して展示用に編集をしながら、皆でおどろいたことは、ひとりひとりがすべてちがうことを言っておられるということです。ホタルとのかかわり、思い出もそれぞれなら、ホタルの観察からの感想もそれぞれです。それだけ、ホタルと人とのかかわりは、幅がひろく、奥がふかいということを知りました。

4　展示室からホタルへの関心を

琵琶湖博物館は一九九六年一〇月二〇日に開館しました。あの八〇人のコーナーがとても気になり、折りにふれて評判をきいていています。知り合いの人がいる場合はとてもうれしいらしく、じっくりと聞き入っている人にときどき出会います。またこの本でも紹介されている宮川琴枝さんのように、お孫さんが博物館に遠足にきてそこでおばぁちゃんからのメッセージに出会って、おばぁちゃんの株があがった、というようなエピソー

写真　琵琶湖博物館環境展示「ホタルと人と環境と」

ドもあります。

とはいえ、はたして、最初に提案したふたつのこと、ホタルを生態と文化両面から見るということと、ホタルを通して人の交流の場を広げよう、という展示の目的がどこまで達成されたのか、少々心もとないところもあります。ただ、展示を見て、ホタルについて関心をもった人からの問い合わせもあります。また『私たちのホタル』の冊子をほしいという人もいます。しずかに、ホタルについての関心がふかまっているようです。

そうそう、琵琶湖博物館の展示では、小学生はいつまでも小学生。いつまでも年をとらないのが博物館の展示、年をとらない自分に喜んでいる人もいるかもしれませんが、本人たちはいつのまにか、小学生の子どもが大学生になったり、三〇代が四〇代になったり、年につれて、かわってきています。近いうちに展示がえの提案が必要かもしれません。（水と文化研究会）

第三部　シロウトサイエンスの挑戦

——ホタルダスはこうしてできた

手づくりの整備が進められている水路
(守山市三宅町の郷づくり事業)

岸辺を松杭で囲いオランダカウイやハナショウブを植えたり，水路の中央部や囲いの下流側にクレソンを植えている。河床には砂利とともに石灰岩の砕石を敷いてホタルの幼虫の餌であるカワニナ養殖につとめている。また，水路の上流部には範囲を限って鯉を放流している。(写真提供　村上博史)

素人の知恵が二一世紀を拓く

高谷　好一

1　チビッコの探検精神

みぞっこ探検　あれはもう一〇年ほど前のことになるのでしょうか、「水と文化」の会ができて間もない頃のことだったと思います。「チビッコのみぞっこ探検」の発表会がありました。蒲生町の小学生たちが自分たちの町の排水溝に入って、いろいろのものを発見していく過程を発表したのでした。

なんでもないふつうのミゾに入って、次々といろいろな発見をしていった話です。そこには黒いヘドロがたまっていて、ヌルッ！とした肌ざわりがありました。空きかんやビンのかけらが落ちていました。ミゾは汚く、危険な所だったのです。でもそんな所にもミミズのような小さな生き物がいました。そんなことを発見してチビッコたちは感動したのです。そしてそうしたミゾも結局は自分たちが家々で使った水が流れ落ちていって、そうなっているのだということを知って、いわば、生活の実態を小学生たちなりに実感していったという話です。

私はあの発表にたいへん感動して、「この子どもたちのように体を張って自分の目で見る研究をいたしましょう」と、自分の勤め先で演説したことがあります。実はちょうどその時、私は京都大学の東南アジア研究センターという所で研究計画委員長の役目をおおせつかって、就任演説をしなければならなかったのです。大学の研究は（今でもそうかもしれませんが）当時はひどく高踏的になり、マンネリ化しかけていました。そんな状況のなかで研究計画委員長に任命され、なんとかしなければならないということでそんなことを所員に向かって言ったのです。その時、いろいろ他のことをも言おうかと考えもいたしました。しかし、結局、これが一番大事なことだということで出てきた言葉が「研究とは、あのチビッコ魂であり、探検ダ！」ということだったのでした。

チビッコ魂に学ぶ　私たちの研究所は地域研究というものをやっていましたから、地域から遊離して高踏的になることは一番いけないことだと考えていました。それで何よりも、体を張って、現地の本当のものにぶつかって見、そこから直接的な発見なり感動なりをしてみよう。そうしてこそはじめて本当のものが見いだせるし、そうしておればマンネリに陥ることを防ぐこともできる。そうした行為は探検だ、私たちはチビッコに探検精神を学ぶべきだ、といったのでした。いまから考えてもあれは決して間違ったことではなかったし、いい演説だったと思っています。

あれから一〇年経ちました。その間、「水と文化研究会」も、ほぼその探検精神を貫いて、今日に至ったのではないかと思います。私はこのことを誇らしく思うのです。

2　専門家ということ

研究所で　上で書きました京都大学の東南アジア研究センターというところは、古い大学にしては珍しく、他大学の出身者を多く集めていてユニークな研究所でした。その研究レベルは高く、地域研究という分野ではきわめて高い評価を得ていました。でも、著名になればなるほど、問題も出てきていました。というのは、すでに学問的方法が確立しかけていて業績の蓄積もありましたから、それを守らねばならないということで、守りの姿勢が現れかけていたのです。いわゆるエスタブリッシュメントらしく恰好をつけかけていたのです。

それに個々の研究者にもいろいろの問題がみえかけていました。蓄積が増え、同業の研究者の数が増えてくると、研究者はどうしても、どこかに自分の守備範囲を限定し、その土俵の中でしか勝負はしないということになります。これは研究者や専門家といわれる人たちの間ではごくごくふつうに起こることです。こういうことになると、関心の幅は急速に狭くなっていきます。自分の専門にしている分野さえやっておればそれでよい。他の分野のことなど知らなくても食っていける、ということになるのです。

このことは実際にはもっとひどいことになってしまいます。同じ専門の者の集まる学会というものを作り、仲間だけでしか通用しない言葉を使って、議論を特殊な方向へ持っていってしまうのです。もちろん、こういう学会から大発見の起こることもあります。だが、たいていの場合はそうではありません。むしろあまりにも偏った一人よがりの議論のくり返しに終わってしまうのです。現実をわきまえず、地に足のついていない議論、議論のための議論がたたかわされることになるのです。

上に書いたことは専門家と素人の対比といってもよいかと思います。バーチュアル・リアリティの中に住む専門家と本当のリアリティの中に住む素人。そんなふうな譬えも可能なのかもしれません。

こんなことをいったん書きだしてみますと、その後に興った似たようなこともいくつか思い出してしまいます。専門家と素人の対立は研究所以外にも至るところにあるようなのです。その一、二の例を書きあげてみましょう。

委員会で　最近、私はポスト・琵琶総を考えるということである委員会に入れてもらいました。ポスト・琵琶総というのは「琵琶湖総合開発」のその後、ということです。この総合開発は一九七二（昭和四七）年から九七（平成九）年にわたって進められてきましたが、これが一段落したところで、新たに琵琶湖をどのようにするかを考えようということでつくられたものなのです。

「琵琶湖総合開発」というのは基本的には琵琶湖の水を京阪神の工業用水などとして有効に利用しよう、というものでした。それと同時に滋賀県そのものの開発をも進めようというものでした。これのおかげで、滋賀県はずいぶん経済的には富裕になりました。しかし、開発にともなって、琵琶湖そのものの汚染は著しいものになりました。だから、計画の後半では、琵琶湖の環境保全ということが大きなテーマになっていました。こういう流れの中で、とにかく一区切りした琵琶湖開発計画だったのですが、さて、この一区切りの後に、次にはどうするのかを考えるグループをつくろうということでつくられたのが、この委員会なのです。

この委員会にはいろいろの分野の専門家が集められました。環境が最大の問題だということになっていますから、専門はいろいろなのですが皆、自分の専門の立場から環境を考えておられます。その意味では皆、まじめで一所懸命の方なのです。

この会議にはじめて出たときの印象を私は忘れることができません。どの委員も一所懸命よく発言しました。しかし、私は「皆、ヨウ言うてくれるワ」という気持ちでした。琵琶湖の現状を何も知らない連中が、よくまあ机上の空論を振りまわしてくれるワ、という反発に似た気持ちがあったからです。

私は、自分の方が他の委員よりよく現場を知っているという気持ちがあってそんなことを思ったのではありません。そうではなくて、木浜や美崎の浜で生まれ、そこで一生を過ごしてきた私の同級生の何人かの生活や考え方を少しではありますが知っていた私は、議論されている内容がそれとはずいぶん遠いのが気になっていたのです。だから現場を無視してくれるなよ、ということでそんな気持ちになったのです。琵琶湖を外から見たら、しかも専門的に見たらいろいろのこともいえるのかもしれない、だが現実にそこで毎日生活している人間の考え方もあるのだ。それを考えて発言してくれ、とそう思ったのです。

専門家の限界　この委員会にはたいへん難しい問題がありました。それは対象にする問題が巨大すぎて、ふつうの専門家では歯が立ちそうにないことです。集まっている委員は皆、優秀な専門家でした。その分野では一流の方々です。だが、琵琶湖利用のあるべき姿などというきわめて総合的な問題になると、どの専門家の知識も実際にはそれだけでは使えないのです。

多くの専門委員は、「私の専門分野からすると、琵琶湖はこのように理解できる」と発言しました。専門雑誌の記事としてはそれでよいのかもしれませんが、この委員会としては困るのです。いざ本当の琵琶湖をどうするのか、ということを考えようとするときにはちょっと学術的すぎる見方にしかすぎないからです。

はっきりいって、委員会では今までのところ、まだ全体像はとらえきれていません。群盲象を撫でるとまではいいませんが、部分像はかなり明瞭なものが出てきているものの、一匹の生きた象に仕上げるには程遠い感じがするのです。あるいは、より正確にいえば、こういうことかもしれません。象の外形はなんとか造りえたとしても、そこに息吹を吹き入れるには別の人たちが必要だ。そんな状況を見て私は自分たちの無力さに苦悩が尽きないのです。こんななかで、逆に地元の友人たちの姿が大きくみえてくるのが偽らざる現実です。

過去の失敗　上に述べた問題は、現場の土地勘とかそこから出てくる総合的判断といった問題とかかわったことなのですが、もうひとつ別の、これまたきわめて難しい問題もあります。それは大きな歴史のうねりとでもいったものに関係した問題です。ちょっと過去を振り返ってみると、このことはすぐに明らかになってきます。過去に私たちは何度か失敗をしてきているのです。具体的にはこういうことがあります。

第二次大戦前から戦後にかけて、私たちは多くの内湖を埋め立ててしまいました。当時は食料がたいへん不足していました。食糧増産は至上命令だったのです。食糧増産は今の環境保全と同じ程度に誰もが認める善だったのです。だから誰もが疑わないで埋め立てをしました。だが結果は間違いだったのです。それでなくても多すぎる農地をあのときつくりすぎたのだ、ということで、今は非難を浴びています。埋め立てが環境を破壊したという非難も浴びています。

湖周道路の建設が同じように、必ずしも正しいことばかりではありませんでした。あのときは経済発展が合言葉でした。開発を必死で求め便利さと快適さを求めて、私たちは湖の周辺にコンクリートの道を造ってみました。だが、それも失敗でした。あれを見直す必要があるかということで今のポスト琵琶総が議論されているのです。そのときには正しいことだと判断してやったことなのです。だが時間が経ってみるとあれは失敗だった、ということになったのです。環境も同じようなことにならないとは限りません。

本当に環境でいいのだろうか。ここのところが少なくとも私にとってはきわめて大きな疑問なのです。環境ということだけでは、人の心を本当に引きつけることはできません。とくに現在はやりの環境科学という考え方の延長では充分ではないのではないか、という気がしてならないのです。このまま環境科学という線でつき進んでいったときには、ハッと気がついたときにはアメリカと変わらない空間ばかりになっていて、また無念のホゾを噛まねばならないのではないかと恐れているのです。

それではどうすればよいのか。私もその一員である委員会ですが、今のところはまだ悩み、呻吟しているだけです。環境科学ではなく文化だ、という声も聞かれます。私など、別の所ではありますが「聖地」などという言葉をだしたこともあります。だが、まだ考えが固まっている訳ではありません。苦悩する委員会に席を置いて考えさせられることは以上のようなことです。ポスト琵琶総のような大きな問題ということになりますと、むしろ、素人という言葉が私にはたいへん魅力的に響くのです。

住民グループで　上にみたものは、専門家の限界というようなことです。むしろ、素人の知恵の中にこそ可能性があるのではないかという話です。これは科学的知識と素人の知恵という対比と見てもよいかもしれません。ところで、似たような対峙は、もっと身近なところでも、ある意味ではごくごく日常的に起こっています。その一例を紹介しましょう。

私の住んでいる守山には、環境問題に取り組むグループがあります。これはたいへん優秀なグループなので行政も力を入れています。グループの組織は実際には二つの種類の成員からなっています。一つはボランティアで、今一つは自治会の代表として参加しているメンバーです。前者はもちろん個人の熱意があって、自発的に参加している人たちです。この人たちの多くは新興住宅地に住む人たちです。今一方の自治会代表として出て来ている人たちは、いわば地元の役目から来ている人たちです。これは昔からの集落から出ている人たちが多いのです。

この会は素晴らしい仕事をやっています。ボランティアの人たちはもちろんのこと、自治会代表の人たちも非常によくやっています。にもかかわらずこの二つのグループの間には微妙な差があって、ときに齟齬も出るようです。

私はボランティアの人たちから「自治会から来ている人たちは消極的で、知識にも欠けるところがある」というような苦情を聞いたことがあります。一方自治会の人からは「あの人たちは土地のことを何も知らない。浮き上がって困る」というような話を聞いたことがあります。両者はうまくいってはいるのですが、深いところで違いがあり、いささかの相互不信があるようなのです。一方は熱心な玄人を自認し、他方はここは自分の土地ダ！という自負をもっていて、その二つの違いがときに顔を出すのです。

私は例のポスト琵琶総の委員会と地元民の関係を思い出して、同じような違いはどこにでもあるのだなと思ったりしたものでした。

3　科学性と文化性

私は田舎に生まれ田舎に育ってきましたから「ここは俺らの土地。ガタガタ言ってくれるナ」という気持ちはよくわかるのです。そのことを少し説明させて下さい。

アメリカの新方式　日本にはかつてちゃんとした日本風の生活のしかたやものの考え方がありました。それが敗戦とともに一挙に否定されてしまいました。なんせ戦争に負けてしまったのです。しかも完膚なきまでにやられてしまったのです。そして戦後はアメリカのいいなりにならざるをえないことになりました。

アメリカが言ったことはいくつかありましたが、結局は次のようなことでした。

①個人主義の徹底こそ社会を強くする。だから個人主義を広めよ、②科学・技術の進歩が国を進歩させる。だから科学・技術を振興せよ。この考え方はそれ自体では悪いことではありません。だから、これは学校教育を通じて徹底的にたたき込まれ、戦後日本に広く広がることになりました。

しかし、この考え方は必ずしも日本のどこにでも同じ程度に広がったというものではありません。爆撃などで徹底的にやられた都市部や新しく造られた新興住宅地など、いわば古いもののなくなった所では比較的スムースに受け入れられました。だが、戦前のものがあまり毀されないで残った田舎には、そのままの形で安直に受け容れられるというわけにはいきませんでした。とくに個人主義などというものは、取り入れられにくい状況にありました。

個人主義のむずかしさ　個人主義なのだから、みんな思いのままにやればよいといわれても、そうもできない状況が田舎にはありました。たとえば、家の造りひとつにしても、それは三世代同居を前提に造られていたし、バラバラに住むことはやりにくかったのです。また老夫婦は屋敷畑で野菜を作り、孫の面倒をみるなどという一種の家内分業体制もしっかりできていました。だから好きなようにやるということで、そう簡単に核家族に分かれてしまうということもできなかったのです。

村人同士のつながりを断ち切って個人主義でいくということもできませんでした。なんせ稲作では水の駆け引きということは決定的に重要なことなのですが、これは村人全員がお互いによく話しあい、譲り合ってやる以外に方法がありません。個人の自由だ、といって勝手なことをしておれば、文字通り稲作は潰滅しますし、村は食っていけなくなるからです。三世代同居や水利慣行だけではありません。その他にも村にはいろいろのしくみがあります。たとえば、報恩講でお互いに参りあうというのがあります。これはもともとは浄土真宗の行事の一つです。開祖親鸞上人の遺徳をしのんでの報恩の会ですが、私の近所あたりだと、これがたいへんさかんなのです。その日、各家庭では聖人への報恩と同時に先祖供養という気持ちもこめて、お坊さんに来てもらい、読経をするのです。こうしてお互いに参りあいをして、いわば連帯意識を高めあうのです。

また、隣近所や親戚の冠婚葬祭にはたいへん気を配ります。必ず顔を出すだけでなく、いくらのお祝儀や香典を持っていくかに関してまできちんとした定めがあります。こういう報恩講での参りあいや、冠婚葬祭時のつきあいといった、いわば日々の接触を通じて、皆が一緒に助けあいながら生活していく、こういうしくみがガッチリとでき上がってしまっているのが田舎なのです。

田舎の独自のしくみ　ここに拾いあげたものは田舎がもっているしくみの一部です。田舎はこういうものを何百年の昔からもち続けているのです。田舎は独自の文化をもっているといってよいでしょう。そして、それは結局のところ、個人主義というものとはおよそ正反対のものなのです。「もちつもたれつ」して生きていくという、いわば共同体のシステムなのです。

日本にはもともとはといえば、都会も含めて、こういうふうに人びとを結びつけるシステムがありました。だが、都会は、先にもいったように、その建物群が爆弾で破壊されたとき、それとともに人もバラバラに散ってしまい、すべてがなくなってしまったのです。新しく造られた新興住宅はいわばサラ地です。ですから、個人主義も科学・技術万能主義も比較的抵抗なく植えつけられたという次第です。だが、田舎はそうはいきませんでした。自分たちの文化をガッチリともち続けていたから、アメリカ伝来の新方式には強く抵抗したのです。

自治会選出の人たちが、「ここは俺らの土地。ガタガタ言ってくれるナ」というのは上に述べたような背景があるからなのです。都会では失ってしまった日本の文化を自分たちはまだ保持しているのだ、という誇りがあるからなのです。そして、実際のところ、この旧来からのしくみのおかげで田舎ではお互いの信頼が保たれており、相互扶助も実質的に生きているのです。青少年の非行も老人問題も都会に比べるとはるかに少ないものになっているのです。要するに田舎の方がまともな社会として現存しているのです。田舎の人たちは、今私がここでいったようなことをはっきりと口に出して言いはしません。だが、そのことはちゃんと腹に据えていて、先にいったように「ここは俺らの土地」といっているのです。

上にみたものは小さな環境運動団体の中での話ですが、似たような構造は先にみたポスト琵琶総の委員会の中にも認められます。私自身がその会議に出席したそのしょっぱなに「皆、よう言ってくれるワ」と感じたというのはそれと同じ感情があったからなのです。

科学派と地域文化派　どうもこの頃の日本を見ていると、科学派と地域文化派とでもいうべきものに二分されているような気がいたします。科学派という人たちは世界中どこにでも通じるような自然科学的な知識をもっていて、新しい社会の建設に邁進しています。便利で快適で、そして自然にも優しい生き方の開発に日々意を用いています。真っ直ぐに人間の進歩を信ずる人たちです。一方では古くさい感じのグループがあります。世界には通用しないかもしれないけれども、自分たちがその土地に根ざしてつくりあげてきたしくみ、それをかたくなに守ろうとする人たちです。

科学派といわれる人たちの考え方は、スカッとしていて合理的です。ときにドライにみえることがあります。また、世界中どこにでも通じるような普遍性があり、国際的でもあります。一方、地域文化派のそれは、どこか説明のつけにくいような不合理なところがあり、その意味では見知らぬ外国人などにはその真髄はとうてい伝えられないだろうと思われるようなところがあります。だが、彼らの考え方はその土地に密着していて、その意味では本物であり、安心して見ておれるようなところがあります。近頃、私はこの二派の存在を事あるごとに感じさせられるのです。この二派は、このように基本的なところでその性格が全く違うものなのですから、ときに齟齬がおきるのは、いわばしかたのないことなのかもしれません。

4　二〇世紀から二一世紀へ

科学・技術と戦争の時代　もうすぐ二〇世紀が終わろうとしています。この段階になって論壇などでは二〇世紀の総括がさかんにおこなわれています。二〇世紀とはいったいどんな時代だったのか、そのことに対する総括です。最も多くの人たちが言っていることは、二〇世紀とは「科学・技術と戦争」の時代だった、ということです。本当にその通りだったと私も思います。

二〇世紀の間に、科学・技術は本当に発達いたしました。私は今、この原稿をエアコンの利いた部屋で書いています。私の子どもの頃だったら、こんなことは考えられなかったことです。火鉢を片側におき、かじかんだ手をときどきそれにかざしながら鉛筆を握らねばならなかったに違いありません。あの頃からすると村の様子もすっかり変わってしまいました。皆、下駄履きで、ときには手作りの草履履きで砂礫道を歩いていったものです。だが、そこは今舗装されて車がビュンビュン走っています。これらは皆、科学・技術の長足な進歩のおかげで起こったことなのです。

二〇世紀は戦争の時代だったというのも本当でした。第一次世界大戦が終わると、すぐに第二次世界大戦が始まりました。列強といわれた力のある国が、弱い地域を奪いあい、血みどろの戦争を繰り広げました。支配権を広げ、そこから搾取し、自分たちだけは豊かで便利な生活を謳歌する。そのことが目的の戦争でした。第二次大戦が終わり、米・ソ二強の時代になってもまだ、お互いの陣取り合戦は続きました。朝鮮戦争、ベトナム戦争、アフガン侵攻などなどです。そして、ソ連が崩壊し、アメリカ一強ということになってもまだ戦争がおこなわれています。アメリカのやり方に従わないフセインはけしからん、ということで何回もアメリカの爆撃を受けています。

このように二〇世紀は「科学・技術と戦争」の時代であったわけです。だがそれと同時に、世界を「一つの経済、一つの価値観」に縛りあげようとする時代でもありました。豊かで便利な生活こそ人類の共通の願いではないか、そうだろう！ということで、地球上のすべての人びとをむりやり、そちらの方へ引っ張っていく時代でもありました。世界の中には、異なった価値観をもち、そうではないといって異論を唱える人たちもあったのですが、そういう人たちをも暴力でもって従わせようとした時代でした。イラクはその異を唱えている国の典型です。

ところで、二〇世紀の総括がこのところ、とみにさかんにおこなわれるのは、なにも世紀の変わり目だからという理由だけからではありません。それだけの理由からではなく、二〇世紀のやり方は結局は間違いであって、このままでいけば地球も人間も崩壊してしまうのではないかという危惧が大きくなって、それに対する警鐘という意味でもおこなわれているのです。

地球規模の問題群　一九八〇年代頃になってから、いわゆる地球規模の問題群というのが噴出するようになってきました。いわく、自然環境の破壊、南北較差の拡大、心の病などなどといった問題です。そして、これらのすべては結局のところ、二〇世紀の基本路線が間違っていたから起こっているのだということになってきたのです。科学・技術さえ発達させれば人間はいかなる問題をも解決できるという傲慢さ、便利さと豊かさを限りなく求める貪欲さ、こうした二つのところに問題の原因があるのだ、ということになってきたのです。

ひるがえって世界の他の地域にも目を転じてみると、この地球上には、いろいろの生活や価値観があることに気づかせられます。たとえば、きわめて貧しく苛酷な生活をしながらも、それを噛みしめ、味わい、聖地巡礼をすることを無上の喜びとするチベット人のような人たちがいます。お金を儲けるためという理由でアクセク働き、バラバラに暮らすよりも、多少は貧しくともよい、孫の顔を毎日見ながらゆっくりと暮らしたいというタイ人もいます。また、たとえ非合理的といわれようともアラーの教えに従って生きていくのだと考えるイラクの人たちもいます。こうして、この地球上には本当はいろいろな生活のしかた、考え方、価値観があるのです。

だが、二〇世紀はそれらの多くのものを迷信、旧慣、怠惰、非合理、といって一蹴してしまい、むりやり一つの生き方、考え方にまとめあげてしまおうとしてきた時代でした。そしてその結果が、今こうして地球規模での問題の噴出ということになっているのです。このことがだんだんはっきりとしてきて、これではいけない、見直さなければならない、ということになってきているのが今日なのです。そしてそうした背景のもとに総括がさかんにおこなわれているのです。

二〇世紀はよいこともいたしました。しかし、同時に大きな間違いを犯した時代でもありました。とくに後半になって、その間違いは重大なものとなってまいりました。だから、二一世紀はこの延長戦であってはならない、と多くの人たちが考えているのです。

多文明の共存　さてそれでは二一世紀はどんな時代であるべきなのか。残念ながらそれがまだ本当は明確に掴まえられていないのが現状です。ただそのおおよその方向ははっきりしています。その第一は「多文明の共存」ということです。人間というのは誰でも便利で快適な生活を第一と考えるはずだ、などという安易な考え方だけで統一するような方法はやめようということです。第二は、科学・技術万能という傲慢な考え方をやめようということです。そんなに不遜で誤った考え方ではなく、この世界にはもっと本当の宗教があるのだし、自然の摂理というものもあるのだからそれをもう一度見直そうということです。二一世紀は、こういう意味では「多文明」と「生態原理」とでもいったものが基本理念になる時代だといわれています。

いささか蛇足気味ですがここで「生態原理」という言葉について少し補足をしておきたいと思います。これはまだそれほど広がっていない言葉でもあるからちょっとした説明をしておいた方がよいかと思います。

生態原理　要するに、地球上には森もあれば砂漠もある、寒帯もあれば熱帯もある、いろいろの生態がある、ということです。そして、そこにはそれぞれその生態に応じた人間の生活や考え方があるということです。地球上には人間をも含みこんだ大きな生態群があり、それらは全体として一つの地球生態系とでもいったものを形作っている、そして、それはもう原理とでもいったものであり、人間の力などでは変ええないのである、という考え方です。科学・技術万能主義だと、その地球生態系までも人間の力で変えてしまえると考えるのですが、それはいかにも大それた罰あたりな考え方だ、とするものなのです。

こういう生態原理を認めると、当然、そこからは多文明ということも出てくるわけです。なにせ、この地球上にはいろいろの生態があり、それに包み込まれるような恰好で人間の生活があります。だから生活のしかたや考え方、すなわち文明は異なった生態に応じた多様なものがある。すなわち多文明にならざるをえない、ということです。

繰り返しになりますが、こうして二一世紀になると、世界を支えていく考え方がガラリと変わってしまうということです。二〇世紀には科学的といえばそれですべてOKということになっていました。それは世界中に通用するオールマイティと考えられていました。しかし、二一世紀は必ずしもそういう時代ではなくなるということです。むしろ、もっと多様なものになります。その土地その土地で、その土地の気候や、風景や、生活のしかたや、ものの考え方や、伝統や、そういったものに立脚した、いわば地域の知恵で生きていく時代になるということです。私たちは本当に大きな時代の変わり目に今立っているのです。このことはしっかりと肝に銘じなければならないのではないでしょうか。

5　地域文化の復権へ

二一世紀を間近に控えて、時代はもう乱世に入っています。地域文化の反乱の時代、いや、反乱という言葉は不適当で、復権の時代というべきでしょう。なぜなら、科学・技術至上主義が蔓延していたのは、一九世紀後半からのほんの一世紀半ほどの間だけで、その前には何千年にもわたって地域文化の時代が続いていたのです。その意味ではこの一世紀半がむしろ異常な時代であったのであり、二一世紀にはこの世界が再び正常に戻るということだからです。

二〇世紀は膨大な数の専門家群を生みだしました。そして、彼らが世間を引っ張ってきました。この期間、バイブルは科学だったのです。だがこれからはそうはいきません。地方文化の体現者の知恵こそが要求される時代になるのです。科学的手法ということを叩き込まれてすっかりそれに固まってしまった専門家はもうお払い箱になるでしょう。

素人の知恵　それよりも、土地に根ざした自由な知恵をもった人たちが求められているのです。科学的記述を中心にした教科書もこれからはもうあまりありがたがられなくなるでしょう。それよりも土地そのものが、そして土地の文化そのものが教科書になります。そこに体ごと入り込み、探検してみる。あるいは、そこで感性を研ぎ澄まして、そこの魂を感じとってみる。そういうことが求められる時代になるのです。

あのチビッコの、素人の探検こそが二一世紀を伐り拓く先兵、私にはそのようにみえてならないのです。

（たかや・よしかず　滋賀県立大学）

ホタルダスのおもて・うら
――生態学からの観点を加えて

遊磨　正秀

1　ホタルダスの一〇年概観

ホタルダス、この言葉も私たちにとってずいぶん使い慣れたものになってしまった感があります。それもそのはず、この一〇年の間、累計約三四〇〇人以上がホタルダス調査に参加したのです（本書第一部参照）。滋賀県の人たちが中心ではありますが、相当数の人がホタルの調査を行ってきたわけで、その総調査人日は、四五、三八三人日に達します。一人分に直すと、実に一二〇年分以上の日数に相当します。この膨大な調査データが一気に集まったのです。そこでいま、いわば精力的ともいえるこのホタルダス調査はいったい何だったのか、それが問われているのです。

ホタルダスを一〇年続けてきて、目に見えるものとして残ったものが二つあります。その一つは、文字になった情報、つまり、毎年の調査結果をまとめて出版した『私たちのホタル』という冊子です（口絵参照）。これには参加者の方々が寄せてくださった調査データを集計したものと、調査やホタルに関するメッセージを多数掲載しています。もう一つは、先の膨大な量のホタル観察記録のデータであり、これは電子情報（口絵参照）として管理されています。

では、この二つが残っただけなのでしょうか。実はそうではなく、ホタルダスを通じて、実に幅広い人と人のつながりが形成されてきたことは、多くの参加者が語っているところです。しかし、調査を世話してきた「水と文化研究会」ホタルダス世話役の間では、俗に言う「参加型調査」を超えてみたい、という意図があった（のかもしれない、という方が正しい）のです。この点に稿を進める前にまずは、ホタルダス調査がどういう流れで行われてきたのかを、反省の意味を一

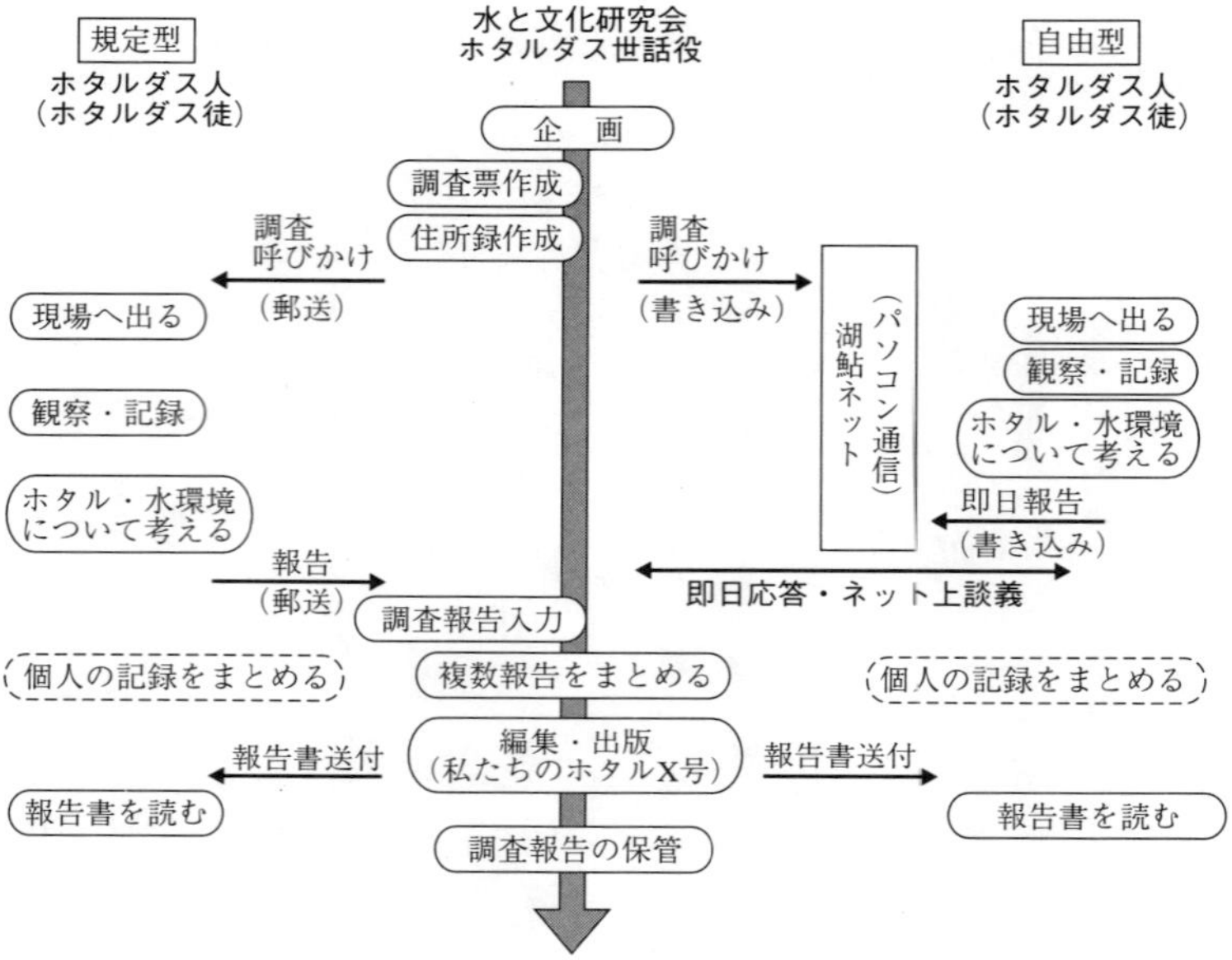

図1　ホタルダスの作業の流れ（注）『私たちのホタル』第2号，30頁，図1を改変

部込めながら振り返ってみたいと思います。

2　ホタルダス調査の流れ

作業の流れ　調査は、毎年のおおまかな流れとして、①調査票の作成・配布、②ホタル観察、③観察結果の報告（調査票の返送）、④観察結果の入力・集計、⑤観察結果のまとめ・印刷・配布、⑥資料の保管、という段階にわけられます（図1）。

ホタルダスの調査票は、毎夜の観察記録をつけるホタルカレンダーの部分と、観察場所の状態や観察の感想などを記入する部分から構成されています（本書三〇―三三頁参照）。ホタルカレンダーの部分は、電子情報化しやすくするために、毎年同じ形式のものを用いました。他方の報告項目は、調査した川の景観区分（谷川や水路といったもの）や水の透明度の状態（川底が見える、見えないといったもの）、ホタルにまつわる思い出などの固定的な項目に加え、その年独特の調査項目を入れました。

たとえば、明かりや草刈りの影響について（一九九一年）、調査地の変化について（一九九三年）、調査地で見られる他の生き物について（一九九四年）、琵琶湖が観測史上最大の渇水状態になった翌年にはその渇水の影響について（一九九五年）、八年目には「はっけんでん・発見伝・八見伝」と洒落て、ホタル調査で見つけたことを八つ記入してもらう欄（一九九六年）、などです。これらの調査項目は、ホタルダス世話役の間で各年の調査票作成前に相談をし、選定を行いました。

ここで重要なことは、ホタルダスの世話役側では、毎年、その前年の結果を受けて、あるいは数年にわたるホタルダスの流れをみて、調査項目を検討してきたことです。つまり世話役たちの間で多少なりとも議論をし、ホタルダスを継続的な流れのある調査としてつくり上げてきたのです。

こうして作成された調査票を、ホタルの成虫が出始めるころに配布し、調査の呼びかけを行います。呼びかけに応じていただく方は、現場（調査場所）に出て、ホタルを観察し記録をつけます。そして、その他の項目や調査感想などを書き加え、その報告をホタルダス事務局へ返していただくのです。その事務局を田中敏博さんや小坂育子さんが務めてくださり、ホタルダスに関する多くの問い合わせにも対応していただきました。

結果のまとめ　事務局に集まった調査報告は、事務局側で目を通し、すべてを電子情報に入力して、ホタル・カレンダーの集計、思い出・感想などの文章情報の編集を行い、それをまとめて、前述のホタルダス報告書『私たちのホタル』として刊行してきました。結果の入力や集計、結果表示に関しては、琵琶湖研究所の大西行雄さん（現・環境総合研究所）や打出中学校の田中晋一さん（現・瀬田北中学校。湖鮎ネットのハンドルネーム＝はいぱぁかたな）たちが、パソコン通信で直接データ入力ができ、結果表示もできるソフトウェア「HotLiner」（ホットライナー）も含め、Quick Basic などの開発環境でプログラムを作成してくれていました。パソコンによる通信はもちろん、パソコン自体まだ普及していなかった時代のことでした（本書第三部、大西「ホタルダス調査と情報システム」参照）。

このような作業を通じて事務局側は、調査に参加していただいた方々のことについて熟知することになりました。特に一九九三年に事務局の田中敏博さんと荒井紀子さんが、琵琶湖博物館の展示資料収集を目的に八〇人のホタルダス参加者にインタビューにまわったこともあり、世話役スタッフは、参加者の調査地のようすも含め、詳細に知るところとなります（本書コラム「琵琶湖博物館へようこそ」参照）。

ところが一般に、本・出版物・展示物というのは、つくった側は内容のすみずみまで知っていますが、読者側の方は少なからず興味のあるところだけつまみ食い的に読むため、全容を把握しきれないのではないでしょうか。つまり、このホタルダスの経緯のなかで、事務局—参加者というパイプはたいへん太くなりましたが、各地の参加者どうしのパイプづくりにはそれほどの成果をみることができなかったのではないかと思われます。

参加者の交流　ただし多くの参加者が述べているように、家族あるいは集落・地区といった単位での交流のパイプ役としては大いに益するところがあったのは確かでした。このような参加者どうしの横のつながりをもつ場として、交流会などを開催することが多くありました。このホタルダスにおいても、一九九二年三月に琵琶湖研究所のシンポジウム「シロウトサイエンスのサイエンス」でのホタルダス調査の発表（滋賀県琵琶湖研究所、一九九二）や、滋賀ホタルネットワークなどの集まりもありましたが、参加者には少なからぬ偏りがありました。その他、各地での観察会や勉強会において顔を会わせることはあったかもしれませんが、ホタルダスの仲間だから、という交流の発展は少なかったようです。そのような交流の場を、一〇年目の一九九八年になってやっと開くことができたというのは、世話役側の非力なところだったかもしれません。

世話役の反省点　もう一つ、世話役側が怠ってきたこととして、事務局に送られてきたデータ・資料を個人個人のものとして整理・集積してこなかったことが挙げられます。つまり、世話役側の姿勢として、参加者の個人史の一部を預かろうという意識が乏しかったのです。ホタルダスの電子化された情報の格納形式も年度ごとだし、結果の表示もそうでした。年度ごとに分けて整理されていた調査票を個人別に整理し直したのは、ホタルダス一〇年目になってからでした。

さらに世話役側の怠慢はまだありました。電子化された情報を見ることに慣れた世話役側（全員ではないが）とパソコン通信仲間というグループと、『私たちのホタル』を通じてのグループ、に分かれていたのです。つまり、多様なメディアを使うことにより、異なったメディアを利用するグループの間にある種の壁ができていたのです。少なくとも私は、そのことを十分に意識できませんでした。

実は、ホタルダスを長年続けてきた方々のほとんどはパソコン通信仲間ではない人たちでした。パソコン通信仲間の場合、後述のように、湖鮎ネットの中の情報を過去にさかのぼって見ることができます。このこともあって、個人の記録をずっと追うということに努力を向けなかったのでした。調査記録が事務局に送られてきても、その都度コピーを送り返すことはしなかったので、個人個人の記録の蓄積性という点について、かなり不完全なやり方をしてきたということになります。ただし今は個人記録をたどることが可能な形で、記録が保管されています。それが電子化された情報のありがたい点でもあります。

3　本当は「自由型」の方がおもしろかった

パソコン通信による情報交換　五月末、あるいは六月初めになると新聞紙上に必ず、ホタルが飛んだ、乱舞した、という記事が載ります。人はみな、ホットな話題が好きなものです。ホタルダスの仲間にしても同じです。毎年、一番ボタルを見つけることを競う人（私も含む）も少なくありません。このホットさを最大限活かしたのが、実は、ホタルカレンダーによる調査（これを規定型調査と呼びます）と並行して進められていた、パソコン通信による情報交換（これを自由型調査と呼びます）でした。

当時、パソコン自体まだ普及していなかったころ、試験的に開始されていたパソコン通信のホスト局「琵琶ＣＯＭネット」（一九八七年開局、信楽町）に続いて、一九八九年に開局された「湖鮎《こあゆ》ネット」（大津市、いたづら工房管理）。これが後のホタルダスの大きな一角をささえてくれたのです。

今はインターネットが普及し、電子メールやホームページの利用も一般的です。当時のパソコン通信も、しくみは大差ありません（本書、大西参照）。モデムを通じてホスト局へ電話し、パソコンどうしがつながったら、あとはホスト局の中のメッセージを見たり、そこへメッセージを書き込めばよいのです。今との大きな違いは、ほかのホスト局とはつながっていない点でしょう。ただし一九九〇年には、上記二局に加え、「あどりぶネット」（安曇川町《あどがわ》）、「蔵ネット近江」（長浜市）も加え、四局の間で一定時間ごとにホタルに関するメッセージを自動交換する、今のインターネットに先行するネット間のリンクが始まっていたのです。

電子掲示板　もう一つ、今のインターネット、特に電子メール形式との大きな違いは、ＢＢＳ（Bulletin Board System, 電子掲示板）というスタイルにあります。会員であれば、そこに書き込まれているメッセージを、過去へさかのぼっていつでも見ることができ、話題の経緯をたどることができるのです。そして、どんな話題でも、良識あるものならば、自由に追加して書き込むことができます。さらに重要なことは、誰でも自由にメッセージを見ることができること、すなわちほぼすべてのメッセージが公開となっていることです。

実は、私はホタルダス開始当初パソコンをもっておらず、パソコン通信にもなじみがなく、嘉田由紀子さん（湖鮎ネットのハンドルネーム＝カータン）や大西行雄さん（同、ターシ）に、湖鮎ネット上のメッセージを印刷してもらったものを読むだけでした。自ら湖鮎ネットにアクセスしてメッセージを見たり書き込んだりするようになったのは、ホタルダス三年目になってからのことでした（湖鮎ネットのハンドルネーム＝ＹＵＭＡ）。そして以後、パソコン通信にはまってしまった一人でした。

ホットな話題と討論　パソコン通信による情報の速さは、むろん新聞の比ではありません。そしてその広がり方は電話の比ではありません。湖鮎ネットの中の「ホタルダス」というコーナーへ誰かが「ホタルを見つけた」などと書き込むと、そのメッセージを見た人たちが、すぐさま家を飛び出し、一時間もしないうちに、「私も見た！」「ここにもいた！」「ウチじゃまだだ！」というメッセージの嵐となります。一説によると、書き込むメッセージ欲しさにホタルを見に出かけた仲間もいるとか。そしてそのメッセージの渦に自分も入るために、毎晩何百円という電話代を払ってホスト局へアクセスするという日が続いていたのです。

報告書『私たちのホタル』による情報交換は、印刷された文字情報としてたいへん重要ではありますが、応答に一年を要してしまいます。次の年の調査が始まる頃に、前年の資料の整理をして印刷して配る、という世話役側のスケジュールにも問題があって、一年ほどのブランクが生じてしまうのです。もちろん、世話役側としては、むしろ調査が始まる寸前に調査予告を兼ねて前年の記録を届けようという意図がありました。それはともかく、先のパソコン通信は、その日その日の、ごく短い時間毎に応答ができるという点において、まさに現場どうしをつなぐ手段として重要な機能を果たしていたのです。

これが実は、ホットな話題が盛り上がる秘訣であったようです（『私たちのホタル』第一〇号、第二部2・2参照）。ホタルそのものがもつ話題性も大きい。そしてその話題は、水環境について、河川改修や圃場整備について、上下水道について、そして季節が進むとセミやトンボについてと、どんどん話題が広がっていきました。そして、冬には冬の話題性をもつ「雪ダス」（琵琶湖地域環境教育研究会主管）が行われていたのです。

メッセージ・ボード（電子掲示板）は、別の見方をすると議論の場です。それも公開討論会そのものです。一つの意見が書き込まれると、それに対して、賛成、反対、事例紹介などさまざまなメッセージが追加されます。そのようなメッセージ群を見ているうちに、パソコン通信仲間に倣い、私もいつしか大量のメッセージを書き込むようになっていました。そのメッセージが骨子となって、後に拙著『ホタルの水、人の水』（遊磨、一九九三）を書き上げることになったのです。

4　ホタルとの個人史

湖鮎ネット上での意見交換も含め、ホタルダスにかかわるなかで、私自身のホタルに対する、そして水辺環境に対する考え方が変わってきました。ここで、ホタルにかかわる私の個人史についても振り返ってみたいと思います。

清滝川のホタル調査　私がホタルにかかわるようになったのは大学四回生のときでした。その頃、京都市右京区の清滝川に生息するゲンジボタルに関して、天然記念物指定のための調査要請が京都大学理学部動物学教室にあり、その調査の手伝いを始めたのが一九七五年です。調査の目的は、当時大学院生だった堀道雄さん（現・京都大学理学研究科）らの主導で、成虫の発生消長や生存日数、移動パターンを明らかにして、全体の個体数を推定する、というものでした（堀ほか、一九七八）。

その方法は、ホタルの成虫を捕え、印（番号）をつけて放し、二～三日後に再度成虫を捕獲して、印の有無を確かめながら、印のないものにはまた新たな印をつけていく、ということを繰り返す「標識再捕獲法」と呼ばれるものでした。これによって、一度印のついたものがいつまで生きているか、どれくらい新しく羽化してきたものが加わるか、などを統計的に解析するのです。ちなみに、これと同じ方法を用いた調査を大津市千丈川上流部で、私も協力して大津市の井上誠さんや滋賀大学の学生さんが中心になって、ホタルダスからさかのぼること七年前、一九八二～一九八三年に行いました。

清滝川でのゲンジボタルの成虫調査に加え、さらにホタルにかかわるようになったのは、卒業研究でゲンジボタルの幼虫を扱ったことによります。動物生態学研究室の村上興正さんから、「成虫は堀さんらが調べていてくれるが、幼虫を調べる人がいない。君、やらんかね」と誘いがありました。これに乗ってしまったのが、運のつきだったかもしれません。一九七五年の冬、毎日のように清滝川へ通い、川の中で幼虫探しをしていました。通りかかる子どもたちからは「オッチャン、何やってんの？　砂金でも取れるの？」。金網をもって川砂を拾い、白いバットの中にあけて幼虫を探す、という作業をしていたので、端からはそう見えたのでしょう。

大学院に入ってからも、ゲンジボタルの幼虫の飼育や上陸幼虫の観察が続きました。しかし不思議なことに、光通信のことなど、いわゆるホタルらしいことにはさして興味を持ちませんでした。実は、成虫にも幼虫にも、そして卵にさえ、いろいろな大きさのものがあって、それがどういう関係になっているのか、ということを調べていたのです（遊磨、一九九三）。それを調べるのにホタルがもってこいの材料だったというわけでもなく、ホタル特有の現象でもなく、ただゲンジボタルを扱っていて偶然のように興味をもったテーマだったのです。

京都市内を徘徊　むろん一九七六年から独自に、京都市内を中心にホタルの分布を調べていました。夜の調査で山間に入ることも多く、車がどうしても必要で、親の車を借り続けていたら、とうとう親が音をあげてか中古の車を与えてくれました。それからです。毎夜、地図を見ながら、京都市付近の川にかかる橋という橋に立ち寄り、ホタルの数を数えるという、私自身のホタルダスが始まっていました。残念ながら、当時は滋賀県まで遠出してくることはありませんでした。ともかく、学生であることを幸いに、昼間の勤めのある人にはできない、ホタルに合わせた夜型の生活を送り続けました。

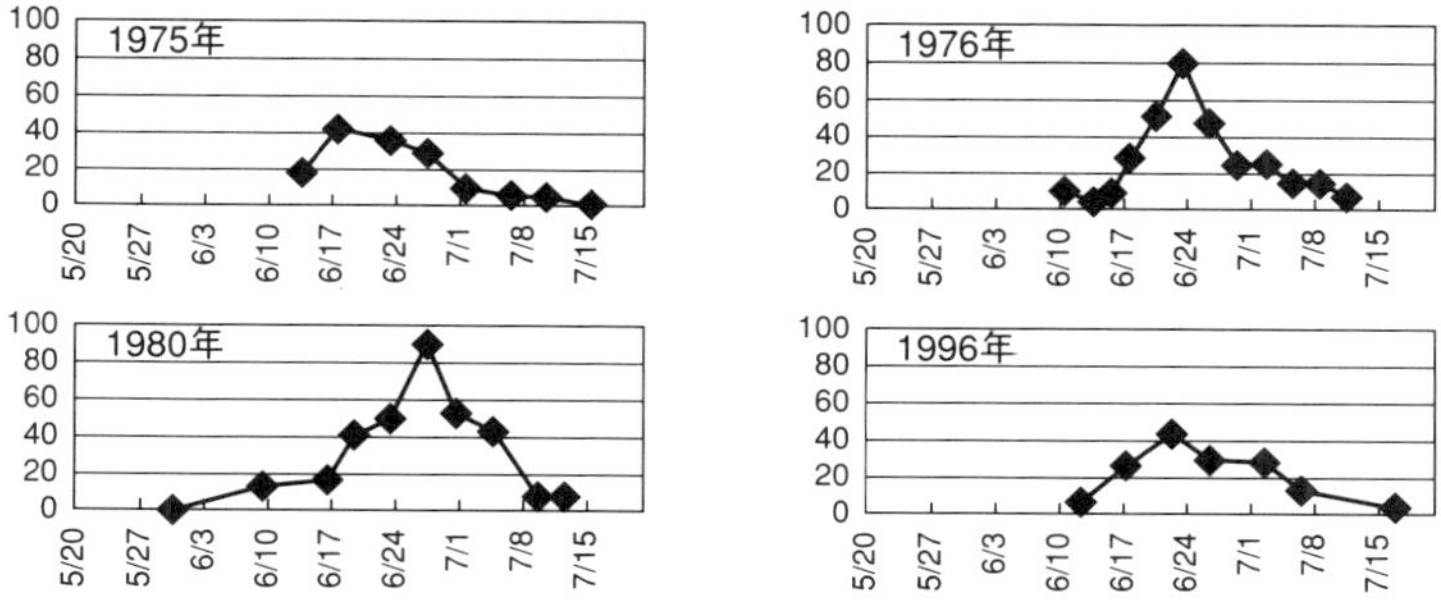

図２　京都市清滝川における発光目撃数（1975, 76, 80, 96 年）
（注）橋の上から上下流の発光数を数えたもの

京都市周辺を徘徊してわかったことは単純なことでした。それは、ゲンジボタルはどこにでもいる、ということです。数の多少はともかく、街の中であろうが、山の中であろうが、いないところがなかったのです。例外は、夜間照明の明るいところと、川辺の植物が流れを覆ってしまっている谷川でした。この調査の目的は、ホタルがいそうなのにいないところを探しだして、その環境条件を詳しく比較しようとしたものでしたが、見事、あてが外れてしまいました。

その後、ともかくも、清滝川など、いくつかの地点の成虫発生の記録をとり続けてほぼ四半世紀になります（図2）。清滝川といえども、年によってかなり発生数にばらつきが認められますが、これについては後で改めて触れることにします。

銀閣寺疏水で　ホタルとつきあいだしてしばらくたった一九八三年、琵琶湖疏水、通称銀閣寺疏水（疏水沿いの散策路は「哲学の道」として有名）のホタル調査を始めることになりました。そこにゲンジボタルがいることは知っていましたが、さして興味をもっていませんでした。それは、疏水が人工的につくられた水路だったからです。それにもかかわらず、そこのゲンジボタルを京都市文化財として登録したいのでその基礎調査をしてほしい、と当時、市文化財保護課にいた小野健吉さん（現・国立文化財研究所）からの依頼を受けたのでした。

彼は、史跡などの文化財が専門で、ホタルなど生物についての専門知識は乏しい人でした。しかし責任感の強い人だったのか、私を信用していなかったのか、彼も、疏水でホタル成虫の記録をとっていました。結局二人で共同して調査を続けることになりましたが（遊磨・小野、一九八五）、実はこの銀閣寺疏水の調査を行ってから私の考え方が変わったのです。

人工水路で大量発生　疏水の調査でいくつか気づいたことがあります。一つは、小野さんのようにシロウト（といっては失礼なのですが）の人でも、ちゃんとホタルが数えられること、二つめは、捕獲して印をつけて放してまた捕獲するなどという面倒なことをしなくても、ホタル成虫の発生数を推定する方法を開発したこと（遊磨、一九八二、遊磨・小野、一九八五、本章第六節参照）、そして何よりも、疏水という人工水路でホタルが大量に発生しているという事実に改めて気がついたことでした（遊磨、一九八七）。

それまで清滝川という、ほぼ自然環境そのものに近い場所に生息するゲンジボタルを見てきた私にとって、人工水路のゲンジボタルの暮らしぶりがずいぶん新鮮に見えたものでした。しかしこのとき、農業用水路や生活用水路に棲むホタルについては、まだ十分な認識をもっていませんでした。それに注目するようになったのは、このホタルダスを始めてからのことです。

ホタルダスが始まってからは、滋賀県に職を得たこともあり、県内各地の現場へ足を運びました。そこでいろいろな方に教えていただいたのは、山ではなく、街でもなく、しかしほどほどの人が住む場所にホタルが多いという事実でした。後にこのことに関して、「ホタルは自然の流れにもいるが、実は人の創った水辺に多い」という過激な表現を使うようになりましたが、いろいろな方の話を聞けば聞くほど、年を追って確固たる自信をもつものとなったのです（遊磨、一九九五）。

人と水辺への注目　さらに、身近な水辺にいる淡水生物のことを生態学的にとらえようとする試みを続ける一方で、人と水辺の生物とのかかわりを調査することにもなりました（遊磨ほか、一九九五、一九九七、嘉田・遊磨、二〇〇〇）。人がつくり、人が管理してきた、人の生活のある、そして生物の棲みついた水辺こそ、人の自然観などを形成し、地域文化の点においても重要な場所だ、と考えるようになりました（遊磨、一九九三、一九九五）。つまり、ホタルダス世話役のうち少なくとも一人の自然観がホタルダスとともに完全に変わったのです。

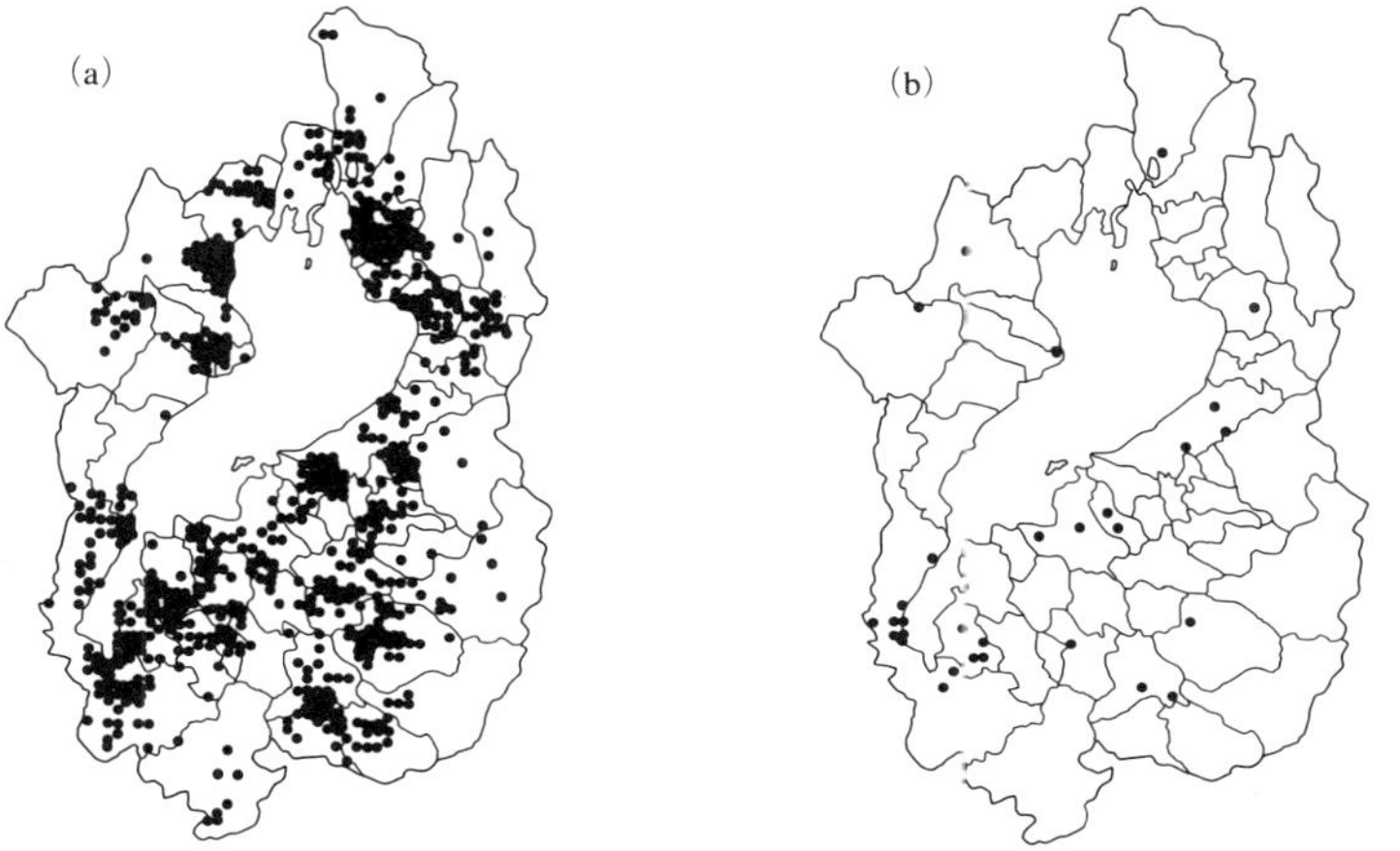

(a) ホタルが見つかったメッシュ
（647 メッシュ）

(b) ホタルが見つからなかったメッシュ
（37 メッシュ）

図 3　滋賀県におけるホタルの分布（ホタルダス 1989 ～ 1992 年の結果より）
（注）ゲンジボタルとヘイケボタルの 2 種。図中の 1 つの点は 2 × 2 km メッシュを示す。
Yuma et al., 1999 を改変。

5　ホタルダスからみえてきた身近な水辺像

家から歩いていける身近な水辺　「身近な水辺」、今でこそよく使われるようになった言葉ですが、抽象的に使われていることが多いようです。しかし私の定義ははっきりしています。すなわち、「子どもが家から歩いて、あるいはせいぜい自転車を使っていける範囲にある水辺」です。

ホタルダスの調査で、参加者の方々に特にお願いした条件が一つあります。それは、家の近く、できれば歩いていける範囲の水辺で調べてほしい、というものでした。事実、多くの方々がそれに従ってくれたようです。その結果、ホタルダスとしてたいへん興味深い結果が得られました。それは三つあります。

どこにでもいる　一つは、まず滋賀県下、ほぼどこにでもホタルがいる、という事実です（図3）。ホタルダス参加者が観察してくださった地点を2×2キロメートルに区切ったメッシュに落としてみると、人口の多い草津や守山ではホタルが見つけられなかった場所は少し多いのですが、ほとんどの地域で八割以上の場所からホタルが見つかっています（図4）。ここで、この結果は「いた」という過去形ではないことに留意してほしいのです。「ホタル

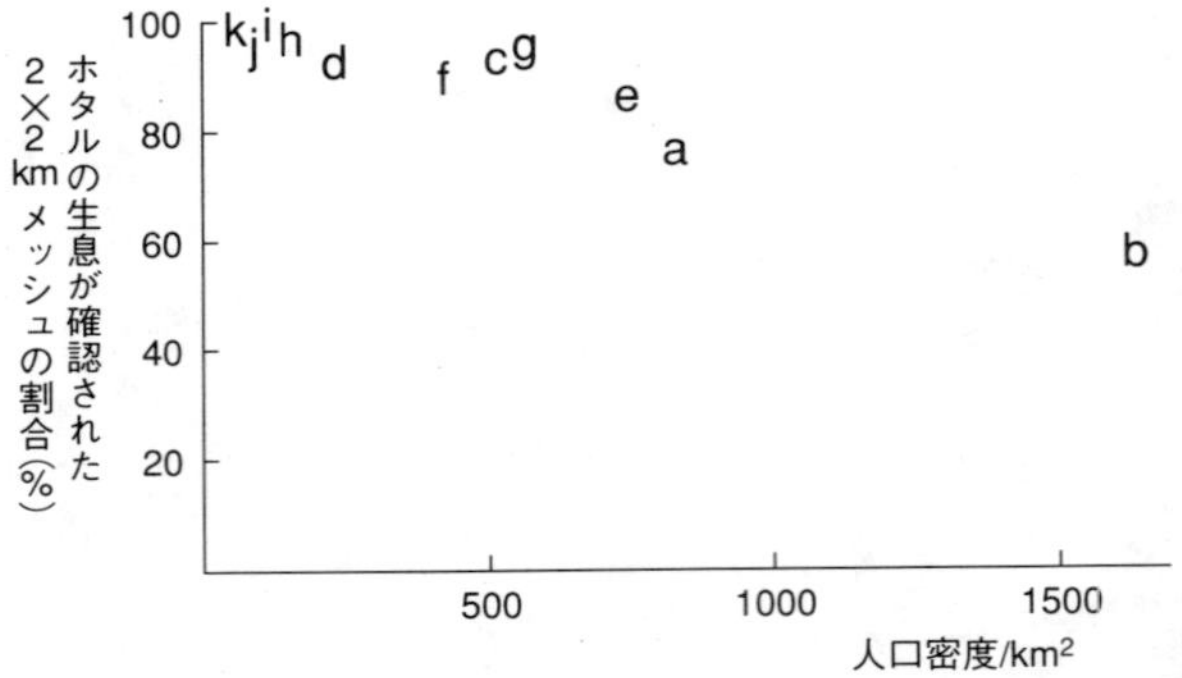

図 4　滋賀県における人口密度とホタルの分布（ホタルダス 1990 年の結果より）

a: 大津市（n = 138 メッシュ）
b: 草津市・守山市（n = 228）
c: 蒲生町・石部町・甲西町・水口町・栗東町・竜王町（n = 121）
d: 永源寺町・日野町・甲賀町・甲南町・信楽町（n = 69）
e: 近江八幡市・八日市市・安土町・中主町・五個荘町・能登川町・野洲町（n = 124）
f: 彦根市・愛東町・秦荘町・甲良町・湖東町・多賀町・豊郷町（n = 45）
g: 長浜市・米原町・近江町・山東町（n = 73）
h: 浅井町・びわ町・伊吹町・湖北町（n = 108）
i: 安曇川町・朽木村・新旭町・志賀町・高島町（n = 55）
j: 今津町・マキノ町（n = 99）
k: 木之本町・西浅井町・高月町・余呉町（n = 57）

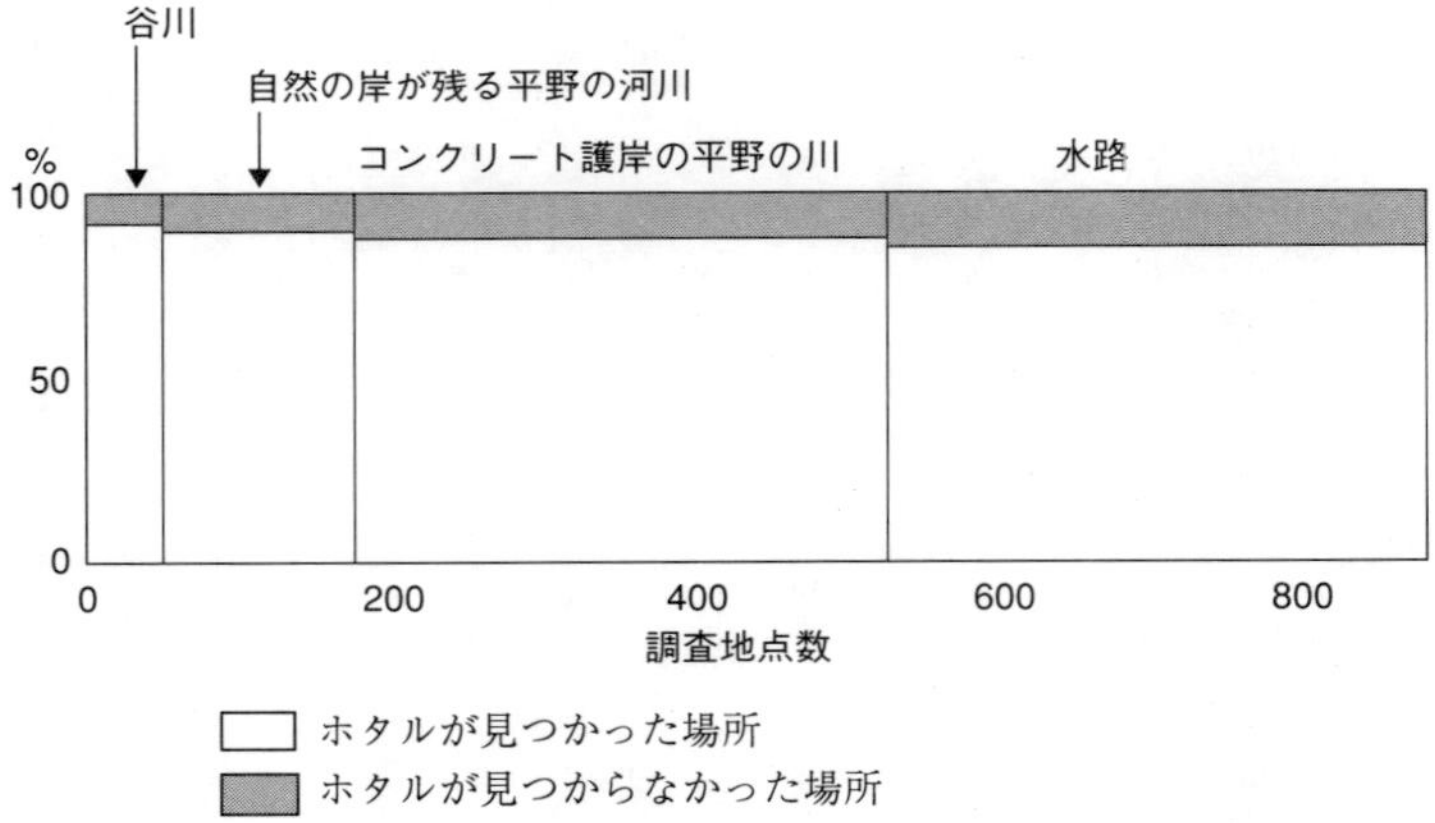

図 5　河川形態とホタルの分布（ホタルダス 1990 年の結果より）
（注）河川形態の区分は調査者の主観による

は昔多かったが、今は少ない、あるいはいない」というのが多くの方がもっていたホタルダス開始前の思い込みでした。私も、またホタルダス世話役もそう思っていました。それだけに、「どこにでもいる」「ウチの家の脇にもいた！」という事実は衝撃的でした。この事実が、私たち自身に「現実を見ないで思い込みだけで語っていることもある」ということを教えてくれたと同時に、身の回りの環境を自分の眼で確かめないといけない、という強い信念にも発展したのです。

人家の近くにいる　二つめは、どういう景観の水系にホタルがいるか、ということです。ホタルダスの報告を集計してみると、一九九〇年に報告された881ヵ所の調査地点のうち、40％は水路における観察例であり、そのうち86％にホタルが生息し、それはホタルがいたという報告のあった全地点数（774ヵ所）の39％に相当していました（図5）。つまり、かなりの水路にホタルが棲んでいるのです。実は、県内各所を案内してもらっていると、あっちの川よりこっちの水路の方にホタルが多かったという話をよく聞きました。大津や栗東、能登川、近江八幡、彦根、山東、長浜、今津、マキノ、安曇川、志賀などです。これらの場所では、本来の河川よりも、人工的につくった生活用水路や農業用水路の方がたくさんホタルがいた場所があったのです。つまり、条件さえ整えば、ホタルは人家の近くにたくさん棲んでいたのです。このことは、別の観点からも重要です。それは、とくに遠くへ出かけなくても、家のごく周囲でホタルを楽しめたということです。

家族や友だちの思い出　三つめは、ホタルにまつわる思い出が実に多いということでした。つまり、ホタルは心に刻まれやすい生き物なのです。それも、『私たちのホタル』第一〜一〇号に収録されているように、多くの年配の方々が語ってくださったホタルにまつわる思い出の場は、たいてい家の近くだったのです。そしてその記憶のなかには、父母きょうだいや近所の友だちの顔や声が一緒に残っています。ホタルを通して人とのつながりがあったからこそ、ホタルのことが思い出に残っているのでしょう。このことから、私たちはホタルを「文化昆虫」と呼ぶようになりました。

これらの状況を合わせれば、ホタルは家の近くにつくられていた人工の水路にたくさん棲んでいて、家族と一緒に家からちょっと出ればホタルを楽しめた、そういう場所がたくさんあったことがうかがわれます。そして、実は今でも、あながちそういう場所のすべてが消え去ってはいなかったことをホタルダスが明らかにしてくれました。

人為要因による撹乱　生態学や生物学の分野ではこれまで、自然状態の生物を対象とすることが多く、人為的な要素の強い環境（里山なども同じ部類に入ります）における生物の暮らしぶりに目が向き始めたのは、ごく最近のことなのです（角野・遊磨、一九九五、江崎・田中、一九九八）。したがって、現段階ではそのような環境における生物の動態について語る資料は、残念ながら少ないといわざるをえません。自然環境との違いは、攪乱、すなわち環境を現状のものから変化させる現象にあります。自然環境下では、大水や大風などが攪乱を起こす要因となりますが、人が行う開発行為も大きな攪乱といえます。ところが少し目を転じると人為作用の強いところでは、人による草刈りや泥さらいなどもその要因となるのです。これらの作業は田んぼや畑、庭などを一定の好ましい状態に維持するためのものですが、草が伸びようとする自然に抗している点では人為的攪乱といえます。そしてこうした人による管理作業が身近な水辺を維持してきたのも事実でしょう。

今後、身近な水辺の生き物たちの暮らしぶりについて考えをめぐらすとき、人為的な管理作業の内容やその時代変化と自然環境における攪乱とについて比較することが課題となるでしょう。

6　数量的観点——長期にわたる観察

数え方の問題　これまでのホタルダスのまとめを見わたしていて、いま一つ気になる点が浮かび上がりました。それは、ホタルダス調査票に多くの方が、「昨日は何匹」「今日は何匹」とホタルの観察数を記入しているにもかかわらず、その記録を数字として振り返る人が少ない、という点でした。自分で報告した数値に自信がない、という方もいるかもしれませんが、数回、あるいは二、三年も観察を続けていればコツがつかめるのではないでしょうか。むろん目撃観察というのは、水温やpHのようにちゃんとした器具があって、それを用いればそれらしい値が得られるというものではありません。しかし、自分の目というのをもっと大事にしてよいのではないでしょうか。

たしかに、こうやって数えましょう、というホタルダス用のマニュアルはつくりませんでした。それは、堅苦しいマニュアル（遊磨、一九八二など）をつくると敬遠されるのではないか、という危惧もあったからです。もちろん、一方で私のサボリでもあります。

しかし、多くの人がホタルについて語るとき、単に「増えた」「減った」と言うだけで満足しているように見受けられるのには、いささか困惑しています。実はホタルダス世話役のなかで、この点について私がいらついて、口論になりかけたことがあります。ちゃんと情報を伝えようとすると、まずはいつに比べてどれくらい増えたか減ったかが重要だからです。

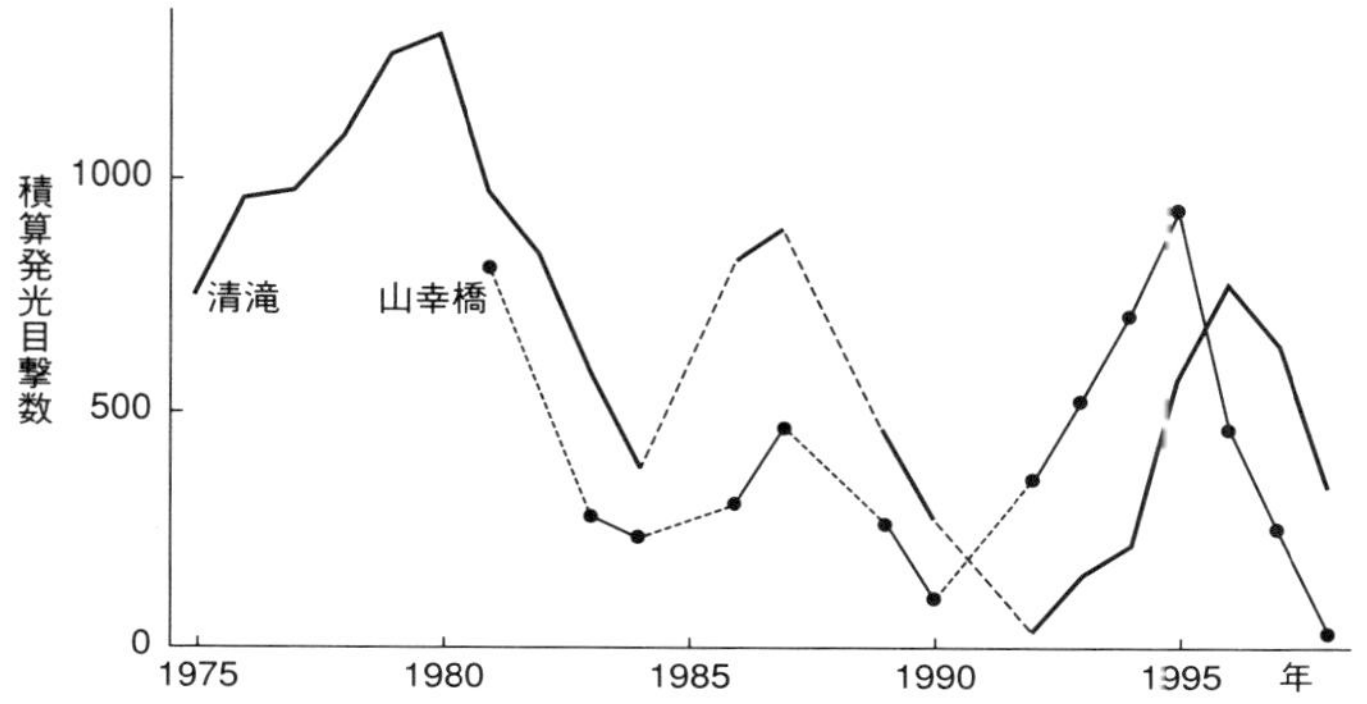

図6　京都市清滝川清滝（1975～1998年）および鴨川（山幸橋，1981～1998年）における積算発光目撃数の年変動
（注）橋の上より上下流の発光数を数え，それを積算したもの。破線の部分は欠損データの年があることを示す

改めて図2を見ていただきたいと思います。これは京都・清滝川における二四年にわたる観察記録の一部です。ただしこのような図では、この年は多そうだ、あの年は少なそうだくらいの印象しか伝えることができません。それはこの図の表現が、それぞれの年の発生数を比較するには不適切なものだからです。

ホタル総数の推定法　そこで、遊磨（一九八二、一九九三）に従って、図2のデータから各年のゲンジボタル成虫の総発生数の推定を行いました。これにはいくつかの仮定が必要ですが、細部は省略するとして、以下のような手順に基づきました。

①成虫の発生開始日と発生終了日が観察されていない場合は、京都清滝川での経験的なものからそれぞれ六月一日と七月二〇日とする（発生の特に早かった一九九八年のみ五月二〇日と七月一〇日）。

②観察値のない日については、前後の観察日における発光目撃数を比例配分して求める。

③上記①と②から、各年の発光目撃数の積算値（何匹日という値となる）を求める。

これらの手順により、同じ場所で同じ方法で観察した値を用い、年や日によって発光しているホタルの発見率や平均生存日数（生存率）に差がないと仮定すると、それぞれの年の成虫発生数の相対比較ができます（図6）。これは、

積算発光目撃数＝総発生数×発見率×平均生存日数

という関係になっていることから、発見率や平均生存日数がわからなくても、相対比較を可能とするものです。ちなみに清滝川では、橋の上から上下流を見て数えた場合のホタルの発見率は約3割、一九七六年の平均生存日数は3・9日でしたので、上記の手順で求めた積算発光目撃数の約0・8倍が総発生数となります。

清滝川・鴨川・銀閣寺疏水の比較　図6には同様の手順で求めた、京都鴨川上流の山幸橋におけるゲンジボタルの積算発光目撃数の経年変化も示しています。この図から京都の二ヵ所についての年変動を眺めていると、不思議なことに気がつきます。それは、清滝川も鴨川もパターンのよく似た増減をしていること、そして八年ほど（六〜九年）の周期性があるように見えることです。

実はかつて、このような年変動について一五年分のデータを比較したことがありました。その折には一九九〇年ごろに京都付近の各地でゲンジボタルが激減している、くらいの印象しかもっていませんでした。今回、二四年分を比べ、その後一九九五〜一九九六年にかけて、二ヵ所の観察場所で同調するように増えていることが示されていて、いささか驚いているところです。

ならばということで、京都・銀閣寺疏水のゲンジボタルについても同様の手順で年変動を比べてみました。すると、銀閣寺疏水の細かな場所ごとに多少の違いはあるものの、全体にはやはり一九九〇年ごろに一度減って、その後回復しているようすが示され、再び驚きました。驚いた理由は、銀閣寺疏水は流量の比較的安定した人工水路なので、清滝川や鴨川とは違った変動パターンをするだろう、と予測していたからです。

こうなると、一九七九〜一九八〇年、一九八七年、一九九五〜一九九六年にかけてゲンジボタルが増え、一九八四年や一九九〇〜一九九一年にかけて減ったのはなぜだろう、という疑問がわいてきます。それも、各地固有の原因ではなく、京都全域で生じている問題です。

気象との関係　そこで誰でも考えつくのは気象現象との対応です。大雨や台風などがくるとホタルが減るのではないか、あるいはそれらがしばらくない年が続くとホタルが増えるのではないか、というものです。もっとも、そういった気象資料以外には、長期に比較できるデータがないのも事実です。

まず降雨量とホタルの数の変動との関係を調べてみました。降雨量は、京都市円町にある京都地方気象台のデータです。ホタルの数の変動は、ある年と次年の積算発光目撃数の比を対数に変換した値として表しました。たとえば、ある年の積算発光目撃数が500匹で、次年のそれが1200ならば、その比は2.4で、その対数値（$\log_{10}$）は0.38となります。対数値をとるのは、逆にホタルの数が減ったとき、比だけなら1～0の値しかとりえませんが、それを対数にすると、0からマイナス無限までとりうるという性質を利用したものです。

図7には五月から一〇月までの各月について、降雨量とホタルの数の変化率との関係を示しています。点のバラツキの傾向から、七月と九月に雨が多いとホタルの数が減り（縦軸の値がゼロ以下）、雨が少ないとホタルが増える（縦軸の値がゼロ以上）ことがわかります。このことから、成虫期後期あるいは卵期や若齢幼虫期に雨が多いと翌年の成虫の数が減少することを示唆しています。ただし他の月でははっきりとした傾向が見られません。

ただ雨が多いというだけでは漠然としているので、次に一時水の出る大雨との関係について調べてみました。同じく京都地方気象台のデータから、各月における一日の最大降雨量とホタルの数の変化率との関係をグラフにすると（図8）、どの月も一〇〇ミリを越える雨がふったときはホタルの数が明らかに減少し、大雨の少ない年は増えたり減ったりしている様子がわかります。つまり、かなりの大雨が降って、大出水となるとホタルの数が減少するということがいえそうです。その因果関係はわかりませんが、強い雨によって樹上の成虫がたたき落とされて死んでしまったり、産卵場所まで飛んで移動できないため、結局産卵数が減ったり、あるいは、大水によって小さな幼虫が流されるからではないかと考えられます。

いずれにしても、一九九五～一九九六年にかけて京都のゲンジボタルは多い状態が続いていました。滋賀県ではホタルダスがにぎやかに行われていたときのことです。ここから先のホタルの動向は、ホタルダス参加者方々の手に委ねること

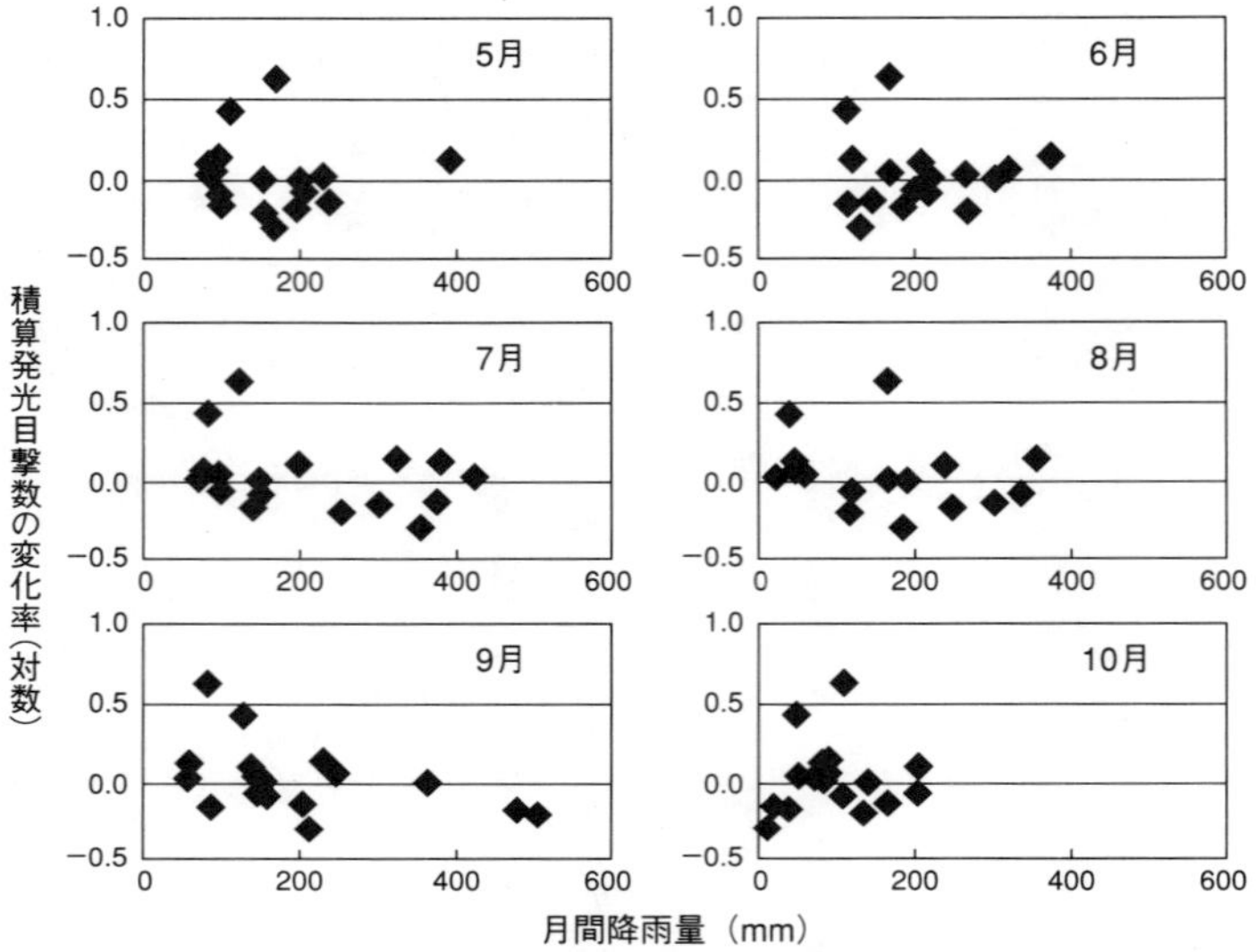

図７　月間降雨量と清滝川の積算発光目撃数の変化率の関係

（注）降雨量は京都市円町の値（京都地方気象台の資料による）。積算発光目撃数とその変化率については図６および本文参照のこと。

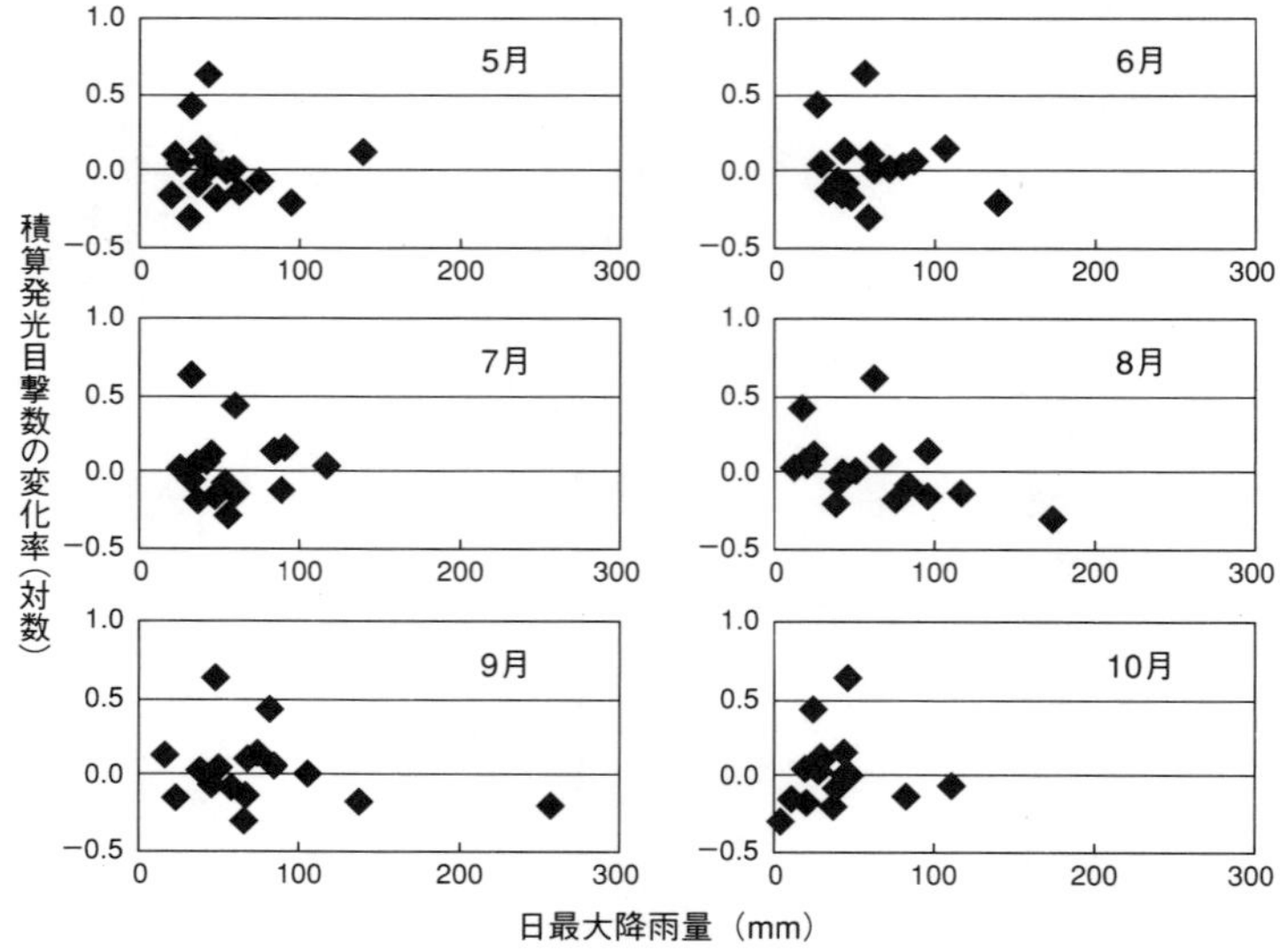

図８　日最大降雨量と清滝川の積算発光目撃数の変化率の関係

（注）日最大降雨量は京都市円町の値（京都地方気象台の資料による）。

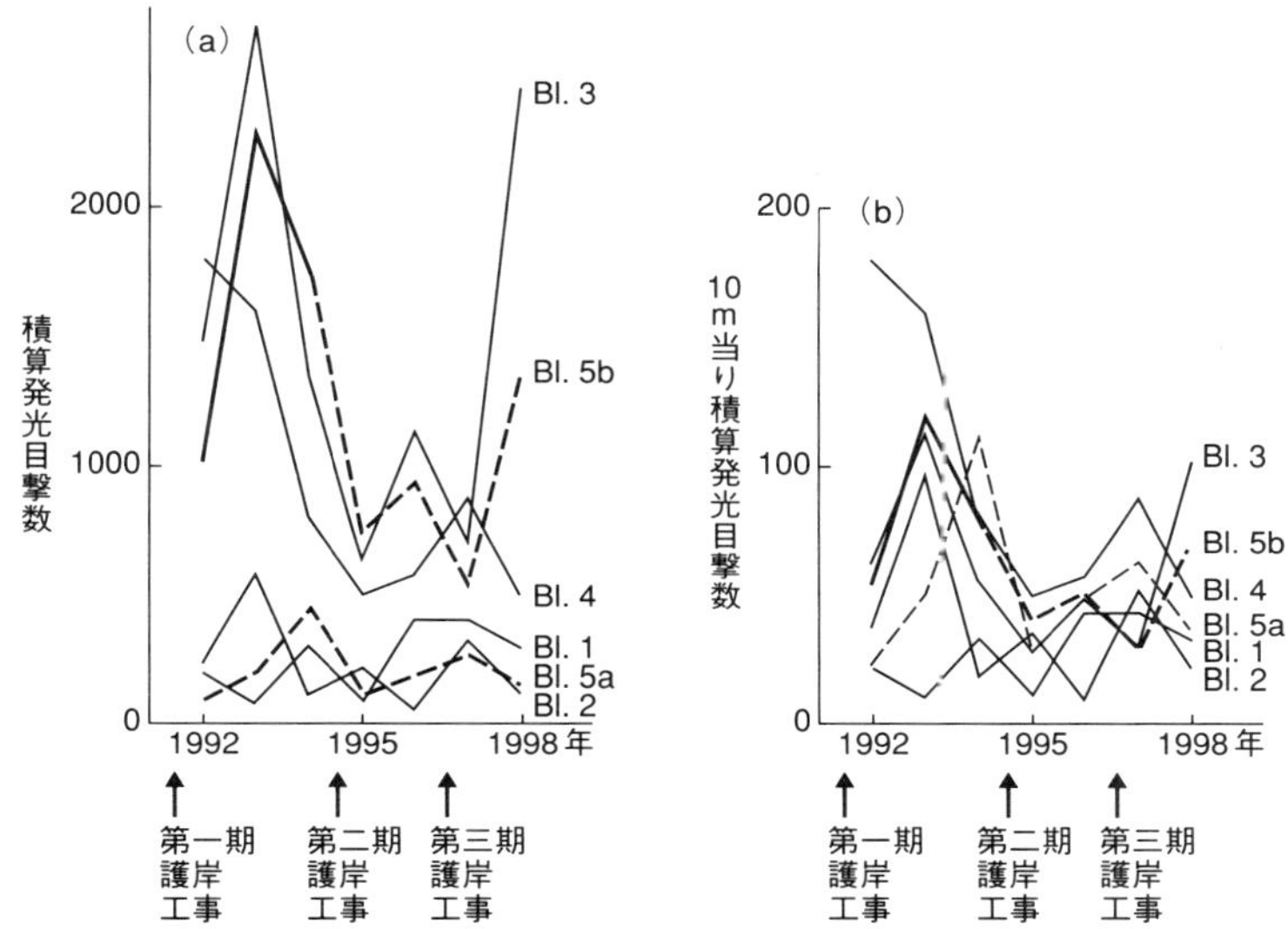

図 9　大津市千丈川におけるゲンジボタルの積算発光目撃数の年変動（1992 ～ 98 年）
（注）川沿いに歩いて数えた発光数を積算したもの。ブロック番号は，瀬田川への河口より橋ごとに Bl.1, Bl.2…と区切って番号をつけたもの。破線は護岸工事を受けた区画（Bl.5a と Bl.5b）を示す。なお Bl.5b は 2 回護岸工事が行われている。

としましょう。といっても、もしゲンジボタルが八年ほどの同期で増減をする生き物ならば、一〇年くらいの観察ではそのパターンがうまくとらえられないことも多いでしょう。増えた、減ったと一喜一憂する前に、相当年数、腰を落ち着けて観察を続ける必要がありそうです。

千丈川のホタル調査　数量的な比較に関して、滋賀県のデータからも例を出しておきましょう。大津市千丈川の場合です（図9）。千丈川は、ゲンジボタルが多いことで今やよく知られた場所となっている一方、護岸工事に関して地元の方々の間や県土木部との間でもめごとが生じかけた場所でもあります（本書第二部、荒井紀子さん参照）。ここを例に、二つのことについて述べてみたいと思います。一つは護岸工事の影響について、もう一つは数字のトリックに関すること、です。

護岸工事の影響　まず、図9aを見てください。これは前述の京都各地のものと同様の手順で求めた積算発光目撃数の年変動です。これを見ると、下流側のBl.1やBl.2では数が少なく、上流側のBl.3やBl.4で数が多いこと、かなり多くのホタルがいたという

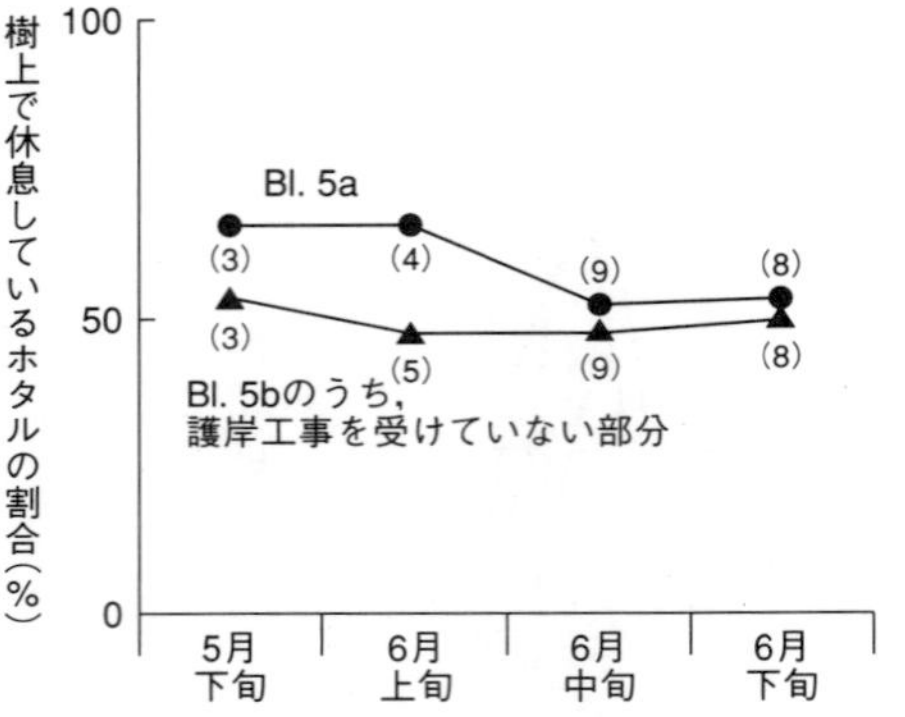

図10　大津市千丈川で休息しているゲンジボタルのうち，樹上にいるものの割合（1992〜1997年のデータの平均値）
（注）ブロック番号については図9を参照のこと。
（　）内の数値は観察回数を示す。

印象の残っている**Bl.5a**は第一期護岸工事の後、ずっと少ないままであること、第二期護岸工事以降、改変を受けた**Bl.5b**で数が減ったこと、などが目につきます。

距離と面積に注意　ところが実は、各観察区間の距離が違うので、これを一〇メートル当りに補正して、積算発光目撃数を密度に類した値とすると、かなり印象が違うことがわかります（図9b）。どちらかというと、どの区間も同じほどの密度でゲンジボタルが生息していて、工事を受けた場所でも、下流側の方に比べてとくに密度が低いわけではありません。ただし、**Bl.1**や**Bl.2**は川辺の草木が少なく明かりも多いところなので、あまり好適な環境とはいえない場所です。さらに、一九九二〜一九九三年の**Bl.3**の高い密度が気にかかるところで、工事がなければ、**Bl.5a**や**Bl.5b**はやはりもっと高い密度を保っていたかもしれません。

このように数を比較する場合には、距離あるいは面積という次元を考慮しておかないと、場所間の比較をするときに、ときとして誤った判断をしかねないので注意を要します。ときに、この千丈川のゲンジボタルの密度（一〇メートル当りの積算発光目撃数として数十匹）は、銀閣寺疏水での値とそう変わりません。この程度の値が、ゲンジボタルにとって健全（と言いきるのには難があるかもしれませんが）な「密度」の一つの目安になるでしょう。

樹木は休息場所　ちなみに、千丈川の川岸には大きな樹木が多いのです（今では多かった、といわねばなりません）。ホタルの季節には、この木々にとまって光るホタルの姿の美しいこと。その樹木は、ホタルにどのように利用されているのでしょうか。ホタルは、草にも木にもとまります。それがどれくらいの割合かを、とまっているホタルについて草の上か木の上かを記録してまとめてみました。千丈川では約半分が草にとまり、残りの半分が木にとまっていました（図10）。樹木の多い銀閣寺疏水や清滝川では、もっと樹木の利用率が高く、つまりゲンジボタルにとって、樹木は重要な休息場所なのです。しかし、護岸工事とともに樹木がほぼなくなってしまった場所では、ホタルは草間にしか休む場所を得られません。

繰り返しになりますが、このような数量的観察を積み重ねておくことが、将来、何かが起こったときに役だちます。なお細かいことですが、数えるときに、一〇〇％見つけなければならない、あるいは一〇〇％数えられる、などとは考えなくてよいのです。観察に際しては、同じ割合で見つける（同じ割合で見落とす）ことが肝心なのです。

7　ホタルダスの行く末

ホタルダスでは、前節のようなホタルの数と環境との関係の解析については不充分なまま過ごしてきました。しかし、観察記録の積み重ねがあるので、いつでも比較可能な状態ではあるのです。ではなぜ私が比較しないのか。それは、むしろ建設的な言い方として、参加した方々が自身で比較しようという機運が高まることを期待しているのです。

参加者自身の分析を　ホタルダスは、水辺環境とホタルの生息状況の比較を目的として始められました。しかしホタルダス全体の目的は、個々の場所の特徴を一つ一つ浮き彫りにすることではなく、まずは滋賀県あるいは琵琶湖集水域という広域において、ホタルがどういう状態にあるかを把握することでした。それに関しては、先に述べたように、身近な水辺に対する概念を浮き上がらせるという大きな成果が得られました。

その後ホタルダスは、参加者の方々に身近な水辺へ足を運ぶ言い訳をつくり、一部の方にはホタルや水辺環境に対する執着心も生まれました。そして、各参加者がとり続けてきた観察の結果をどう使っていけばよいのか、その一例をここで示したつもりです。あとは、個々の参加者の方々がそれぞれの立場で分析されればよいと思います。いや、ぜひしていただきたい。そうでなければ、実はホタルダス開始当初にあった、もう一つの目的「シロウトサイエンス」の一部が達成しないのですから。

一部といったのは、水辺環境や水にまつわる生活様式、あるいは環境にまつわる個人史などについての定性的な観点からのシロウトサイエンスは、かなり進んだと思っているからです（本書各章参照）。しかし、もしこれから、身近な水辺などの再改変をしなければならないとき、そしてそれを行った後の成果について問うとき、定量的な資料がないと説得力に欠けるものとなるでしょう。そこで、地域あるいは個人個別の問題を組み込みながら分析を加えていくのは、参加者一人一人であってほしいというのが私個人の願いです。

「ほっとけん」ことをどう伝えるか　ホタルダスは身近な水辺の現場へ出かける機会を提供してきた一方、『私たちのホタル』として発表し、記録をつづる機会も提供してきました。かつて井阪尚司さんが名づけた「たんけん、はっけん、ほっとけん」というプロセスについて、ホタルダスはその役を十分に担ってきたと思います。

が、ここであえて述べたいことは、その「ほっとけん」内容をどう判断し、どういう策を案じ、どのようにして人に伝えるか、という点の重要性です。ものごとを分析し、結論を導き、それを発表し記録に残すことは、シロウトサイエンティストとしてのホタルダス参加者それぞれに求められる次のステップでしょう。せっかくのホタルダス仲間の交流を途切れさせることなく、それがいっそう熟する機を待ちたいのです。「やっぱしやってたホタルダス」として語りあえる日を。

参考文献

江崎保男・田中哲夫編　一九九八　『水辺環境の保全―生物群集の視点から』朝倉書店

堀道雄・遊磨正秀・上田哲行・遠藤彰・伴浩治・村上興正　一九七八　「ゲンジボタル成虫の野外個体群」『インセクタリウム』一五（六）：四―一一

嘉田由紀子・遊磨正秀　二〇〇〇　『水辺遊びの生態学―琵琶湖地域の三世代の語りから』農山漁村文化協会

角野康郎・遊磨正秀　一九九五　『ウェットランドの自然』保育社

水と文化研究会編　一九八九―一九九九　『私たちのホタル』第一号―第一〇号　水と文化研究会（大津市）

滋賀県琵琶湖研究所編　一九九二　『シロウトサイエンスのサイエンス』滋賀県琵琶湖研究所

遊磨正秀　一九八二　「ゲンジボタルの総羽化数推定法」『ホタル情報交換』四：一九―二四

遊磨正秀　一九八七　「人工水路のゲンジボタル成虫個体群」『遺伝』四一（三）：四八―五二

遊磨正秀　一九九三『ホタルの水、人の水』新評論
遊磨正秀　一九九五「身近な水辺の生物群集—水田農耕とのかかわりにおいて」『環境技術』二四（一二）：六九五—七〇〇
遊磨正秀・小野健吉　一九八五「ゲンジボタル成虫の発生消長と羽化数推定—琵琶湖疏水の場合」『横須賀市博物館研究報告』三三：一—一一
遊磨正秀・嘉田由紀子・藤岡康弘　一九九五「水辺の生物相と遊びの時代変遷—三世代アンケート調査から」『環境システム研究』二三：二〇—三一
遊磨正秀・嘉田由紀子・藤岡康弘　一九九七「水辺の遊びにみる生物相の時代変遷と意識変化—住民参加による三世代調査報告書」『琵琶湖博物館研究調査報告』九：一—二〇七
Yuma, M., Kada, Y., Tanaka, T., Okada, R. & Oonishi, Y. 1999 "Research on aquatic biodiversity and human culture: Collaborative studies with residents of the Lake Biwa region". In: H. Kawanabe, G. W. Coulter & A. C. Roosevelt (ed.), *Ancient Lakes: Their Cultural and Biological Diversity*, Kenobi Productions, Belgium.

（ゆうま・まさひで　京都大学生態学研究センター）

ホタルダス調査と情報システム
——「湖鮎ネット」の誕生と集計の迅速性

大西 行雄

1 はじめに

ホタルダス調査の最初の年は一九八九年でした。ホタルダスという命名については、本書で述べられているとおり、HotaruDASの"DAS"はアメダスの"DAS"と同じ、Data Acquisition System（データ収集システム）の頭文字をとったものです。

大勢の参加者からの調査データを集めるという方法で調査をおこなおうとする、このような調査計画の場合には、調査参加者にとって参加しやすくわかりやすい調査手順を計画することがなによりも重要です。それにも劣らず、参加者から寄せられた膨大な報告をどのようにしてすばやく集計して結果をだすかということも重要な課題になります。データ収集とは、たんに収集するだけではなく、収集したものを集計し、報告としてまとめる部分がセットになっていないと「システム」とはいえないことになります。

実際に、このような調査の世話役に関係したことがある方には、よくわかることだと思いますが、集まってきたデータを集計する裏方の仕事は膨大になります。幸いなことに、ホタルダス調査は滋賀県琵琶湖研究所のプロジェクト研究の一環としておこなわれたもので、私自身がこのプロジェクトの調査、情報収集・集計のシステム開発を研究所の仕事としておこなえたという環境にありました。

同様の調査をおこなう自然保護関係の協会などでは、そのような専任スタッフがいない場合が多いでしょうから、ホタルダスは有利な条件下での調査といえます。とはいっても、私も日中のすべての時間をこの集計作業に割り当てることはできないし、届けられるデータの量は、私ひとりの作業ではとてもこなせないほど多量です。調査が終わって何ヵ月もしてから参加者に結果報告を届けるのではなく、調査の進行中にも中間報告を提供していくことが理想であるとすれば、そのためのうまいしくみをつくることは重要なテーマになります。

調査の開始が一九八九年、つまり、いまから一〇年前のことであるので、当時の課題をいま思い返してみると古くさいこともたくさんあります。それほどに、コンピュータなど情報機器に関する進化・変化はこの一〇年の間に大きかったのです。当時の課題のある部分はたしかに古くさいのだけれども、そのなかには、現在にも共通するものがいくつか含まれています。それらを話題にすることは現在でも価値があることなので、ここで振り返ってみることにします。

2　通信機能とデータベース機能を兼ね備えた情報システム

独自の情報システムを構築　さて、ホタルダス調査は、琵琶湖研究所という公立の機関の研究テーマとして実施されたものですが、調査への参加者は一般の大勢の人たちです。そして、それを実施するホタルダス世話役（水と文化研究会）も、さまざまな職業をもちいろいろの組織に属する人たちの集合です。

世話役は、小・中・高等学校、大学の教員や、民間会社につとめる人、あるいは主婦などさまざまですので、当然のことですが、毎日顔を合わせて会議をもちながら調査の進行や集計について検討を加えていくというわけにはいきません。そこで、世話役機能をサポートする情報システムが必要になります。

私たちがこの調査の計画をたてたのは一九八八年のことですが、この時期は、日本ではパソコン通信というものがひろがりはじめた時期で、いくつかの商用のパソコン通信のほかに、いわゆる「草の根ネットワーク」とよばれる小規模の、原則的には参加無料のパソコンネットワークが、全国各地にできはじめた時期にあたります。

パソコン通信では、参加者は自宅のパソコンとモデムを使って電話回線を経由してホスト・コンピュータに接続し、「電子掲示板」とよばれる掲示板の内容を読んだり、あるいは書き込んだりできます。このように電子掲示板を使うことによって、顔をあわせないでも毎日情報を交換し、あるいは「電子会議室」で作業方針を検討したり、作業を分担したりすることが可能になります。

商用のパソコン通信の場合には、参加者が全国規模に分散していますので、一般的な話題を交換するのには便利なものですが、特定の話題、つまり、このホタルダス調査の話題だけを扱うには、商用パソコン通信の電子掲示板は適当な場所ではありません。それに、調査と無関係のひとまで議論に参加してくれるなら、それは広がりとしておもしろいのかもしれませんが、すでに別の目的で運用されている掲示板（会議室）をのっとって勝手な話題をはじめるわけにはいきません。

もちろん、特定の話題を扱うCUG（Closed User Group）も設定可能ですが、経費がかかるのと、無制限に多量の情報を蓄えることはできないようなしくみになっていて、制約が強すぎます。そこで、琵琶湖研究所のコンピュータシステムの上で、そのような草の根パソコン通信のシステムを立ちあげようと考えたのですが、それはうまくいきませんでした。なぜかというと、公的な機関の公費で運用しているコンピュータを、資格審査のない条件で一般の人に利用させるわけにはいかないというのです。それには、経費負担なしに一般の人にコンピュータ資源をつかわせるわけにはいかないという第一の理由と、一般の人が利用することによる情報の漏洩の不安があるという第二の理由があります。

第一の理由については、いまからみれば古くさいようですが、当時は、まじめにそのように考えられていたのです。第二の理由については、現在にもあてはまります。現在では、一般向けに情報提供をすること、そのために、役所のコンピュータを利用することは、なんら不思議なことではありません。しかし、情報提供から一歩ふみこんで、一般の人びとがそのコンピュータに自由に書き込みができるというような運用を考えれば、現在でも行政などの公的機関では、その案は受け入れられないかもしれません。一般の人に開放したら、何を書き込まれるかわからない。そのなかには、社会的に問題となる発言があるかもしれない。そのような「でてくるかもしれない問題発言」を役所が許容しているというように受けとられるのはまずいという感覚です。

データベース機能のあるホストコンピュータ　そこで、私たちは、琵琶湖研究所の研究とは切り離して、ホタルダス調査とも別個に、研究所の職員二名（私と嘉田由紀子）、その他のメンバー二名（寺口瑞生、古川彰）の計四名の有志で、パソコン通信ネットワーク「湖鮎《こあゆ》ネット」（発足初期の名前は稚鮎ネット、後に改称）を設置することにしました。

一九八〇年代の後半の時期は、パソコンというものが、パソコンそのものに関心がある一部の人の趣味ではなく、ワープロや通信などの目的で利用可能なものとして認知されはじめた最初の時期でした。パソコンをつかって通信ネットワークのホストコンピュータとして働かせるためのソフトウェアも市販され始めていました。

それらのソフトウェアを調べましたが、たしかに、電子掲示板としての機能は充実しているのですが、いくつか問題がありました。それは、まず、管理できる文書の数に制限があって、多量の文書を保持することができないこと、そして第二に、ホタルダス調査で予定しているような調査結果のデータを管理するデータベース機能は提供されていないことです。

当時、草の根ネットワークなどでは、パソコン通信はいわゆるデータベースなどとは対立概念であるととらえている人たちが多く、データベースを敵視するという感覚がありました。現在でも、そのような感覚がわずかには残っているかもしれませんが、当時は、多くの人がそう思っていました。つまり、公的な機関では、コンピュータを計算やデータベースのために利用しているが、そのようなコンピュータは各種の使用制限があって、一部の人たちが独占的に利用している。そのような使い方は、情報独占による権力維持につながるものであり、それとは逆に、計算やデータベースではない、もっと、広い範囲の人びととのコミュニケーションに対して開かれたコンピュータ利用というものが考えられるべきであり、それがパソコン通信であるという考え方です。

本来は、データベース機能があることと、情報独占とはなんら関係がないはずで、収集した情報を整理して、わかりやすく提供するかどうかこそが問われるべきですが、データベース＝情報収集＝情報独占という短絡的な発想から、パソコン通信は「非データベース世界」であると、ことさらに強調する雰囲気がありました。草の根ネットワーク分野のオピニオン・リーダーたちの、公的コンピュータへの敵対感覚は、わからないことでもありませんが。そういう敵対意識もあって、パソコン通信は公的なコンピュータ・システムが代表している「表の世界」に対抗する「裏の世界」、すなわちアンダーグラウンドの世界であるという感覚があったのです。そのアンダーグラウンドの世界の感覚では、「データベース」という概念は「コミュニケーション」の敵対概念ですので、とうぜん、市販のパソコン通信ソフトでは、データベース機能はないし、そのような機能を拡張するための手段も用意されていませんでした。

「湖鮎ネット」を立ち上げる　これらのことは現在の感覚からみれば、ちょっと古くさい感覚といえますが、そういうわけで、「表の世界」からみると「裏の世界に半分、足をつっこんだうさんくさい存在」とみられ、「裏の世界」からは「表の権威主義を半分、受け入れた汚い存在」であるかのようにみられているという、どっちつかずの危うい感覚を伴いながら、湖鮎ネットは、パソコン通信機能とデータベース機能を兼ね備えたホスト局としてスタートしたのでした。

ともかく、パソコンを使ってデータベース機能のあるホストコンピュータを作るには、ソフトウェアを自作するしかありませんでした。一九八八年の四月から作成を始め、「稚鮎ネット」、後の「湖鮎ネット」が同年の九月に立ち上がりました。当時の日本では、データベース機能と通信機能のあるホストコンピュータは数千万円～数億円するという状況でしたが、米国では、いわゆるダウンサイジングが日本よりも少し早く展開しており、パソコンを使ってそのような機能を実現するための道具類（基本ソフトウェア）が発売されていました。そのようなソフトのひとつを利用することで、個人でも負担できる範囲の予算で自作のホストコンピュータを立ち上げました。

パソコンネットワーク・ブームのその後　ここでちょっと、その後の展開について紹介します。いわゆる「草の根ネットワーク」のブームは一九九〇年代の前半にピークを迎え、その後、衰退していきます。一九九〇年代の後半は、インターネット、とくに、WWW（World Wide Web）による情報発信が人気を集め、民間会社、公的機関、そして個人でもWWWを使って情報発信を始めるようになりました。パソコン通信全盛期には本質的に重要とみられていた「コミュニケーション」は、WWWの人気とともに、いったんは影をひそめました。多くの組織や個人が、それぞれにホームページを提供し、いわば一方的に情報発信するという状況が出現しました。

しかし、情報の受け手側への配慮なしに、一方的に情報発信するホームページが、利用者の関心を長く引き続けるわけはありません。その後、ふたたび、揺り戻しのように、一九九八年ごろから、メールによるコミュニケーションが普及し、メーリングリストなどで電子会議を実現するというような方法が人気を集めています。現在では、WWWに双方向性をもたせて電子掲示板（電子会議）を運用することも徐々に普及し始め、ＷＷＷでもコミュニケーション性が重要視されるようになってきました。また、情報の受け手側が、多量情報の中から必要な情報を選択できるように、データベース機能も重要なものと考えられるようになってきています。

このように現在では、データベースとコミュニケーションが敵対概念であるという見方も、すでに過去のものになろうとしています。商用のパソコン通信ネットワークについても、いわゆるパソコン通信でも、インターネット経由の接続でも、両方利用が可能であるように工夫され、パソコン通信とインターネットの両者も融合してひとつのものになろうとしています。

3　責任あるボランタリー集団形成のための情報システム

責任ある発言を引きだすパソコン通信　さて、ホタルダス調査では、まず、パソコン通信「湖鮎ネット」を立ち上げ、それをホタルダス調査の世話役である「水と文化研究会」が利用するという形をとりました。まず、調査の進め方、集計作業についての情報交換、結果の解釈などにおいて、世話役が湖鮎ネットの電子掲示板機能を活用しました。

すでに述べましたように、世話役はそれぞれに別の職場に属しているので、毎日、会議で顔を合わせることはできません。が、パソコン通信なら、自宅から夜間に電話回線で接続できて、そこにある伝言を読み、自分の考えを書き込むというように、場所と時間の制約から解放されてコミュニケーションが可能です。パソコン通信は、ホタルダス調査のようなボランタリーな調査の世話役が作業を進める上で、絶好の道具となります。

さらにいえば、パソコン通信を使う価値は、場所と時間の制約からの解放だけではありません。それは、パソコン通信が、参加者の責任ある発言を引きだし、調査に必要な作業の実際の分担を決めていく上で、格好の「場」を与えてくれることにあります。

そのことを考えるために、およそこのような調査がスタートする時点を考えてみましょう。開始時点では、調査の価値

（意義）、そして必要な仕事の役割分担など、いろいろのことを決めなければなりません。調査の主体が、行政組織であれ、民間会社であれひとつの組織の場合には、そのような決定事項は、この調査だけを考慮して決めるのではなく、この調査が進行することによって他の業務がどのような影響、制約をうけるのかということも考えながら、責任者は誰にするのか、広報担当は誰なのか、などなどを決めていきます。

そのときには、その組織そのものの存在意義（目的）にまでさかのぼって調査の位置づけをする必要があります。そのためになんども会議が開かれますが、この過程で、どのような調査計画も、その組織固有の人間関係、考え方などさまざまな条件をひきずって開始することになります。とくに、役所などの場合に新しい調査手法を採用しようとすると、前例のないことについて誰がその責任者の役割を分担するのか、作業の分担をどうするのかを決めるのがたいへんです。結局、何を決めるのもたいへんなので、その調査の計画そのものが頓挫してしまうことも珍しくないでしょう。

ボランタリーなグループに最適　ところが、職場を離れたボランタリーな集団がやろうとするこのような調査では、「それ、おもしろそうね」という軽い同意から簡単に調査を始められるという機動性があります。その反面、始まってみても、誰がどの役割をするかが決まっていなくて、約束事がないために、作業が進まずに結果的に尻すぼまりになってしまうことも多くあります。つまり、古い価値観に縛られないメリットもあるが、新しい価値をつくりだせない限界も大きいといえるのです。

既存組織と違って、上司ににらまれると生活の不安にまでつながりかねないということはありませんので、ボランタリーな集団の参加者は、自由に発言できます。しかし、上司も、行司もいない場所での自由な発言は、ともすれば無責任な発言につながりかねません。喧嘩になってしまえば、やめてしまえばそれでいいのです。やめても生活には困りません。このような集団が調査の計画を決めていく上で、パソコン通信は大事な役割をします。まず、意見はなんであれ、文字にして書き込まなければならないこと。文字にする段階で、話し言葉よりは、内容が明確に意識されていきます。次に、書き込んだ内容は、世話役メンバー以外の一般参加者にも読まれることです。発言はしないがちゃんと読んでいる人がいることを意識しながら発言しなければなりません。あまり変な意見を書くと、いままで黙っていた聴衆のなかからでも、反論が出てくるかもしれません。

なによりも重要なことは、書き込んだ内容は、記録として残っていることです。後からなんどでも読み返すことができます。右に左に揺れる意見を書き込めば、書き込んだ本人が一番はずかしいでしょう。ということで、罰則も左遷もありませんが、これでは、あまり無責任なことを発言できません。

パソコン通信はマスコミの報道とは違って、何百万人もの人が見ているのではないですが、少なくとも世話役以外の人も読んでいるという意識が、会議が無責任な方向へ展開することを防止しています。このような場を活用することで、古いしがらみにとらわれないで、かといって、無責任に流れない意思形成が可能になります。そして、新しい調査の位置づけや役割分担が決まっていきます。このようなことがパソコン通信を使う最大のメリットといえます。肩書きだけでいばっているような人は、パソコン通信では発言することに苦痛を感じるでしょう。

だからボランタリーなグループ、つまり、肩書きでいばっている人が存在しないグループでの会議には、パソコン通信は最適の道具になるのです。もっとも、最近では、民間企業などで、社長も平社員も肩書きを離れて意見を交換しあうために、メールなどで自由に意見を出しあうようなしくみを導入しようと考えている組織もでてきています。それがうまくいくかどうかはわかりませんが、少なくともボランタリーなグループでは、事務局の運営にパソコン通信は他に代えがたい道具になるのです。

4　ホタルダスにおける情報システムの実践

参加者からの報告　次に、実際の調査報告の方法に移ります。まず、ホタルダスの調査の報告事項は、調査地点についてのアンケート調査と、ホタル出現期間内の毎日の観測記録で構成されています。

調査地点のアンケートは、地点の正確な場所（地図の上に印をつける）、その場所の属性情報（川に堤防や護岸があるか、水草や水ワタがあるか等）などからなっています。毎日の記録（ホタルカレンダー）は、日付、時刻、天気、気温、

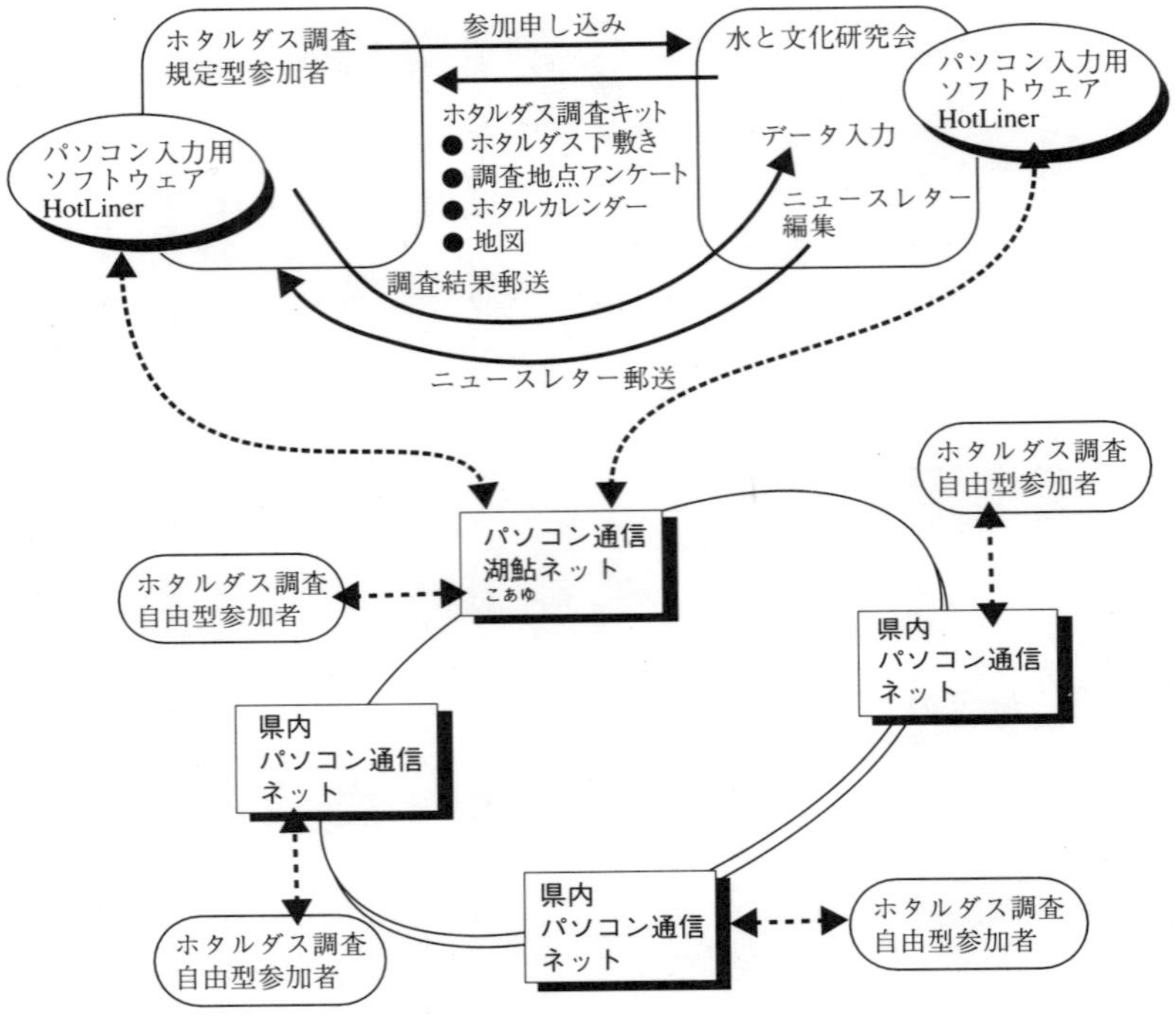

図1　ホタルダス調査における情報の流れ

見つけたホタルの種類と数を書き込みます（第一部の調査票参照）。ホタルの出現期間はおおよそ五月の初旬から六月末ですが、場所によっても異なるので、参加者によって、七日程度の報告の場合から、長い人では、二ヵ月を越える報告をしてくるケースがありました。

図1には、実際の情報の流れを示しました。くわしい説明は第一部に毎年の調査方法として記しましたので、そちらもご参照ください。参加者は「水と文化研究会」に参加申し込みをしたあと、「調査キット」を受け取ります。調査結果は原則として、郵送でホタルダス調査事務局に送ります。

「ホットライナー」で入力・転送　さて、世話役は、郵送されてきた報告（ホタルカレンダー）のデータをパソコンに打ち込んでいきます。最初は電話回線をつないで質問—応答形式で入力する方法を採用しました。しかし、実際にやってみると、この方式だけでは、うまくないことがわかりました。そのような使い方をすると、電話代がたいへん高くなってしまいます。また、ホストコンピュータ側の数少ない電話回線を占有して、他の人たちが使えなくなってしまいます。

そこで、電話回線をつながないで、一括して複数の調査報告を打ち込んで、それをディスクに保存した後で、電話回線を接続してまとめてホストコンピュータに送信するという方法を採用することにしました。そのための専用ソフトは、大津市で中学校の教師をしている田中晋一氏と共同で開発し、「HotLiner（ホットライナー）」と名づけて、世話役や、パソコン通信で書き込みをする参加者にフリーウェアとして提供しました。

事務局では、ホットライナーを使って一括入力し、ある程度まとまった段階で、パソコン通信ホストに電話回線で接続し、一括転送します。参加者から、アンケートの自由回答欄や、その他の方法で提出された感想文なども、ワープロを使って入力して、パソコン通信の電子掲示板に転送します。パソコン通信で結果を報告する参加者は、ホットライナーを使わずに、直接パソコン通信で結果を書き込むこともできます。通信の画面からメニュー部分を図2に示します。

電子掲示板の活用　直接にパソコンで報告をあげてくる参加者には、形式のきまった報告以外に、感想文など形式のない情報を電子掲示板に書き込んでもらうことにしました。つまり、ホタルダス調査には、定型項目を報告する「規定型」と、自由に文章で報告する「自由型」の二種類の報告方法ができあがりました。

そのほかに図1の下の部分にあるように、当時、滋賀県下にあった三ヵ所のパソコン通信ホストの協力をえて、ホタルダス調査に関する掲示板を作ってもらって、どのホスト局に文章を書き込んでも、他の場所にも自動転載するようなしくみもつくりました。現在のインターネットの時代ですと、リンクボタンひとつで自由に他の場所（サイト）を参照できるのですが、その当時はそういううまい方法がとれなかったので、電話回線による情報内容を複製することで、広範囲の参加者に少ない電話代で情報を提供しようと工夫しました。

こうやっておけば、ホストコンピュータに登録された報告内容は、いつでも取りだすことができます。ひとりずつ個別の報告を読むことができるだけでなく、市町村別の集計結果、メッシュ（調査地域を網目状に区切った単位）別の集計結果も随時引きだすことができるようにしました。つまり、参加者が調査結果を事務局に報告してから、何ヵ月もしてよう

A．メインメニュー

-------- 県下一斉ホタル調査 ホタルダス ---------
ＩＳＨファイルは#69番ボード『ホタルダス』ヘッダに書き込んでください。

1．あなたの調査結果を報告する
2．今年のホタルダス規定編の書き込みを見る（TEXT FORMAT）
3．今年のホタルダス規定編の書き込みを見る（K3 FORMAT）
4．ホタルダスの結果の集計を見る
5．過去のホタルダス規定編の書き込みを見る（TEXT FORMAT）
6．過去のホタルダス規定編の書き込みを見る（K3 FORMAT）
7．８桁メッシュコードの入力（95年用）

どうしますか？［リターンのみではキャンセルします］

図3へ

B．調査結果報告メニュー

書き込みをする調査年（3）1992年，（3）1993年，（1）1994年，（0）1995年 :0

ホタル調査に参加してみようと思われる方は、調査地点を決めて、
調査地点１点ごとに「ほたるカレンダー」を作成してください。

1．カレンダーのホタル観察記録の記入または訂正
2．ホタルカレンダー新規作成（調査地点情報の新規記入）
3．登録されているカレンダーの調査地点情報の訂正
4．ホタルカレンダーファイル送信 HotLiner送信モード
どうしますか？［リターンのみではキャンセルします］

C．調査報告を見る

どうしますか？［リターンのみではキャンセルします］5
何年の結果をみますか 89, 90, 91, 92, 93, 94, 95 :93

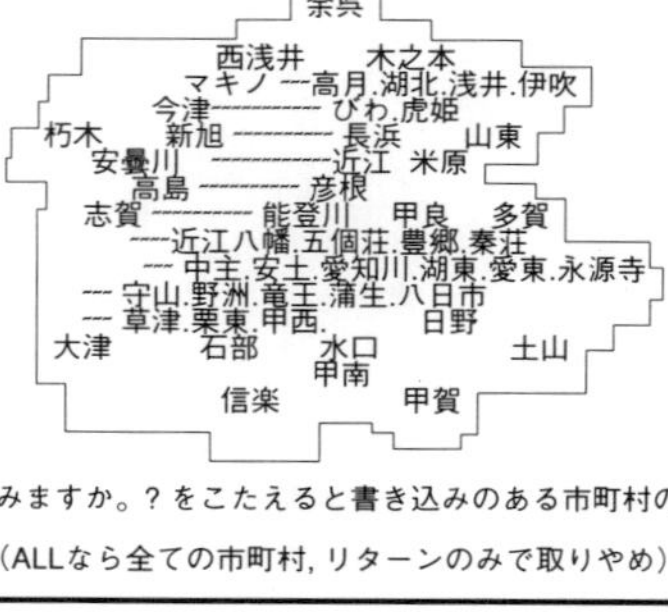

どの地域をみますか。？をこたえると書き込みのある市町村の一覧が表示されます。
市町村番号（ALLなら全ての市町村，リターンのみで取りやめ）：

図２　パソコン通信で調査結果を報告する／調査報告を見る

やく結果がみられるのではなく、事務局で入力した瞬間に、どの利用者からも、最新の状況の集計表示が見られるようにしました。これは、パソコン通信ホストコンピュータそのものにデータベース機能をもたせたからこそ可能になったことです。とくに、メッシュ別の集計によって、参加者全員の観察結果を地図に表示することは、従来のこの種の調査ではたいへんな作業でした。最終報告が出るのが遅くなってしまう原因の大半がこの点にありました。それがほぼ、事務局での入力の直後に引きだせるようになったのです。

最新の集計を地図に表示　ホタルダス調査では、各観測点の位置座標を、「基準地域メッシュコード」で識別するようにしました。基準地域メッシュコードというのは、国土地理院発行二五、〇〇〇分の一の地形図を東西、南北ともに一〇分割した約一キロメートル四方の区画をさしていて、日本全国にわたってメッシュごとに八桁の数字のコードが決められている標準的な区画です。国勢調査の人口統計なども、同じ基準メッシュで集計されています。なおホタルダス調査で、地図上の集計の単位として基準地域メッシュを採用した背景には、ホタルダス調査の前身となった、「滋賀県地域環境アトラス」の作成などのプロジェクトがありました（本書、嘉田「身近な環境の自分化」参照）。

このようなシステムのほぼ全部の機能は、一九九〇年、つまり調査の二年目には完成していました。この年には、滋賀県下で約一、三〇〇人の参加者をえて、のべ二〇、〇〇〇日分のホタル観察記録が報告として寄せられました。これだけの量の報告を集計、速報し、また、その結果をニュースレターなどで参加者に還元するという作業は、こういった情報システムを整備して初めて可能になったのです。

毎日の定型的な観察記録、その集計、それから自由型の感想文などすべてが、ホスト局から整理された形で取りだせるので、それをパソコン通信で読みとって、ニュースレターを編集するという作業は、すばやくおこなうことができました。このようなニュースレターの編集には、当時、普及しかかっていたＤＴＰ（デスクトップ・パブリケーション）の方法を使いました。

さまざまな工夫　なお、一九九〇年当時の作業の限界として、パソコン通信の速度が遅く、また、利用者側の通信ソフトで画像の表示機能がなかった（文字のみの通信であった）などの制約があり、そのために、集計結果などの提供にはさ

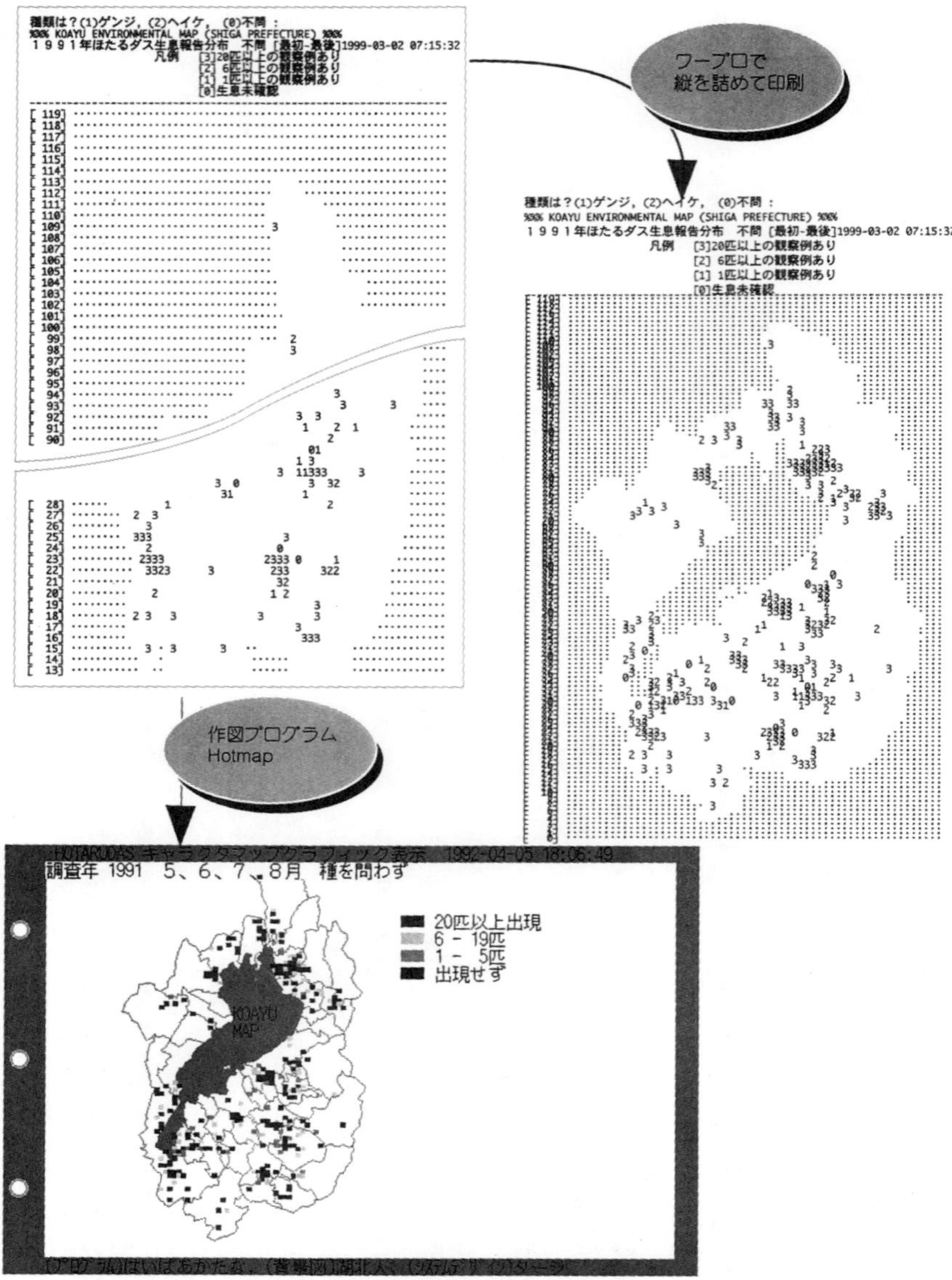

図３　キャラクター・マップとコンピュータ・グラフィック・マップ

まざまな工夫が必要でした。そのひとつは、観察記録の集計を、文字だけを使った地図の形で、集計結果を取りだす工夫などです。パソコン通信で受け取った文字だけの地図（キャラクターマップ）は、ワープロで縦のサイズを縮めて印刷すると、ちゃんと地図のように見えます。また、それとは別に配布される作図ソフトにその地図を通すと、画面にちゃんとグラフィックでホタルの分布地図がでてくるような工夫もしています（図3）。

また、その当時は、ホスト局の運営は、ＩＢＭ－ＰＣ（互換機）、事務局でのデータ入力や、作図はＮＥＣ－ＰＣ９８０１シリーズのパソコン、そしてニュースレターの編集はＭａｃというようにコンピュータを使い分け、しかも、それぞれの互換性が低かったので、相互のデータや文書ファイルの変換にも工夫が必要でした。

５　まとめ

このように、いまであれば不必要なことにも工夫がたくさん必要だったのですが、基本的要素に関しては現在でも変わらないと思います。

まず、第一は、リアルタイムに二四時間どこからでも情報を登録、参照できるホストコンピュータの必要性です。第二に、たんにデータが登録できるだけでなく、登録されたらすぐにそれを反映した集計結果を報告する機能です。そして最後に、定型的な項目だけでなく、事務局の運営や、世話役に対する意見や、自由な感想などを書き込める掲示板機能の必要性です。これらの三つの機能は、ボランタリーな参加者と世話役とで、このような調査をおこなう場合には、現在でも変わらず必要な機能です。そして、もし、実際に構築しようとすれば、現在でも現在なりの工夫を要する部分であるといえます。

「湖鮎ネット」は、いまではパソコン通信でもインターネット（ＷＷＷ）でも利用できるようになっています（http://koayu.eri.co.jp）、水と文化研究会のウェブサイト（ホームページ）もそのなかにあります。ホタルダス調査の一〇年の全体を含めて、その後の研究会の活動も紹介されています。

（おおにし・ゆきお　環境総合研究所）

身近な環境の自分化
――科学知と生活知の対話をめざしたホタルダス

嘉田　由紀子

1　ホタルダス前史

（1）語られていない身近な世界

水と人のかかわり　一九八二年の夏のことだった。私たちは、琵琶湖周辺の水と人のかかわりの歴史について調べるために、西岸のマキノ町を訪問していた。生活環境の変化について聞きとりをしながら、かつては地区のまん中を流れる川（前川という）の水を飲料水に使い、食器洗いや洗濯に川を利用していたことを知った。琵琶湖から、春にはアユ、秋にはビワマスが前川をあがり、初夏にはホタルが顔にあたるくらいたくさん飛んでいたという。

しかし一九五七（昭和三二）年、簡易水道ができて、次第に川は人びとの生活からはなれ、そして人びとの気持ちからもはなれていった。この地区の開発は平安時代に遡るという記録もあるところから、ここでは開発当時から昭和三〇年代まで、おおげさないいかたをしたら、一〇〇〇年以上もの間、川の水が文字通り、いのちの水であっただろう。

その調査の折、この地区の子どもたちに「あなたのお父さん、お母さんが子どもの頃はこの川の水を飲んでいたんよ」と話しかけると、「ウッソー、そんなんきたなーい、聞いたことない」という反応。このとき私は大きなショックを覚えざるをえなかった。三〇年ほどたつとはいえ、自分たちの親の世代に生活のなかでどんな水を飲み水にしていたのか、そんなことも家庭や地域のなかで伝承されていない。飲み水だけでなく、アユもビワマスもホタルも生き物があふれるほどいて、川は子どもたちの遊び場でもあった。

このような身近な環境にかかわる生活文化が、語られることなく、文字として記録されることもなく、当然のごとく忘れさられていくことに釈然としない思いをもった。生活の現場から、だんだん人と環境のかかわりが見えなくなっていく。しかし一方では「琵琶湖が汚れた」という伝聞情報だけが、行政機関のパンフレットやマスコミを通じてひろめられている。子どもたちは、「テレビでいうから」「学校で教えているから」「琵琶湖はきたない」という。自分の目の前、自分の直接関係する人の経験とのかかわりで、身近な環境として琵琶湖をとらえるまなざしは忘れられている。

生活環境主義　とはいえ、その時私たちは、まず地域の環境変化の実態を知ることが重要と考え、民俗学や社会学、歴史学の専門家とともに、環境と人間のかかわりの変化に関する調査をしていた。またこの時点で、環境問題に対する対処のしかたには、近代技術によって方策を探ろうとする「近代技術主義」と、それに対抗して、自然保護を主軸におく「自然環境主義」のふたつの見方が当時の主流であることを知った。しかしこの両方の見方のいずれもが、地域のふつうの生活者の立場にとっては違和感がある、どこか「身の丈」にあっていない、ということを感じ、第三の立場の必要性を感じた。

そして、この湖西の村の地域調査から、環境問題に対して日常生活の視点からアプローチする「生活環境主義」という見方を提示した(1)。あえて原点を問えば、ホタルダスに私自身がかかわってきた思想的背景は、この生活環境主義である。

本稿のねらいは三点ある。一点は、一九八九年からはじまったホタルダスの背景となる流れ（前史）を一九八〇年代初頭の私自身がかかわった琵琶湖研究との関連でたどることである。二点目は、そのようななかで企画されたホタルダス調査の所期のねらいと特色をふりかえってみる。そして三点目は、一〇年間のホタルダスで、はたして何がみえてきたのか、とくに「科学知」と「生活知」の対話による、実践に基づいた「環境知識の誘出過程」として、分析的にとらえてみたい。そして、「知識誘出型ＮＧＯ」という新しいスタイルの住民活動を提案したい。

書くスタイルは一貫して、私自身の個人としての経験と思考をたどる「一人称」とする。このようなスタイル自体が研究者としての「ある覚悟」を表現しているが、これについては最後に触れることにする。

（2）目で見る琵琶湖の地域環境

琵琶湖全域の環境地図　一九七〇年代からはじまった琵琶湖総合開発の影響で、上記の村だけでなく、湖岸の生活様式や琵琶湖の生態系は大きく変わりつつあった。当時、社会的に最大の関心がむけられていたのが「水質汚染」だった（本書、高谷「素人の知恵が二一世紀を拓く」参照）。一九八二年に設立された琵琶湖研究所の役割のひとつに、急速に変化する琵琶湖の環境改変に対して保全政策の判断材料を提供することがあった。

私自身は、一九八一年に琵琶湖研究所準備室に職をえた。そこで本書の共同執筆者である大西行雄氏らとともに企画したのは、上記のような個別地域の生活文化に密着した地元調査をすすめる一方で、琵琶湖地域全域の土地利用や環境改変を示す広域の地図情報の収集・表示・データベース化だった。その当時の問題意識は「情報の視覚化」だった。行政が蓄積していた膨大な統計情報や地域情報を、環境保全政策や住民の地域活動に利用できるように「視覚的に、わかりやすく」提供できる手法を開発することだった。

たとえば、琵琶湖には一〇〇本以上の大きな河川（一級河川）が流れこんでいる。それぞれの河川からチッソやリンなど各種の有機物が流れこんで琵琶湖の水質汚濁（富栄養化）をもたらしている。河川ごとに、排出源が究明され、その情報を地域行政に還元すれば、地域政策に直接的に役立つだろうという期待をもっていた（嘉田・大西、一九八六）。

滋賀県地域環境アトラス　そこで、一九八二年から数年かけてコンピュータによる環境地図集『滋賀県地域環境アトラス』を作製した（（琵琶湖研究所〔大西・嘉田〕編、一九八四）。ここでのねらいは社会システムが複雑化して次第に見えなくなっている地域環境を見えるようにしたいという意図から、「地域を見るための情報装置」としての情報システムの開発だった。

うごくアトラス　そのための手法として考えた方針は二点、つまり「考える道具としての発見的情報処理」と「異分野の橋わたしのためのプロセス提示」という点だった。環境情報は行政だけではなく、地域の人たちや学校教育など、異なった分野の人たちがともに議論し「考える道具」として活用し、その議論のプロセスでそれまでに思いつかなかったアイディアや方策をみつける手段にもなりうる。この資料収集には、県の下水道計画課、環境室、土地対策課など多くの行政部局が協力した(2)。さらに当時普及しつつあったパソコンによるデータ表示を目的に「うごくアトラス」も作製した（琵琶湖研究所［大西・嘉田］編、一九八六）。

歓迎されなかったデータ　しかし、ここではふたつの面で、私たちのもくろみはうまくいかなかった。ひとつは、行政のなかにおける地域データの意味と扱われ方である。ある県行政幹部は言った。「県行政の政策づくりにはデータはいらない。政策は〈心〉できまるものだ」。つまり、データによって「合理的」に政策はきまらないという。「心」という意味は象徴的に使われているが、この幹部の意味することは、行政施策を決定する際の人と人、部局と部局のたいへんこみいった、文脈依存的で、ある意味で「好き嫌い」というような感情も伴った「調整」をこのように表現したといえる。

行政施策に情報が必要ないという表現は、行政計画における透明度を確保するという現代社会の「表の論理」からみると批判されることだろうが、行政の意思決定の実態を素直に表現している言葉でもある。もちろん、データが必要な場面はある。しかしそれは「環境基準」データなど、きわめて技術的な意味あいの強いデータか、あるいは裁判やアセスメント、計画策定などでその問題が「社会的争点」になったときの基礎データである。地域環境アトラスは、地域計画などでの「発見的利用」をねらったものである。行政には「発見的なデータ」はあまり歓迎されなかったといえよう。

一方、住民など、地域活動におけるデータの利用はどうであろうか。私たちは、具体的に個別の流域ごとの汚濁負荷データのようなものがあると、そのことで、地域の環境保全活動にはずみがつくのではないか、と期待をした。それで、小回りがきくように、ノートパソコンに搭載して移動できるシステムを開発したのである。そしてたとえば「この河川流域ではリンの負荷割合のうち五割が家庭排水から、二割は農地から……」というような具体的な数量データをだした。しかしこれは行政とは別の面であまり具体的な力にならなかった。

データへの愛着　あるエピソードを紹介しよう。私たちは、長浜市の米川《よねかわ》の保全運動でリーダー役の片野喜代士さんからいろいろ教えをうけていた。一九八七年の秋頃だった。河川流域別の汚濁負荷量表示をパソコンでできるようになって、ぜひとも片野さんにそのデータを見てもらっていっしょに議論をしようと、パソコンを片野さんの自宅にもちこませてもらった。そして、琵琶湖周辺の河川それぞれにどうやってデータを整理したのか、米川のデータを見てもらった。

その時に片野さんは「これはわしの実感とちがう」とおっしゃった。ひとつは、コンピュータ・アトラスで表示されているほど汚くない、と。それはなぜかというと「水量を考慮していないからだ」といった。たしかにそうだ。水量を考慮していなかった。でも水量をいれたらそれでよいのか。

あとひとつ片野さんは大事なことを言われた。「わしら米川の水質データを自分たちが二四時間観察して変化をはかった。そのデータは愛着があるが、こうしてだれかがつくらはったデータには愛着はわかんな」と。「データへの愛着」という言葉が妙にひっかかった。そして、これが次の行動への原動力となった。

「ふえるアトラス」計画へ　はたして地域の環境保全運動などに必要な環境情報の条件とは何なのだろう、という疑問が生まれた。片野さんの言われる「データへの愛着」という言葉がひっかかっていた。いろいろ議論をしながらようやく提案されたのが「ふえるアトラス」計画だった。

コンピュータ地図によるアトラスが第一世代の「見るアトラス」なら、フロッピーで検索可能な「うごくアトラス」が第二世代。それに対して、第三世代のアトラスが必要だという問題意識が煮詰まってきた。第三世代のアトラスの条件は「データへの愛着」という意味を深める特色をもったものにしたいと考え、

①平均値ではなく固有性を重視
②結果ではなくプロセスへの住民参加と思考プロセスの共有
③水質のような抽象度の高いテーマではなく、生活実感に即したテーマ

という三点が目標となった。そして、地域の人たちの共同作業によってデータも調査対象もおのずからふえていくことをねがって「ふえるアトラス」と名づけた。

その時に思いおこされたのが、冒頭のできごとだった。地域の水にまつわる生活文化は地元で語られていないし、伝承もされていない。日常のあたりまえのことを「科学する」とはどういう思想的意味があるのだろうか。当時仲間と議論していた「環境認識の文脈依存性」に、これらの地元の人たちとの研究がなんらかの方向をみせてくれるかもしれない、という期待もあった（嘉田、一九八九）。

水と文化研究会・湖鮎ネット・琵琶湖博物館　地域の人といっしょに調べ、記録にすることで、これまで専門の研究者だけでおこなってきた研究ではみえなかったものがみえてくるかもしれないという期待もあった。そして地元の人たちとデータという「知識」づくりをする過程で地域を「見える」ようにするという実践的な課題もあった。その活動の途上で、片野さんのいう「愛着」の意味も深めてみたい。

そこで結成されたのが「水と文化研究会」とパソコン通信ホスト「湖鮎《こあゆ》ネット」だった。「水と文化研究会」はもっぱら水環境にかかわる生活文化の現場調査をうけもち、「湖鮎ネット」では、調査結果の共有、その整理、広報・出版を担当しようという計画になった。

ふえるアトラス計画は、当時、基本構想の議論がはじめられていた琵琶湖博物館の資料収集活動の準備、という意味もあった。地域住民が参加をして、自分たちで自前の知識を生活現場から誘い出し、それを博物館に展示することで、新しい「環境誌」を自分たちの手でつくりだすことができるのではないかという期待だった。

そのような活動をする拠点として、参加型の博物館を提案できるのではないか、という思いが、水と文化研究会や湖鮎ネットにつながり、その後の琵琶湖博物館づくりへの基本的なエネルギーになった。

（3）身近なことこそ、調べるのはむずかしい

水にまつわる生活文化　水と文化研究会が発足した当初、具体的なテーマとしてあがったのが、「水道がはいる前と後とでの水の使い方の比較」（水環境カルテと後で名づけられた）「水辺での子どもの遊び」「水辺の生き物の変化」「水害への地域社会の対応」「水不足と地域の対応」など、水にまつわる生活文化だった。生活現場のことだから、大学や研究所の研究者ではなく、地元の生活者こそ地域の生活文化の専門家であるはずだ。だから生活者が中心になって調査を企画しよう、という計画になった。

しかし、その時の世話役たちの感触はあまり前向きのものではなかった。身近なことを調べるのは意外とむずかしいという。理由は二点あった。ひとつは「なぜあることが調べる価値があるのか、それを自分たちだけではなかなか発見でき

ない」ということだった。つまりテーマがえらべない。日常の生活習慣というのは、当事者には「あたりまえ」である。あたりまえすぎて、あえて調べようと思わないし、なぜそうなのか疑問ももちにくい。

もう一点は「そもそも調査や調べものは、大学や研究所の専門家がやることであって、ふつうの人が調査研究などをしたら隣近所や周囲の人からけげんな目をむけられ、変わり者と思われる」という。社会的常識からはずれた行動になってしまうという。とくに、水の使い方とか、水害とか水不足とか、問題がむずかしすぎると。

しかし、このような困難は私自身には挑戦すべき課題だった。というのも、いわゆる「調査者　対　被調査者」あるいは「インフォーマント　対　調査者」という文化人類学の常識となっていた社会的分別に疑問をもっていたからだ。自分たちのことを調べる人類学的調査があってもよいではないかと。

ホタルの調査　その時点で提案されたのがホタルの調査だった。具体的にイメージしやすい生物を調べる調査が入り口としてはよいのではないか、ということだった。提案者は岡田玲子さん。たしかにホタルについては、「昔はホタルが顔にあたるくらいいてなぁ、今はいなくなってしまった」という声をあちこちで聞いていた。

しかし意見は二分した。岡田さんがホタル調査を推薦する理由は、「ホタルの存在そのものが神秘的で広く一般の人に関心をもってもらいやすい」ということだった。誰もが関心をもちやすい「ふつうの感覚が大事」というのが岡田さんの主張であった。ホタル調査に反対したのは私自身だった。理由は、「ホタルはきれいな水にすむ、という象徴性が強すぎてうさんくさい。それに各地に保護運動グループなどもあり、ホタルは語りつくされ調べつくされているのではないか」ということだった。この時の事情は本書の岡田玲子さんの文章にくわしい。

そこで、ホタル調査をすすめるとしたら、私たちシロウトの手で何がどう可能なのか下調べをしてみよう、と相談させてもらったのが、当時「石山源氏螢育成保存会」を主宰していた井上誠さんと、京都大学でホタルの生態研究をしていた遊磨正秀さんだった。

そこでの遊磨さんの意見は意外だった。「ホタルは必ずしもきれいな水にすむのではなく、人里近くのほどほどの汚れがあるところに多くすむ」という。また「ホタルが減ってしまった原因で意外と知られていないのが、街灯などの町の明かりの影響だ」という。井上さんも「石山蛍が減った原因は水質というよりも、すでに明治時代後半にへっており、明治二九年の水害の影響ではないか」という。

では、なぜ私たちは「ホタルはきれいな水の象徴」「水が汚れたからホタルが減った」と思いこんでいたのだろう。どうも、世の中に出回っているホタルに関する情報は、皮相的なものが多いようだ。「水質」が伝聞情報にまどわされているだけでなく、「ホタル」も伝聞情報のなかで誤った解釈をされている。なぜそんな皮相的な情報ばかりがひろまったのだろう、環境認識論としてもおもしろそうだ。

はたして、滋賀県にはどのような環境のところにホタルがいるのだろう。昔「顔にあたるくらいいた」という場はどんな環境だったのだろう。そのような場所は今どうかわったのだろう。ホタルの生態学としてもおもしろそうだ、子どもたちにとってホタル狩りってどんな意味があったのだろう。ホタルと遊び、ホタル文化というようなテーマもありそうだ。いろいろな疑問がもちだされてきた。これだけ疑問があるなら調べてみたらおもしろそう、ということになった。

2　ホタルダスの方法

(1) 調査の名づけと手法

蛍雪作戦　さて、調査をするときはまず企画がいのちである。一般に呼びかけて楽しくするためのひとつの糸口は、名づけ、いいかえたら「コピー」である。当時、アメダスという気象観測システムがあった。「ダス」とは、雨の情報が「出てくる＝出す」ではない。「DAS＝資料収集体制」の略だ。それなら、このDASはほかのものにも転用可能だ、ということで、ホタルを調べるには「ホタルダス」と名づけようということになった。

またホタル調査は主に夏だが、冬のできごととして湖国の雪のふりかたも地域の人と調べてみよう、ということになった。そこで、「夏はホタル、冬は雪」、つまり「蛍雪作戦」という著名な受験雑誌のパロディ風の名づけが生まれた（嘉田・大西、一九九二）。

またホタルの調査も生態や生息状況だけでなく、人とのかかわり、ホタルの思い出などもいっしょに調べようということになった。いわば「生態と文化」両面から、環境の変化を、個々人の経験に即して語ってもらうための項目を準備した。

調査内容もきまり、名づけもきまった。次はどれくらいの範囲の人たちにどのようなルートで呼びかけるかが問題となる。水と文化研究会の世話役が中心となって呼びかけたルートは以下の四つだった。

①世話役の知りあいへの口コミ
②環境保全にかかわる組織を通じて（学校をふくむ）
③新聞などのマスコミを通じて
④パソコン通信を通じて

一年目の調査　そして、一九八九年の初夏、四月から第一回の調査呼びかけがはじまった。新聞などマスコミも広報してくれたが、マスコミルートの反応はにぶかった。それよりも知りあいルートを通じて参加申し込みがつぎつぎやってきた。ホタルに対する関心の深さをあらためて知った。しかし学校参加については、とくに夜間の調査になり、責任がもてないということで、後から参加を取り消してくるところもあった。

一年目の調査は五〇〇人以上が参加をして、五〇〇ヵ所以上の調査結果が集まった。そのなかで、報告場所の九〇％近くで「ホタルを発見」という結果を見て、世話役一同色めきたった。予想外の生存状況だった。伝聞情報では、特定の名所にしかいないと思っていたホタルが「意外と身近な所にいた」という発見があいついだ。

（2）パソコン通信の双方向性

調査のメディアとして重要視したのはパソコン通信である。パソコン通信のような電子ネットワークは、一九九〇年代後半には、インターネットにより急速にひろまった。しかし一九八九年当時は、電話とパソコンをつないで、電子掲示板に書き込みをして情報のやりとりをしたり、個別にメイルを送ったりするということを説明してもなかなか理解してもらえなかった。なにかうさんくさいメディアであるという偏見もあった(3)。

対話感覚を大事に　当時、私たちがパソコン通信を介して「蛍雪作戦」を展開することにした理由は、その「即時性」「双方向性」「蓄積性」であった。

「即時性」とは、郵便などによるとどうしても二―三日かかってしまうところが、数分のずれ、あるいは数時間のずれで情報のやりとりができることを意味する。即時性は、電話でも可能だが、電話では一人対一人の個人的やりとりしかできない、という制限と、やりとりを記録するという「蓄積性」がない。それに対して、パソコン通信のなかでも、とくに「掲示板」（BBS：**Bulletin Board System**）では、「今、ホタルを見てきた」という感動をすぐに書き込める「即時性」がある。しかもお互いに質問をしあったり、その結果をみんなで見たりという「双方向性」をもたせることができる。「＊＊さんが見てきたなら、私も今晩見にいってみよう」という行動への誘いかけ、誘発効果も生まれる。

そのような対話に参加することで、電子情報の上に、仲間としてのコミュニティ意識（共有意識）が生まれてくる。このような仲間意識が実際にホタルを見る行事などにも展開する。また、その伝言内容をあとで見ることができるという「蓄積性」もある。この蓄積性が、報告書を机上印刷（DTP：**Desk Top Publishing**）で出版するときの資料になる。

一九八九年五月から一九九八年一二月までに湖鮎ネットのパソコン通信に寄せられたホタル関連メッセージ数は、約二六〇〇件にのぼる。

（3）個人情報「一人称」の重視

『私たちのホタル』を発行　さて、郵送やパソコン通信など、参加メディアが異なる人たち同志の情報交換も意味がある。とくに、パソコン通信は若い人、男性が多い。それに対して郵送は高齢者、女性、子どもたちが多い。そこで、調査途中のニュースレター「ホタルだより」を年数回発行した。また年度末には、『私たちのホタル』という報告書を毎年発行した。技術的にはDTPを利用し、安価に発行できた。

この報告書の編集方針は二点あった。ひとつは、パソコン通信のようなデジタル化した情報も活字として再掲載するということである。一種の「メディアミックス」である。もう一点は「個人情報の重視」である。報告書の最初の頁には、参加者全員の個人名を掲載して、次年度以降の参加意欲を高めてもらうことにした。また本文にも、個人名で感想文をそのまま掲載した。

自分化という原理　この意味は「うごくアトラス」を見てもらった時の片野さんのひとことからヒントを受けている。「自分がとったデータは愛着がわく」。つまり「自分性」である。しかし自分のこと、自分が住むところの固有の地域の関心はそれだけでおわらず、「となりはどうなっているだろう」「あっちの町はどうなっているだろう」という関心にもひろがる。そこが生活者感覚から展開する好奇心ともいえる。

ただし、個人名をだしてほしくないという人もいる。その場合には匿名とした。この方針は『私たちのホタル』第一〇号まで踏襲された(4)。そして琵琶湖博物館の展示や資料収集の構想づくりのなかにも、この「自分化」という原理は生かされていくことになる。なお情報システムとホタルダスの関係については、本書での大西氏の報告にくわしい。

（4）シロウトサイエンス

何がわかったのか　平成元年から三年計画ではじめたホタルダスの動向や、そこでの観察記録についてのくわしい分析は遊磨氏の著書と本書の執筆文にゆずる（遊磨、一九九三）。最初の三年間で二六〇〇人の人たちが参加をした。報告書は三年間で八〇〇ページになった。さて、それで何がわかったのか。『私たちのホタル』第三号に、私自身は次の五点を「発見」としてまとめている。

①自然もかわったけれど、人間の意識の方がもっとかわった

水が汚れているから「いるはずがない」と思われていたところでたくさん発見している。テレビのような娯楽のなかった時代、人とホタルが近しい関係だったものが、今遠のいていた、という発見。

②ホタルはほどほどの汚れをこのむ

ホタルは人里近くの生き物で、ご飯粒や大根葉くらいのほどほどの汚れは餌として必要。

③ホタルは草木が好き、光はきらい

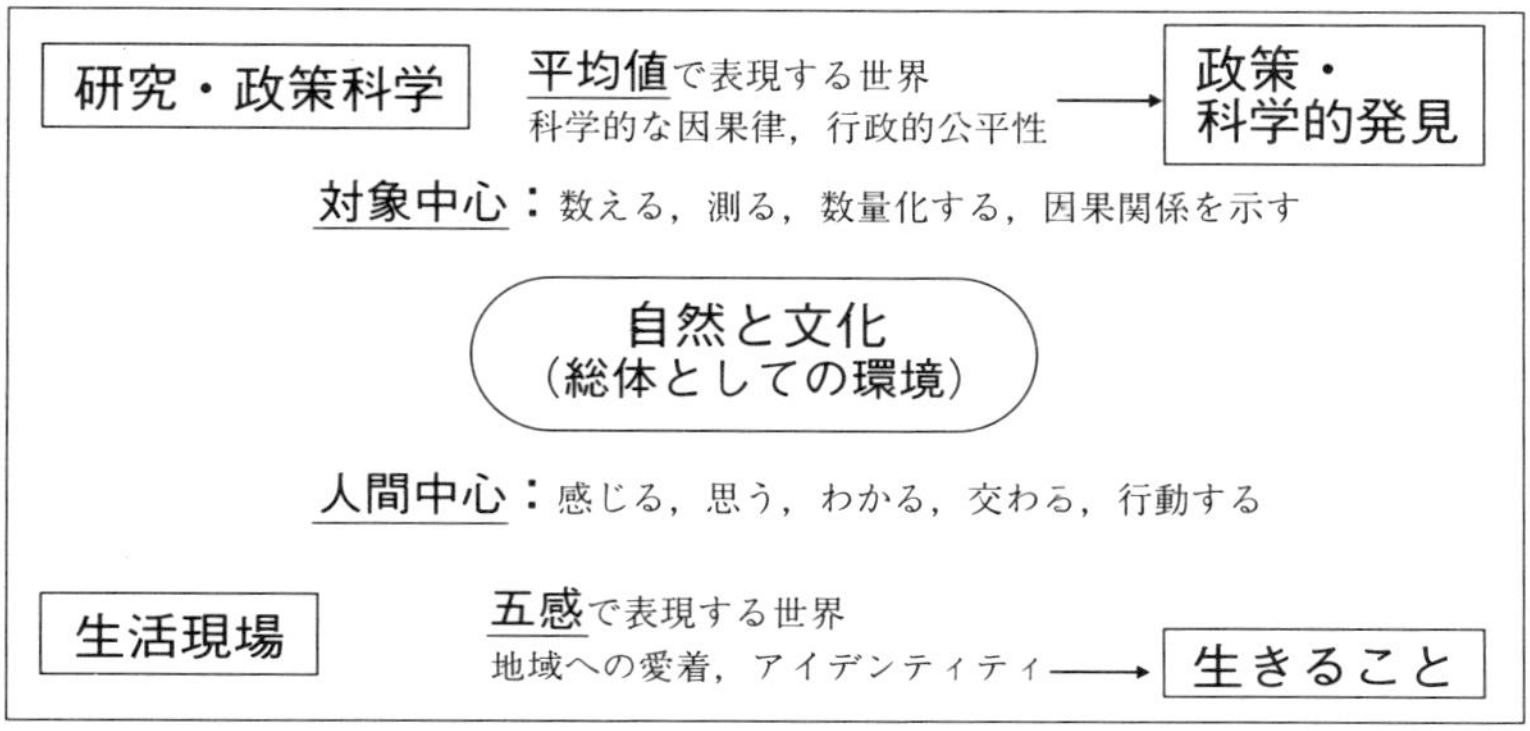

図1　環境認識をめぐる生活者と科学者（琵琶湖研究所編，1992：7）

ホタルがくらしやすい環境は水のなかだけでなく、周辺に草木がある暗がりの状態も必要。

④みんなが発見したことがおもしろい

上のことは、すでにホタルの専門的研究者である遊磨さんが指摘してくれたことだった。世間の常識と異なることを、皆が自分の観察と経験から導きだしてきたことが重要。ひとりの専門家が一〇〇知ることも大切だけれど、一〇〇人のシロウトが一ずつ持ち寄ることも重要。

⑤研究者にもわからないことがたくさんある

ホタル観察の現場はきわめて個性的で多様。研究者でも想像できないこと、わからないことがたくさんあった。科学的な研究はまだまだ不足しているということがわかった。

科学知　対　生活知　参加者の交流の場づくりを求めて、一九九二年の一月、「シロウトサイエンス」シンポジウムがひらかれた。その折、私自身は、環境に対するまなざし（認識方法）に、クロウトとシロウトの違いがあるのではないか、ということを仮説的に発表した（琵琶湖研究所編、一九九二）。それが図1である。

かなり荒削りだが、それまでに接触してきた科学研究の専門家、行政、地域の人たちとのつながりのなかから、私自身にみえてきた図式である。研究者や行政の世界が、「対象中心」のパラダイムをもっており、対象のもつ特性をできるかぎり数量化して平均値で追跡し、「因果関係」をしめそうとする。これはいわば「科学知」の世界である。行政では、研究者のそのようなデータを元に、法律に基づく行政的合法性と公平性を求めようとする。

一方、研究や行政を仕事としていない人たちが環境に向ける目は、まず、自分がそれをどう「感じるか」という五感で把握して表現することからはじまることが多い。そして五感を追求しながら、「わかろうとし」(理解し)、その理解は個人からはじまり、家族や仲間へと「交わり」がひろがりながら、思いや知識を共有していく。これは「生活知」の世界である。そして気になることがあると、行動する。それは、まさに、「みぞっこ探検」で蒲生東小学校の井阪尚司さんが表現した「たんけん、はっけん、ほっとけん」というプロセスでもある(蒲生野考現倶楽部、印刷中)。

(5) 琵琶湖博物館での環境展示

個人が発信源 上のような「生活者」と「科学者」の認識のちがいは、その後琵琶湖博物館での湖と人間のかかわりを考える「環境展示」の構想を練るときに、強力な経験的・論理的根拠となった(嘉田、一九九八)。

多くの博物館では、展示の構想は研究者が練る。場合によっては、行政担当者が練ることもある。そのようなとき、どうしても重視しがちなのが、上記でいう「対象」を中心とした科学知である。そして多くの来館者は、「なぜそのテーマがおもしろいのか、なぜ意味があるのか」ということをわからないまま、専門家の世界に強制的にとりこまれることになる。それで、おもしろさがわかる人は少数で、多くの人たちがテーマの意味や内容がわからず、「むずかしい」という評価になる。あるいは「専門家がいうのだから」と専門的権威にすりよった安易な自己了解をしてしまう。

これは今、話題になっている環境教育の分野でもよくみられる。なぜ環境教育では「トンボの生息」「水生昆虫」であるのか、その人とのかかわりや興味の有無とは関係なく、生き物を取りあげたら環境教育だと思いこむステレオタイプが広く深くしみこんでいる。

そこで、琵琶湖博物館の環境展示では、水質や生き物など、対象中心になりがちな環境展示を、来館者が「自分とかかわりのある」「自分にも心当たりがある」と思えるような「とりつくシマ」から導入しようとした。それが、空から撮った空中写真を展示室の床いっぱいに拡大して、琵琶湖周辺の地理的ひろがりと自分の生活の場を歩きながら見られる「空から見る琵琶湖」や、過去四〇年ほどの生活環境の変化を、日常の家庭電化用品や生活雑貨からとらえる「琵琶湖四〇年」である。

ホタルダスの展示　また博物館展示には、ホタルダス調査の結果も展示することにした。ホタルの生態とあわせて、ホタルは人に近い「文化昆虫」であることを、ホタルダス調査の結果から構成した。ホタルをつかむナタネガラや、笹竹、つかんだホタルをいれる容器などの実物展示も計画した。身近にある素材を工夫してつくった「麦わら籠」「大根繊維のホタル籠」「空き缶籠」「青竹籠」も実物展示をした。

そして何よりもホタルダスに参加した人たちの生の声を伝えたい、という思いから、「ホタルダス八〇人」として、参加者ひとりひとりの顔写真、観察場所の写真を見ながら生の声を聞くことができる展示用のパソコンソフトを作製した(5)。長浜市の宮川琴枝さんがこの書物のなかで書いているように、たとえば、博物館にお孫さんがこられておばぁちゃんのメッセージを発見して、おばぁちゃんの株が上がることもある。知りあいの人の意見を探してまわる人もいる。

3　人とホタルの関係論——個人史から社会史・自然史へ

（1）参加の動機—対象中心型と生活密着型

しつこく一〇年　三年間でおわるはずであったホタルダスも、四年目以降「しつこくホタルダス」「しつこくしつこくホタルダス」と続けて、とうとう一〇年続いた。そこにしつこくかかわった人たちに、それぞれの経験と思いをふりかえって寄せてもらった感想文が、この本の第二部である。

参加者のホタルダス一〇年の経験を、とくに個人として主観的にみえる「私とホタル」の関係を軸にみてみると、まず図2のような構造がみえてくる。図2では、主にかかわりをもった言説としてのきっかけとその後の個人的展開を動態的に示してみた。

科学知型　「私」がホタルとかかわるきっかけはさまざまな場面で本人によって語られてきたが、大きく二つの方向が

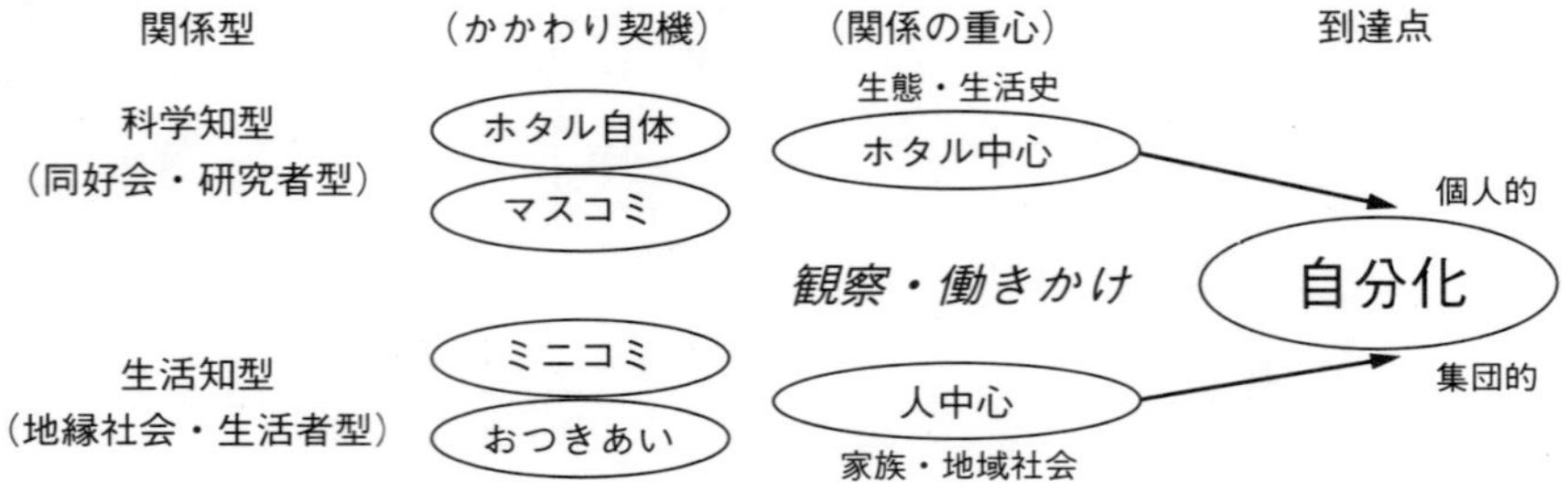

図2　ホタルと私の関係性（動態モデル）

みられた。ひとつは「ホタルそのものの神秘性を感じて」というようにホタルがもっている「内在的」な存在価値を理由にあげる場合である。ホタルを自然保護のシンボルと考える人も対象に興味があるという意味ではこのタイプにいれたい。一方、対象としてのホタルには興味はないが、家族や親戚などの血縁関係、友達や自治会活動など地縁関係のなかでの人と人との「おつきあい」からホタルにかかわったケースがある。

ホタルそのものに神秘を感じる「内在派」はここでは「科学知型」（同好会・研究者型）と名づけたい。そこでは「ホタル」あるいは「生き物」であることが意味がある。そして図1との関連でいくと、ホタルを「対象化」して観察と数量化、生息条件などの因果関係の究明に傾斜した科学知におもきをおいた観察となる。

一方、「おつきあい」からはじまるというのを「生活知型」（地縁社会・生活者型）と名づける。生活知型では、ある人と人の「おつきあい」や組織が先に存在し、そのおつきあいのなかで、物事へのかかわりが決められる。それがホタルであろうと、あるいはトンボであろうと、あるいは極端にいったら「空港建設反対運動」であろうと、内容は二次的である。「おつきあい」こそがまず第一のきっかけとなり、そこでは、五感で感じるできごとや人との交流が大事な要素である。ホタルにかかわるのはおつきあいのいわば副産物、あるいは余技である。もちろん現実はその中間的要素もふくめて単純な分類をこえた複雑性がみられるが、概念として整理するための仮説としたら、このような理解が可能ではないだろうか。

生活知型　今回の参加者で、本書に感想文を寄せているなかで、荒井、森、杉原恵美子、青木、井阪、宮川、井口、村上さんなどはそれまでの人間関係や組織的つながりをきっかけにホタルダスに参加をした人たちで、「生活知型」といえる。その場合、テーマは必ずしもホタルである必要はない。極端にいったら何でもいい。一方、新聞などマスコミ情報がきっかけになった人もいる。マスコミの場合は、対象に興味があることが前提であり、基本は「科学知型」といえる。今回の場合には、マスコミ情報をきっかけにホタルダスにかかわり一〇年間継続した人は辻田、今泉、大菅、堀野さんなどである。おつきあいとマスコミの中間的性格を示すのがパソコン通信が参加の動機になっている場合である。津田、谷口、杉原芳也さんなどである。この場合もコミュニケーションが先にある、という意味では、「生活知型」といえる。

今回のホタルダスの場合、上記の理念的な分類にあわない人たちがいる。それは、人との「つきあい」中心として参加しながら、ホタルにテーマ性をもっている人たち、つまり科学知型でもあり、生活知型でもある中間タイプである。山東町の口分田、田中、守山市職員の西野、大津市の森野さんたちである。

守山市は大正一三年、日本で最初にホタルが天然記念物になった地域であり、地元のホタル研究家、南喜市郎さんの足跡が今ものこされている（南、一九八三）。また西野さんが記しているように、守山市の行政がホタルの保護と育成を行政施策としても取りあげている。同じように山東町でも大正末期から七〇年以上のホタル保護の歴史がある（堀江・田中・沢田編、一九九六）。また森野さんは、芭蕉の俳句でも有名な「石山源氏螢育成保存会」のメンバーでもあり、この組織はホタルダス世話役でもある井上さんが結成したものである（井上、一九九一）。

（2）動機づけは成長する——それぞれのホタルダス

個人史のなかの記憶　さて、ホタルとかかわろうと思う時の「私」は白紙の私ではない。そこには、さまざまな経験や記憶がインプットされた「色のついた私」がいる。ホタルダス参加のきっかけに、「子ども時代に見たホタルがなつかしくて」という理由はたいへん多い。

つまり個人史のなかに、ホタルの記憶がいわばプラスのイメージとして残っていることがかかわるきっかけになる。杉原恵美子さんのように、「自分はホタルを全く見たことがない」という人もいるが、過去一〇年間の記録からみると少数である。また集団的記憶のなかに、地域社会としてホタルとのかかわりが深いことも、個人の行動をコミュニティとして補強するために重要である。前記のように、山東町、守山市、大津市千丈川（石山）などは「地域としての共通の記憶」を発掘し、生かしてきた事例ともいえる。

本人が語る参加の動機が、「生活知型」「科学知型」いずれに解釈されるにしろ、観察を継続する動機が働いているから継続できたといえる。「継続した」というのは社会的事実でもある。それでは、一〇年間継続をしてきた、その心理的、社会的動機にはどんなことがあるのだろう。そして一〇年間の活動で何を得たのだろうか。そのなかでも、参加と継続の動機がいかに「成長・変化」してきたか、代表的な感想文のなかからたどってみたい。

今泉さんの場合　新聞をみてホタルに興味をもって参加した今泉家では、ホタルそのものの観察が子どもたちの夏休みの課題研究のテーマになり、そこで入賞することで、さらに継続する動機が与えられる。動機は「科学知型」である。それも家族の結びつきの絆が年をへるごとに深まり、姉から妹、弟へと三世代つながっていく。しかし、科学賞に入賞してもそれが姉、弟と継承されるとはかぎらない。ここには、「家族の絆にしたい」という今泉父母の強い思いが底流にあり、それが子どもへの励ましになった。そして今泉家では、「サラリーマン家庭では、家族がそろって何かをやる」という機会が少ないことを自覚し、「ホタル」が家族の絆を深め「家族行事化」し、結果的に「子育ての柱」になったことをあらためて発見している。

つまり、ホタルの対象そのものに興味をもってはじめたことが、次第に家族行事として定着することで、家族として、「自分たちのホタル」に成長していく。そこには、家族としてのホタルの意味の自覚化と自分（たち）化のプロセスがみられる。そのホタルの自分（たち）化のプロセスに、河川をたどってみて、「琵琶湖につながっていた」という発見をする。ホタルからの琵琶湖環境の自分化への流れがここにみえる。ここには遠い「外なる自然」としての琵琶湖がホタルを通して、少し自分たちに近づき、そして、もうひとつの外なる自然のホタルが、家族員のなかに自分化され、「内なる自然」としての意味を深めてきたともいえる。それと同時に、今泉家では、母親は琵琶湖博物館の展示交流員として応募し、社会への目をひろげていく。

杉原さんの場合　一方杉原恵美子さんは、都会育ちでホタルを見たこともなかったが、おいしいごはんは水のおいしさが条件ということを発見し、水環境問題への関心を高める。そこに水と文化研究会からの呼びかけがありホタルの観察をはじめる。動機はおつきあい中心の「生活知型」である。夜の観察にひとりででかけるのはこわいので、夫を誘う。そのなかで、あらためて夫の子ども時代、田舎で見たホタルの話を聞き、そうでなければ聞くことがなかった夫との会話のなかで、「夫婦の絆」を深めていく。そしてホタル観察が「夫婦行事化」していく。

いつもホタルさがしをしている「けったいなおばさん」は、地域の子どもたちとホタルをきっかけにつながりをつくり、「地域へのまなざし」へと転換し、行政への働きかけもおこなう。しかし、ここでは、行政自体が杉原さんの問題提起をうけとる受け皿がなく、地域の河川改修は結果的にホタルの生息域を破壊してしまう。

荒井さんたちの場合　地域での働きかけ、という意味では、千丈川の荒井紀子さんたちの例は興味深い。ホタルについては「ゼロからの出発」であった荒井さんもホタルに興味があったわけではない。たまたま地域の講演会で知りあった人から水と文化研究会への参加を呼びかけられ、おつきあいからはじまった。

荒井さんは、新興住宅団地にくらす新住民であり、自分の家の近くにホタル銀座、千丈川があることから、みずから観察データを集めながらホタルの生態についての知識を増やす。そこでの河川改修問題での旧住民との対立と話しあいによる妥協案づくりのなかで行政とのかかわり方も学ぶ。行政対応のなかでは、科学知としてのホタルの生態知識が有効に働くことを学び、科学知への興味も深めていく。同時に、ホタルを見にくる人たちへの「話しかけ」と直接的な交流をとおして、ホタルそのものへのかかわりが深まり、幼稚園への「出前ホタル講座」などに発展し、荒井さん自身も琵琶湖博物館の展示交流員の活動へとすすんでいく。

荒井さんは水環境カルテやため池調査にもかかわり、個人から地域へと活動が展開し、そのつど、多様な知識を駆使しながら、みずからの活動の後ろ盾をつくっていく。そして、最初きわめて安易に「ホタルとの共生」というステレオタイプを口にしていた彼女は、一〇年目にして「共生」ということへのためらいをみずから告白している。多様な知識を駆使しながら、ホタルや人、地域とのかかわりを深め、実践的な力を身につけていくプロセスは、個人と地域、自然とのかかわりの知識を自在にうみだし、活用していく生活知深化のモデルのようでもある。

宮川さんの場合　宮川琴枝さんは、石けん運動の中心的活動家としてひろく水環境運動をするなかで、ホタルダスに出会い、ホタルの観察を通して次第にホタルの生態と生活史に対する知識をます。つまり「つきあい」が先にあり、そのあとで、テーマが深まった。そして、近所の人たちへの呼びかけ、地域自治会への働きかけを通して、ついに市の行政の河川改修の時に、河川の構造改変に対する修正をせまる働きかけをし、成功させる。

また宮川さんはホタルダスから、水と文化研究会が呼びかけた水環境カルテにかかわり、わき水の保全活動にも一石を投じわき水場の改修にも発展する。しかし、わき水場の改変が、みずからの子どもの原風景をこわしてしまった現実についても学ぶ。宮川さんの提案が、市の行政に受け入れられた背景には、宮川さん自身が、元々の旧住民であり多様な知識を駆使しながら、同時に地域のつきあいを大事にし、この地域社会にとけこみ、なじんでいたことがひとつの社会的要因ともいえる。

口分田さん、田中さんの場合　山東町の口分田政博さん、田中万祐さんは、地域住民としてホタルという対象にかかわった中間型といえる。口分田さんは教員の現職時代から、自然教育の実績をもってきた。過去一〇年以上の成虫観察記録にくわえ、近年の「幼虫上陸」のデータは見事である。これらは、いわば「科学」をめざし、ホタルを「対象化」してデータを蓄積するという姿勢がつらぬかれている。しかしそれだけでないところが口分田さんの展開である。

山東町では、毎年六月にホタルまつりをおこなう。そのまつりの日程を正確に予測することは、地域にとってかなり重要な課題だった。そこで、口分田さんたちは、幼虫の観察を開始し、成虫発生予報のモデルづくりに挑戦する。結果の正確さを求めるだけでなく、幼虫の観察を地域の人とおこなう、その観察会の名づけを「幼虫の上陸をはげます会」とするところなど、楽しい。科学知と生活知がむすびついたところで、地域活動の力となっていくプロセスは興味深い。

西野さんの場合　西野さんは、ホタルの保護で伝統のある守山市で、ホタルにかかわる市の行政で公的な職務である「ホタル保護」という「業務」から出発した。まず「ホタルありき」で「対象中心」の出発だった。しかし、みずからの居住地付近でもホタル観察をおこない、職務とは無関係のパソコン通信「湖鮎ネット」に参加をし、職業的な公務である「メシの種」を個人的な趣味の領域にひきこんでしまい、公務がおわってもそれを継続している例といえる。いわば「公務からの自分化」である。そして、家族内部でのかかわりを大事にしながら、ホタルから生活環境全体への興味を展開している。

青木さん、森さんの場合　ホタルの自分化という意味で、もうひとつの大きな流れは学校ぐるみの参加である。能登川町の青木さん、甲南町の森さんは、いずれも学校の教師として、自分の興味を学校へ展開している。しかし森さんが指摘しているように、学校で夜の観察をおこなうのは、組織的困難が伴う。そのようにみると、能登川町の場合、学校と地域のPTAが相互に協力してホタルダスをおこなうことができたのは、異例な幸運ともいえるだろう。そこには、担任の教師と学校責任者としての校長の隠れた連携があったからともいえるだろう。

井阪さん、蒲生東小学校の場合　また「みぞっこ探検」で有名となった蒲生東小学校も、ホタルダスを地域学習にしっかりと取りこむことに成功したが、担任の井阪さんと校長、さらに地域活動母体としての蒲生野考現倶楽部との隠れた連携があったからともいえるだろう。

杉原芳也さん、谷口さん、村上さんは、いずれも「湖鮎ネット」のパソコン通信をきっかけにホタルダスにかかわった「パソ通」派である。

杉原さん、谷口さんの場合　杉原芳也さんは、子ども時代の生活風景をホタルの観察とかさねあわせながら、日々の観察記録と発見を連日パソコン通信に報告し「湖鮎ネット」の常連であった。杉原さんの発見は、琵琶湖の「富栄養化」「COD」というような水質指標の知識体系に疑問を呈し、それをすなおに「わからない」といい放ち、自分にとって意味のあるホタル、タンポポなど、生物の存在価値をみずから発見していく。谷口さんは、パソコン通信によるホタルダス活動を、自分の子どもを通して家族化し、さらにそれをPTAメンバーとして小学校のつきあいに発展させる。生徒、学校、PTAが「おもしろそう」という行事にすぐに横つなぎができる過疎地の小規模校の利点がでた活動といえる。

村上さんの場合　村上瑛一さんは、退職をきっかけに関西から徳島県のふるさとへもどるが、パソコン通信をつうじて、水と文化研究会の活動と日常的なつながりをもちつづける。パソコン通信によって、まさに「時空を超えた」ホタル観察

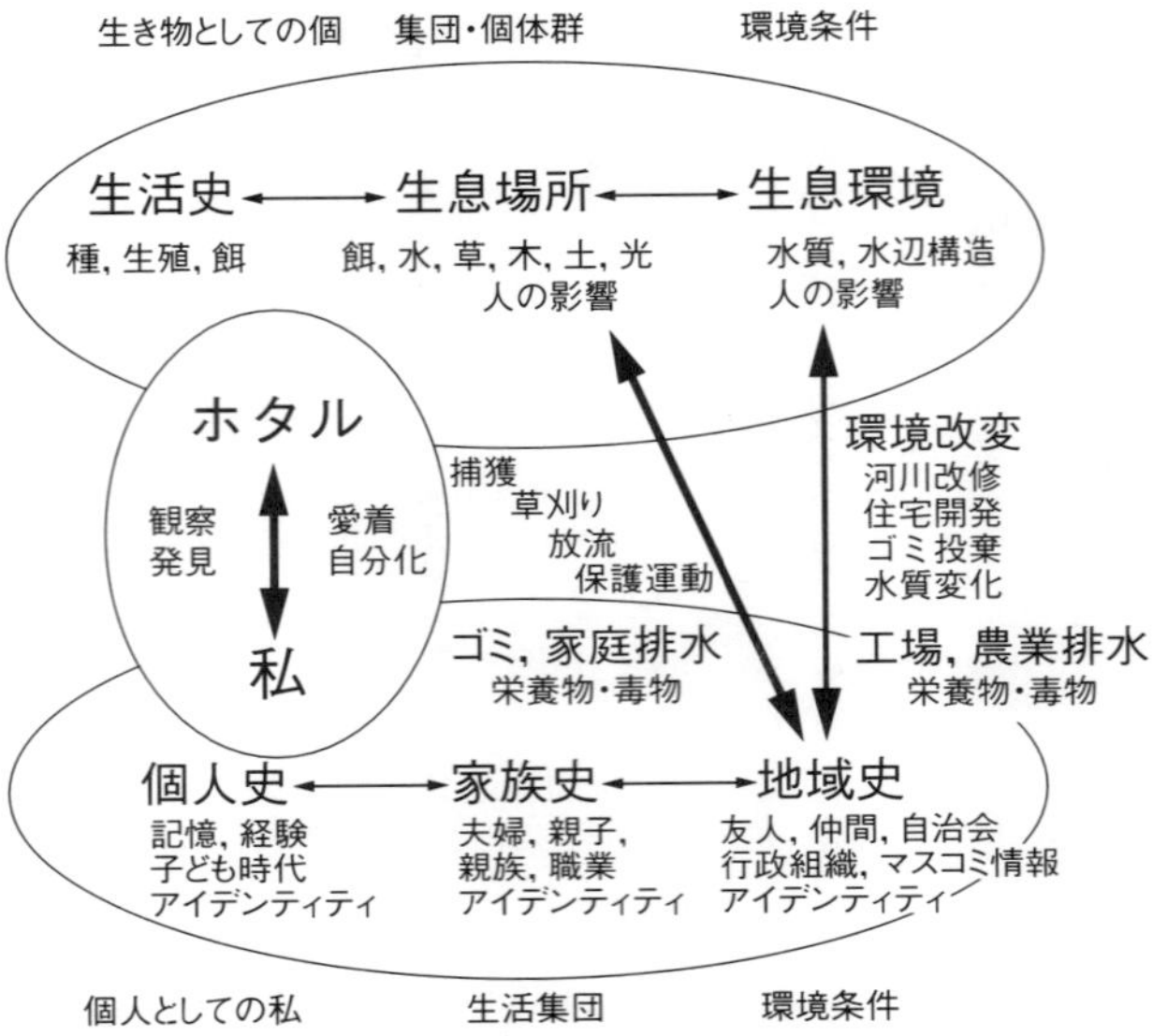

図3　ホタルと私の関係性（静態モデル）

が生きて継続された事例といえる。そして村上さん自身、徳島での地域におけるホタルへの関心をひろげていく。

（3）人とホタルの関係論

ホタルダスの全体構図　図2は、ホタルと人のかかわり方を、参加の動機から、継続の要因、そして最後に、それぞれがホタルを、個人的、あるいは集団的に「自分化」していくプロセスを動態的に描いたものである。それに対して図3は、「私」とホタルとのかかわりの全体性を時間の流れを無視して、静態的に要素同士の関係図として描いたものである。

ホタルダスの場合には、今回の感想文ではあまりふれられていない、ホタルそのものの生態、生息環境の変化という要素も深くかかわっている。しかも、人とホタル、それぞれに個的存在でありながら、小集団（群集、家族）という社会レベル、中間的集団という社会レベルのなかにある。図3では、人とホタルのかかわりを、個と集団という社会的関係のレベルを横軸に、人と自然という関係の階層を縦軸にしめしてある。人間の側は、「個としての私」の個人史を軸に、家族史、地域史というひろがりのなかで、ホタルとの関係性が意味転換していく。それは前述のように、ホタルダスの参加者がいかに、個人から、家族、地域へと意識と行動を拡大していったかという事例からみえる。また地域から家族、あるいは個人へといううごきもある。それは、地域のホタル行政やホタル保護運動が、個人の行動や意識におよぼす影響である。

そのような意味では、個と集団、双方からの働きかけが、ホタルの生息条件への影響を実質的なものとしているといえる。そしてこれらの一連の関係の展開をささえたのが、展開する動機とつながりをささえた知識の質と、その知識との緊張関係のなかでつくりだしてきた環境への「まなざし」（認識の体系）であるともいえる。

一方、ホタルの側からみると、「生き物としての個」もやはり個体だけでは生きていけない。そこには、オス・メスの生殖関係を軸に、集団があり、その集団をなりたたせている環境条件がある。人間の側がホタルの生息条件と環境条件におよぼす影響も、捕獲、草刈り、排水流出、河川改修、住宅開発などがあるが、これも個人レベルの捕獲から、地域社会としての河川改修や保護運動などの社会レベルがある。またホタルが生息する河川、環境のなかでの他の生き物とのかかわりも自然の構造としてホタルをとりかこんでいる。

自分化されたホタル　これらの対象としてのホタルに関する知識は、たんに対象化されたホタルの生態や生息条件というよりも、それぞれの個別存在としての自分化されたホタルとつながってくる。今、ここにいるホタルは「去年のホタルの子どもなのだ」という個体とのつながりは、人間の世代のつながりの投影でもある。

このように、「私」とホタルの個的関係が、生活集団や地域集団にそれぞれに「自分化」されながらひろがり、深まっているのが図3であり、ホタルダスではこのような全体構造が、私の個人史から家族史、地域史へと展開していったことが大きな社会的意味であったといえるだろう。

4　環境調査における知識誘出と操作――シロウトサイエンスの挑戦

環境認識の動態　筆者自身がホタルダス三年目に想定した環境認識の図式、つまり「生活者」と「科学者」という二項対立的な理解の図式は、一〇年間のホタルダスの活動経験から見事にその限界をみせつけられた。つまり、科学と生活を対立的に描くこと自身が、私の頭のなかでの創造物だった。これは、図2、図3のような図式へ私自身のなかで展開したものである(6)。

ここでの展開のまず第一の特色は、参加の動機から、継続の要因、そして一〇年目の意識という動態的な流れがみえてきたことである。その中心的概念は「自分化」である。つまり参加の動機は成長し、変転する。そこでは「継続」だけでなく、中断という結末もある。

第二には、その動態的な流れのなかで、「科学的認識」と「生活的認識」は、相互に補完しあいながらひとりの人、ひとつのグループのなかで多面的にからみあっていくということがあらためて発見された。これを、人に寄り添って解釈すれば、人はそれぞれの現場で、のっぴきならない状況に遭遇して、自分(たち)にとってリアリティのある言説を駆使する力をもっているということである。この言説を繰る力こそが、生活環境主義が問題にしていた「生活者の知」であった(松田、一九八九)。ここでは、科学知も生活者的知のなかでは、ひとつの部分的言説でしかないことがわかったともいえる。

さて、そこでは、いわば科学知をつくりだすと期待されているクロウトと、生活知を繰るシロウトとの社会的ちがいとは何であろうか。つまり図1の段階ではみえなかったシロウトとクロウトの差異がより鮮明に、具体的な実践のなかで、動態的にみえてきたといえる。そのような意味で、ホタルダス一〇年のなかで、私自身も以下のような発見をした。それが本稿のまとめといえるだろう。

シロウト参加型調査　ひとつは、シロウトであることは、生活者的知の繰りのなかで科学者的知識を部分知としてとりこむ総合的な力をもっているということである。科学的論文を書くことを研究クロウトの存在証明としたら、シロウトの存在証明は、それぞれの主体にとってそれが「意味がある」ということである。その意味は、「個人的楽しみ」「家族的楽しみ」「社会的貢献」などさまざまなレベルがありうる。その意味のなかには、「科学者的知識」の探求もふくまれうる。その多様な「意味の発見」が許されることがシロウトの強みであり、存在証明でもあるだろう。

もう一点のシロウトとクロウトの違いは、シロウトは、対象を「自分化」することが可能であるということである。つまり、科学的研究のように「対象化」も可能だが、それを自分化することも許される。それに対して、クロウトは、あくまでも対象を対象として、「客観的」に「冷静」にあつかわないといけないというパラダイムのなかに生きている。「ホタルが神秘的」「ホタルがかわいい」などといったら、ホタルの生態学の専門家にはなれない。

それに対して、シロウトには、感情や情感を吐露する自由が許されている。あるいは感情移入が許される。そして、クロウトがあらかじめあるパラダイムのなかで、論文になりそうな疑問しか疑問としてもてないのに対して、シロウトは自由な疑問をもつことができる。クロウトであることによる視野の限定は、シロウトであることで無化される。

かつて筆者は、「ひとりのクロウトが一〇〇知っているよりも、一〇〇人のシロウトが一ずつ知ることが地域の環境保全にとっては重要である」と言ったことがある。しかし、この一〇年間のホタルダス調査の結果、「一〇〇人のシロウトがそれぞれに一〇〇を知る」という可能性もでてきた、といえる。そこで知る一〇〇は、一つずつがそれぞれに色をもった、足し算も引き算もできない、多様な一〇〇である。それは、個別の地域環境の多様性と、そこに注がれる人びとのまなざしの多様性のなかからうまれてくる、科学的知識もふくみこんだ「生態／文化的固有性」にもとづいた多様性ともいえる。

クロウトでもわからないことがある　では、地域環境調査において、クロウトの研究者は不要なのだろうか。いいえ、そうではない。今回のホタルダス調査では、ホタルの生態学のクロウトと自他ともに認める人の存在は二つの意味で重要であった。ひとつは、ホタルという対象をしぼりこんだ時点での科学的知識のレベルを深めるという意味である。二点目は、「クロウトでもわからないことがある」ということを知ることによって、参加者の参加意欲を高める社会的効果である。それには、不明なこと、わからないことをわからない、という勇気をもった本物のクロウトが必要である。

逆に、このような地域住民と共同の調査をすすめるために邪魔となるクロウトもいる。それは、知識レベルが中途半端で、わからないことをわからないと公言する勇気（というか、あたり前の感覚）をもたない、「クロウトまがい」の人たちの存在である。多くの住民参加型調査が、本物のクロウトの仲間をもてず、クロウトまがいの人たちに逆に疎外されているという現実もある。

またシロウト参加型調査では、目に見えないが意外と重要であるのが、情報の整理やその入れ物、報告書づくりである。異質な立場をつなぐ情報をやりとりするフィードバック・ルートの生成が必要である。かつてパソコン通信、今はインターネットがその役を果たしてくれる。そのような場面では情報システムを作製するプロ、あるいは調査そのものを企画する企画プランニングのプロが必要とされる。このようなプロは今後、社会的に必要とされる新しいプロではないか、ということもホタルダス一〇年の教えでもあった。

環境の知識を導き誘い出す　ホタルダスの仲間たちは、その後、ホタルよりもより複合的な「水環境カルテ」や「ため池調査」そして、「水辺の遊び調査」などに挑戦した。そして冒頭に述べたような、忘れられつつある昭和三〇年代の地域の記憶を丹念に掘りおこし、記録化して、公表し、新たな知識の誘出者としてうごいている。「創出」というよりは、すでに存在していたが、隠れていた存在に形を与え、言語化する誘い出す行為として、「誘出」(Elicit) とここでは名づけた。

その詳細はここで述べる紙幅はないが、多くは琵琶湖博物館の展示資料となっており、その展示を見て、新たな仲間も生まれつつある。琵琶湖博物館の建設というできごとは、このような知識を導き誘い出す場としては大きな意味をもった。しかし、この「誘出された知識」が来館者など、通りすがりの人を通してどのように日常化し、地域活動のなかに展開していくのか、これからの課題でもある。

社会学の三浦耕吉郎は「環境調査とは研究者の環境認識と住民の環境認識の間の相互作用」のプロセスであり、そこでは客観的な客観把握という段階をこえているという（三浦、一九九八）。三浦も各地での住民運動とのかかわりから、独自の知をつくりだす生活者の力を認めている。私自身、かねてから主張しているように、「環境」とはあくまでも「主体とのかかわり」で定義される存在であると考えてきた（嘉田、一九九五）。主体ぬきに環境はない。そのような意味では、純粋に客観的な環境にまつわる知識というのは、原理矛盾でもある。

スウェーデンの科学史家、マイケル・ギボンズは、学際研究をこえた「超際研究」Trans disciplinary Science を提案している（ギボンズ、一九九六）。そこでは、知識生産そのもののあり方がとわれ、科学研究への市民の参加、市民への説明責任が問題とされている。二〇世紀は専門家を育て、専門家の知識によって科学技術も発達した。しかし、専門家による弊害が生まれたのも二〇世紀の特色ともいえる。

本書でも高谷好一氏がのべているように、産業革命以降の「画一化」の流れに対して、人類文化や社会の多様性について、あらためてその価値を見直すべき時代になっている。異なった人、異なった生き物たちが共に生きる、いわば「共生の原理」は、生活現場に密着したシロウトならではの発想からうまれると期待される。そのような共生の原理をうちにふくんだ知的営みは、小川正賢の表現によれば西洋的科学だけが科学ではない、多様な文化的伝統に基づいた「多元的科学」が存在することを意味する（小川、一九九八）。

知識誘出型ＮＧＯ　いわゆる専門家の権威にすりよることなく、等身大の知識をみずからでひきだし、つくりだす地域住民組織を、筆者は「知識誘出型ＮＧＯ」と呼びたい。「誘出」とは、すでに存在するが隠れている知識（体系）を導き出す行為であるが、しかしそれは導き出す働きかけの方法を工夫する必要がある。ホタルダスは、その導き出すひとつの入り口になったようだ。それは日本文化におけるホタルへのこだわり、水環境の指標としてのホタルの社会的意味などがあるからだ。文化のあり方や手法と深くかかわる知識誘出過程といえる。このような「知識誘出型ＮＧＯ」の活動を「シロウトサイエンス」と名づけたい。

シロウトサイエンスの真髄は、クロウトの知的営みをもみずからのものとしてとりこむ骨太の知的創造性にある。そして、身近な環境調査というフィールドは、「シロウトの新鮮な驚きと、クロウトのさめた目の交差する」ところに新しい世界がひらける格好のフィールドともいえる。それは二一世紀型の新しい、多様性に根ざした多元的な科学のひとつの柱である、土着の学問への入り口ともなりうる。ホタルダスの挑戦と経験が、そんな二一世紀型の新たな知の創出につながることを期待している。

追記

本稿をまとめるにあたって、琵琶湖博物館の牧野厚史氏に社会調査論的な視点から有益なコメントをいただきました。感謝します。

注

（1）鳥越・嘉田編（一九八四）が最初の事例研究である。共同研究者の理論書として鳥越編（一九八九）、筆者の単著として嘉田（一九九五）、共同研究者の単著として鳥越（一九九七）などがあり、具体的な事例研究にひろがりと理論的な深まりをみせている。

（2）このデータは県の環境プランづくりの基礎資料にもなった。滋賀県環境室編『湖国環境プラン』（一九八六）。

（3）この当時の事情はすでに大西も記しているが、私にはそれがどのようにみえたのか個人的な感想を、個人がみる「歴史的できごと」として記しておきたい。

パソコン通信ホストの設置提案は、一九八八年秋の予算編成時期だった。私たちは滋賀県として通信ホストを設置するよう提案をした。しかし「そんな個人的な趣味にお金はつけられない」ということでうけいれられず、大西を中心とした有志でホストを運営することになった。それが「湖鮎ネット」である。当時、パソコン通信なり電子メディアは行政や研究者にとっては「うさんくさい」存在だった。その後、行政部局がさまざまな電子メディアの活用をはかり、インターネットなどに進出したことを考えると隔日の感がある。

（4）もしホタルダスの調査が、県の行政部局の直轄であったら、個人名を見開きページにいれるような報告書はできなかったであろう。直轄であると内部での「稟議書」にトップまでの合意をもらう必要がある。「なぜある個人の名前がそこにあって、別の人の名前がそこにないのか」という形式平等を行政的に主張されたらこたえようがない。「参加をしたいという意思があったからです」というのでは、形式平等主義をのりこえる「論理」にはならない。最初から、そこにクッションをおいて、任意団体（水と文化研究会）の調査としたことが、表現上の自由を保証したともいえる。

しかし、それは同時に、そこにかかわる人間に「多様な立場」の切り分けを求めることになる。たとえば私自身は、公務員としてのかかわりなのか、ボランティアとしてのかかわりなのか、研究者としてのかかわりなのか、厳密に定義しにくい。そして本質的には、個人としての「道義」と「志の高さ」のような個人性に帰着する。そういう意味では、私自身が演じてきた役割は、公務員としてはきわめてあぶない立場である。そこにあるのは最後は「自分」意識である。しかし、NGO・NPO活動が今後次第に重要になってくる時代、公務員が本来の意味での公僕であるためには、「高い志」に根ざした個人あるいは「自分」としての判断力が求められる時代になるであろう。それを組織としていかに許容し、逆に個人の力をいかに組織の活力源としていくか、行政体の経営者に求められる力量でもある。

（5）「ホタルダス八〇人」は、水と文化研究会の田中敏博さんと荒井紀子さんが、県下全域に居住する参加者を訪問し、インタビューをして、それをパソコンの画面から呼びだして個人の意見をきけるようにしたものである（本書コラム「琵琶湖博物館へようこそ」参照）。インタビューは、あらかじめ博物館での展示を前提に了承をしてくれた人を自宅や職場に訪問した。この内容は一九九九年夏にはインターネットでの公開がおこなわれた。固有名詞にもとづいた情報の公開は、うらからみるとプライバシーの侵害でもあり、両者は紙一重である。本人の十分な了解を得るプロセスと、関係者同士の信頼関係が不可欠である。

（6）いうまでもなく、このような図式的理解は現実がその通りであるということではなく、そのような「傾向」にあるというモデル的なものである。

参考文献

琵琶湖研究所（大西行雄・嘉田由紀子）編　一九八四『滋賀県地域環境アトラス』琵琶湖研究所発行
琵琶湖研究所（大西行雄・嘉田由紀子）編　一九八六『うごくアトラス―滋賀県地域環境アトラスフロッピー版』琵琶湖研究所発行
琵琶湖研究所編　一九九二『シロウトサイエンスのサイエンス』琵琶湖研究所第一〇回シンポジウム記録
蒲生野考現倶楽部　印刷中『たんけん、はっけん、ほっとけん』
マイケル・ギボンズ　一九九六　小林信一監訳『現代社会と知の創造』丸善ライブラリー
堀江・田中・沢田編　一九九六『天野川源氏蛍の保護七〇年のあゆみ』山東町長岡区発行
井上誠　一九九一「滋賀県におけるホタル保護運動の経過」『私たちのホタル』第二号、水と文化研究会編・発行：五五―五七
嘉田由紀子　一九八九「環境認識と生活者の意思決定」『環境問題の社会理論』（鳥越皓之編）御茶の水書房：一二三―一六七
嘉田由紀子　一九九五『生活世界の環境学』農山漁村文化協会
嘉田由紀子　一九九八「地域環境問題を考える拠点としての博物館」『ミュージアムデータ』四一号：一―一〇
嘉田由紀子・大西行雄　一九八六「環境情報のデータベース化と『滋賀県地域環境アトラス』」『季刊・環境研究』第六一号：四三―五三
嘉田由紀子・大西行雄　一九九二「パソコン通信を利用した地域環境調査」『情報と日本人』（野村雅一編）ドメス出版：八三―一

〇五
松田素二　一九八九「必然から便宜へ・生活環境主義の認識論」『環境問題の社会理論』（鳥越皓之編）御茶の水書房：九三―一三二
南喜市郎　一九八三『ホタルの研究』サイエンス社
三浦耕吉郎　一九九八「環境調査と知の産出」『見えないものを見る力―社会調査という認識』（石川・佐藤・山田編）八千代出版：一一七―一三二
小川正賢　一九九八『「理科」の再発見―異文化としての西洋科学』農山漁村文化協会
滋賀県環境室編　一九八六『湖国環境プラン』滋賀県発行
鳥越皓之　一九九七『環境社会学の理論と実践―生活環境主義の立場から』有斐閣
鳥越皓之編　一九八九『環境問題の社会理論』御茶の水書房
鳥越皓之・嘉田由紀子編　一九八四『水と人の環境史―琵琶湖報告書』御茶の水書房
遊磨正秀　一九九三『ホタルの水、人の水』新評論

（かだ・ゆきこ　京都精華大学）

地域文化財としての天然記念物とその活用

花井　正光

1　はじめに

天然記念物の意義と機能　「天然記念物」という語を知らない人は、まずいないのではないか。法律や条例により指定された天然記念物は全国津々浦々に存在するし、マス・メディアで耳目を引く機会も多い。またごく珍しい存在に対して、人にさえ比喩として使われるほど、なじまれてもいる。天然記念物には、めったにない特異な姿かたちをした樹木や地形、分布や数が限られた稀少な動植物の種や群集、遺伝的変異で生じた珍奇な動植物などが含まれているからだろう。

一九九九年は天然記念物の保護制度ができてちょうど八〇年目にあたる。この間、言葉としては世に定着したといえる天然記念物も、その本来の意味や機能も含めて理解されているかと問われれば、さていかがなものであろうか。稀少もしくは珍奇な自然物や人の比喩にあてる用い方は愛嬌としても、天然記念物についての理解が十分でなく、その意義や機能も活かされていないのが現状なのではないか。もったいない話だと思う。

天然記念物が、ともすれば絶滅が危惧される動植物と同義ととらえられがちなのも、気になることのひとつである。現代にあっては、絶滅しそうな生きものを護ることはもちろん大切なことである。そのため、さまざまな努力を緊急としていることもそのとおり。しかしながら、天然記念物はかけがえのない貴重な生きものたちを絶滅から救う機能をもつことを、第一にめざしたものではない。

天然記念物はわが国の自然の生いたちをたどるうえで学術的価値の高いものを対象とする一方、人と自然の間の双方向の働きかけをとおして、歴史的に形成された「文化遺産」とみてよい自然物を対象としていることに注意してほしい。古い時代に作出された家畜・家禽の品種や並木のように、人がつくりだしたものも天然記念物に含まれていることをあわせれば、天然記念物が文化財のひとつであることへの理解と納得はえられやすいはずだ。

自然保護が社会的課題となって久しい。二一世紀にも課題であり続けるかもしれない。自然保護が困難な課題である原因のひとつに、自然との具体的かかわりのなくなった現代人の自然離れがあるとの指摘がある。生活様式や生業のあり方が近代技術の発展にともなって大きく変化した結果、身近な存在で一体的であった自然は遠のき、イメージの世界での存在になってしまっているというわけである。しかもそのイメージは人が自然から遠ざかるほど単純化がすすみ、そのぶん実像からかけ離れた観念的なものになりやすい。

天然記念物に着目する理由　だとすれば、良質な自然環境の維持や回復をめざすには、人びとが自然を身近なものとし、生活の場で自然にかかわる当事者に立ちかえるしかない。とはいえ、生活様式も生業のあり方もともに変貌をとげている現在では、当事者として具体的に自然とかかわりをもつことは容易でなくなっていることは確かである。そのようなとき、各地で顕彰され引き継がれてきた地域の文化財としての天然記念物に着目してみてはどうだろう。故事来歴をともなうことが多く、それぞれの地域で幾世代を超えて人が関係をもってきた自然物である天然記念物ゆえ、生活のなかで自然とのかかわりを象徴するものとして、多くの人の関心をよぶことが期待できる。地域の自然環境保全が課題となりつつあるなか、地方公共団体が天然記念物を活用して生活環境の見直しと地域づくりに取り組みはじめた事例もでてきている。

天然記念物は、自然物を対象としながらも、土地の歴史や文化を記念する文化財のひとつだと述べた。文化財といえば、おおかたの人は古い時代の美術工芸品や建造物、伝統的な芸能、遺跡などをイメージすることだろう。しかし事実は、天然記念物もひとつの文化財なのである。このことについての説明から始めよう。

2　天然記念物と文化財

二〇〇〇年一月一日時点で、国指定の天然記念物は全部で九五八件ある。おおまかではあるが、これらの天然記念物は次の三つの類型に分けることができる。

①わが国の自然の特徴とそのなりたちを物語る代表的な自然物。②長い歴史を通じて人と自然がかかわるなかで形成されたり選択的に遺されたりしてきた自然物。③畜養動物や栽培植物のように人が目的的につくりだしたもの。以下にそれぞれについて説明していこう。

自然史を語る天然記念物　まずはひとつめの類型の天然記念物をとりあげる。

わが国は島国で国土も狭い。にもかかわらず、すむ生きものの種類は数多く、自然に恵まれている。なぜか。大陸に由来する地史を異にする大小さまざまな島々からなり、海洋性の温暖湿潤な気候下で四季に富み、南北に長いせいでいくつかの気候帯にまたがる国土は、多くの種類の植物と動物の分布をもたらした。

大陸から隔離された島では、取りのこされた動物や植物が遺存種としてもとのままでとどまる一方、小集団ゆえに分化が起きやすく、異なる種を生じやすい。固有種が多くなるゆえんだ。たとえば、琉球列島に多くの固有動物が生息していることは周知のとおりで、これらの動植物はこの列島の生いたちを語る生きた証人というわけである。イリオモテヤマネコ（写真1）、ノグチゲラ、アマミノクロウサギなどはその代表である。

温暖で湿潤な気候は多くの種類の植物の生育を助け、植生をみない土地はない。また、緯度の高低や山地の高度に応じた気候の違いは、構成する種が一様でない森林をもたらしている。亜寒帯針葉樹林から、温帯の落葉樹林と常緑広葉樹林を経て亜熱帯常緑広葉樹林にいたり、山地林から、亜高山帯林を経て高山植物帯に及ぶというぐあいである。そして、現在もなお国土の七〇％ほどが森林である山ぐにであることも、豊かな自然をたもっている要因として見逃せない。

国土のなりたちをより直接に物語るのは、地質や鉱物、地層、地形といった世界だろう。地殻や気候の変動、地震や火山活動、河や海の侵食など大規模でダイナミックな大地の動きをとどめているのがこれらの自然物である（写真2）。ま

写真２　特別天然記念物　上高地

写真１　特別天然記念物　イリオモテヤマネコ（写真＝村田行）

た、気の遠くなるような地質年代をとおして、各時代を記録している地層や古生物の化石も、地史をなぞるのに欠かせない。

以上はこの国の特徴とその生いたちを知るうえで、つまりは自然史の語り部として価値の高い自然物であり、これらを対象とする天然記念物がひとつの類型を構成している。この類型に区分される天然記念物やその対象となる自然物の特徴は、それらの由来や生成に人がまったくかかわっていないことである。だからといって、人とのかかわりをいっさいもたない、ということにはならない。自然史からみると、土地ごとに一様ではなく、風土といってもよい自然条件によって人の営みや社会は規定される。その結果、人がつくる歴史と文化は多様なものになるのだ。この意味において、自然物そのものや自然史を物語るうえでの自然の価値に重きをおくよりは、自然を人の歴史や文化とおおいにかかわるとみる視点に留意したい。

人と自然のかかわりに由来する天然記念物　さて、次なる類型の天然記念物は、人とのなんらかのかかわりに由来する自然物を、その由来も含めて対象としているものである。地域社会を単位として人が生活し世代を重ねるなかで、人や社会は土地の自然と具体的にかかわってきた。そうして土地ごとの歴史や文化、景観が形成されてきたことに異論をはさむ余地はない。人や地域社会の自然へのさまざまな働きかけは、その土地の自然条件やその時々の人の側の事情とも相まって、動態的ではあるが、地域に固有の自然物や景観を

写真 3　地域の景観（秋田県阿仁町根子）

写真 4　特別天然記念物　蒲生のクス（鹿児島県蒲生町）

つくりだし遺してきた。人の働きかけによる所産であることから、これらの自然物や景観は、文化財とみなしてよい（写真3）。

この類型の天然記念物には、巨樹・老樹、鎮守の森や寺院の境内林、草木の花に着目した二次植生、薪炭や木材を供給する二次林、秣《まぐさ》や肥料用の採草地としての草地、信仰や故事に由来する動植物などが対象として該当する。そして、その数は枚挙にいとまがないほど多く、実際、指定されている天然記念物のおおかたはこの類型に属する。

これらの人為的な自然は、人の生活や生業に由来するゆえ、奥山を除いた地域にみられるもので、ふだんの生活や生業の場に所在することから、そのぶん多くの人が存在を知るだけでなく、具体的にかかわりをもつ対象であったであろう。また、これらの人為的自然の形成や維持・保存は、意図したものから結果的にもたらされたもの、および当初は偶然遺ったものがのちに人為的に保存されたものまで、さまざまなケースが考えられる。

巨樹・老樹の多くや社寺林は信仰と深くかかわることから、樹勢の維持や枯れ木発生の防止など必要な手入れがなされる一方で、人の影響を排除するなど、目的的に保存が図られてきた。巨樹・老樹と社寺林は全国いたる所に遺されていて、地方公共団体の指定する天然記念物のほとんどを占めている（写真4）。また、近隣地域には見られない、故事来歴をともなった珍しい自然物や花の名所とな

写真5　特別天然記念物　日光杉並木街道附並木寄進碑

写真6　特別天然記念物　土佐のオナガドリ（写真：南国市教育委員会）

るような二次植生も、地域の誇りとして積極的に維持管理が図られてきたものが多い。

人の働きかけが結果的に、分布が限られたり特殊な環境で生育する植物の種の維持を手助けすることがある。エヒメアヤメと人の手の入ったアカマツ林、スズランと薪炭材を得るため伐採が繰り返される雑木林の関係などに、その例をみることができる。

また、天然記念物には、一風変わった人と自然のかかわりに着目した例もある。瀬戸内海にあるアビの渡ってくる海面と、イルカ類であるスナメリクジラの回游してくる海面を指定した天然記念物がそれだ。ともにこの動物が小魚を捕食するのにともない、追われる小魚をねらってタイが深いところから海面に向けてやってくることに目をつけたタイ釣り漁法が伝承されている。自然を巧みに利用した技術であり、そこではアビとスナメリクジラが大切にされるのはいうまでもない。神鹿として千年にもわたって人と特異なかかわりを継続してきている奈良のシカの例もある。このほかにも、人と自然のかかわりを文化的側面からとらえた動物の天然記念物の例は多い。ホタルの発生地やウナギ生息地などがそうだ。

人がつくりだした天然記念物　天然記念物の三つめの類型は畜養動物、並木（写真5）、栽培植物の品種など、人がつくりだしたものを対象としている。その生成に人が全面的にかかわった文化的所産であることから、天然記念物が文化財のひとつであることをもっとも明確に表している類型である。

花の色やかたち、開花期などを異にする桜の園芸品種は、現存するものに限っても、少なくとも一九三品種に及ぶという。一〇メートルを超える長さの尾をもつオナガドリ（写真6）を典型として、体型の大小、羽の形状や色、鳴き方など、形質の異なるさまざまな品種群がつくりだされてきたニワトリも、驚嘆に価する。時代を超えた、積極的で多様な人の文化活動を証する文化財として、これらの天然記念物が保存されてきた意義は大きい。

3　天然記念物と自然保護の違い

土地の歴史と文化にかかわる天然記念物　結論的にいえば、天然記念物が自然環境の保全に寄与できるものであることに間違いはない。また、そのための活用や工夫がこれまで以上に取り組まれてよい。すでに述べたとおり、天然記念物には土地の歴史や文化とかかわる身近な自然物が多い。その自然物から人と自然のかかわりのありようを具体的に学ぶことができ、それが地域の自然環境保全にとって恰好の教材となることが期待できるからである。

しかしながら、天然記念物のこうした役割や機能は、「天然記念物とは何か」が正しく理解され活用された結果、もたらされるものであることに注意しておきたい。自然環境問題において、自然と人が切り離されて扱われることがいまなお一般的にみられる。自然保護をめざす制度も、理念上はともかく、施策上ではそうした傾向にある現状では、文化財としての天然記念物の本来の趣旨は、自然保護のそれとは明らかに異なるものであることを強調しておきたい。

ところで、趣旨・目的を異にする天然記念物と自然保護に関する制度が混同されるには、それなりの背景があってのことであろう。ここで、その背景のひとつと考えられる点をとりあげておく。

指定された天然記念物のうちには、カワウソやトキのようにすでに絶滅したに等しい状況にある動物や、絶滅が危惧されるレベルにあるとされるイリオモテヤマネコやノグチゲラ、イヌワシなどの動物も含まれている。先年施行された、「絶滅のおそれのある野生動植物の種の保存に関する法律」に基づき指定されている稀少種と、天然記念物との重複例は、二六種ある。

また全国に二八ある国立公園や五五ある国定公園には、わが国の自然を特徴づける貴重な動植物や地質・地形として指定されている天然記念物が所在することが少なくない。大雪山、尾瀬、上高地などはその代表的な例である。

こうした重複が、天然記念物のイメージとして絶滅が危惧されている生きものや稀少で貴重な動植物とされたり、それらを保護する制度であるとの印象を与えているのであろう。

郷土愛護の思想　もともと天然記念物の制度は、自然物の保護を図ろうとして導入されたものであり、環境庁の発足を機に、自然環境行政の整備が図られるまでは、自然保護の機能と役割を担ってきた経緯がある。しかしながら、天然記念物の保護制度は同時に、郷土愛護の一環としての役割を担うものであったことに留意しておく必要がある。人と自然のかかわりをかたちにとどめた自然物を、地域の歴史や文化の証しとみて、その保存をとおして郷土愛護思想の普及の一助としようとするものであった。少し先んじてアメリカで国立公園として制度化された原生自然の保護の思想と対比すると、似て非なるものであることが理解できよう。

繰り返すが、天然記念物は、自然環境としての稀少種や、手つかずかそれに近い原生自然を保護すること自体を目的としてはいない。天然記念物は、国や地域に固有の歴史や文化の記念となる文化財のひとつとして、人と自然のかかわりの場とその所産としての自然物を対象としてとりあげ、これらの保護を図ることにより、文化のいっそうの向上に役立てることを目的としているのである。

4　天然記念物保護制度の沿革

天然記念物の意義や機能についてさらなる理解をえるため、この制度の沿革を紹介しておくこととする。ここでは社会・経済の変化をも考慮して四つの時期に区分して概略を述べる。

天然紀念物保護制度の誕生　沿革の第一期は明治末期から大正の半ばまでで、この間にヨーロッパの天然記念物保護制度が紹介され、一九一九年に「史蹟名勝天然紀念物保存法」（以下旧法という。旧法では天然紀念物と表記されていた）が公布され、天然記念物の保護が制度化された。

先行して近代化がおしすすめられたヨーロッパにおいては、破壊される自然に対し、郷土愛護の立場から自然保護をもとめる社会的関心が高まった。これを背景に天然記念物とその保護が制度化された。

日本では、明治期に二度の戦争を経て急激な近代化がおしすすめられ、国土の変貌が進行した。一方では国粋主義の発揚を目的としつつも、この急激な変貌が、郷土愛護の一環として自然物を保護する必要があるとの理解を広め、制度の導入をもたらす社会的背景となった。当時の状況は、旧法成立を促した一九一一年の貴族院採択になる「史蹟及天然紀念物保存ニ関スル建議案」によく表現されているので、原文のまま引用しておく（資料）。

なお、同じ年に設立された「史蹟名勝天然紀念物保存会」は、会報「史蹟名勝天然紀念物」の定期刊行や講演会などを通じて旧法の誕生に寄与した。掲載の論文や講演の内容からは、この制度が、稀少な自然物の保護と郷土愛護の機能をあわせもっていたことがうかがえる。

文化財保護法まで　第二期は制度の拡充と定着をみた時期であり、第二次大戦を経て現行の文化財保護法に至る一九五〇年までの間としておこう。旧法施行時は内務省がこれを所管したが、一九二八年には文部省に移管されている。

この間、中央政府に「史蹟名勝天然紀念物調査委員会」が設置され、精力的に調査がすすめられる一方、「史蹟名勝天然紀念物保存会」も月刊誌「史蹟名勝天然紀念物」を継続して刊行するなどした。また、都道府県においても独自に調査が実施され、積極的に指定に反映された。こうして天然記念物の指定が順次すすめられ、大戦末期と戦後を除くこの間に、七八一件に及ぶ指定がなされた。

一九五〇年、戦中、戦後を通じての文化財の荒廃への反省をふまえて、文化財保護法が制定されたものであるが、これには一九四九年の法隆寺の金堂壁画の焼失が契機となったことは広く知られるところである。この法律は、それまで個別法によっていた建造物や美術工芸品、史蹟名勝天然記念物などを文化財として一体的な保護を図ることを目的として制定されたものである。それまで保護法のなかった無形文化財や民俗文化財を対象に加えるだけでなく、天然記念物を人の活

史蹟及天然紀念物保存ニ関スル件

我邦ノ歴史上学術上風致上ニ密接ノ関係アル天然紀念物カ今ヤ漸ク破壊湮滅ニ属セムトスルモノ少カラス今日ニ於テ之カ保存ノ方法ヲ企画セサルトキハ後年ニ至リ悔錯スルモ其ノ復旧ヲ望ムヘカラス依テ政府ハ速ニ適当ナル方法ヲ設ケテ之カ保存ノ途ヲ講セラレムコトヲ望ム

右建議ス

理由書

我邦ハ建国古ク金甌無欠ノ国体ヲ有シ加フルニ気候ノ適良ナルト動植物ノ種類ニ富ルトニヨリテ歴史的学術的風景的ノ諸方面ニ渉リテ記念トナリ考証トナルヘキ天然物頗ル多ク名木老樹竝木森林原野又ハ禽獣魚介或ハ古墳貝墟岩洞瀑布等ニシテ歴史上著名ノ事蹟ニ関係アルモノ若クハ絶好ノ風景ヲ形制スルモノ或ハ学術上貴重ノ資料トナルモノ広ク各地ニ散在セリ然ルニ是等ノ天然紀念物ニシテ輓近国勢ノ発展ニ伴ヒ土地ノ開拓道路ノ新設鉄道ノ新設鉄道ノ開通市区ノ改正工場ノ設置水力ノ利用其他百般ノ人為的原因ニヨリテ直接或ハ間接ニ破壊湮滅ヲ招クモノ日ニ其ノ数ヲ加フルニ至レリ是レ一ハ是等ノ天然紀念物ノ価値ヲ知ラサルト一ハ亦過度ナル実利的思想ノ発達ニ由ラスムハアラス此ノ如クシテ我邦太古以来ノ天然林又ハ稀有ノ名木カ一朝ニシテ伐倒セラレ或ハ極メテ珍奇ナル禽獣魚介ノ濫獲セラレテ其ノ類族ヲ絶タムトスルハ甚タ惜ムヘキノ至リナリ抑我邦維新以降玆ニ四十四年制度文物燦然トシテ見ルヘキニ至リ随テ古来ノ歴史美術工芸ニ関スル国粋的遺物ノ如キ巳ニ保存ノ策ヲ講スルコトトナレルモ独リ天然紀念物ニ就テハ今日未タ之カ保存ノ計画ナキハ実ニ遺憾トスル所ナリ。

顧ミテ海外ノ趨勢ヲ見レハ欧米諸国ニ於テハ自国ノ天然紀念物保存ニ関シテ巳ニ其ノ計画ヲ立テ著々実行セルモノアリ例ヘハ独逸聯邦中普魯西政府ノ如キハ去ル明治四十年其宗務教務医務省内ニ天然紀念物保存委員会ヲ設ケ爾来熱心ニ調査ヲ遂ケ其英国仏国和蘭白耳義那威嗹馬瑞西等ノ諸国ニ於テモ各々自国内ノ天然紀念物ニ保存ノ途ヲ講シ特ニ北米合衆国ノ如キハ有力ナル公共団体ニヨリテ同国内ノ史蹟名勝ノ保存ニ努メ諸所ニ国設公園ヲ置定シ該区域内ニ在ル天然物ノ保護ヲ実行セリ要スルニ一国ニ於ケル天然紀念物ノ保存ハ固ヨリ其ノ国ノ利益ノ為ニスルハ言ヲ俟タサレトモ広義ニ於テハ亦国際的利益アルモノアリ例ヘハ世界ニ著名ナル古史蹟稀有ノ動物絶奇ノ風景ノ如キ是レナリ我邦ニハ亦斯カル世界的天然紀念物ヲ有スルモノ少カラサレハ此点ニ於テモ亦国家ハ之ヲ保存スル義務アリト言フヘシ、以上ノ理由ニヨリテ政府ハ速ニ史蹟及天然紀念物保存ノ計画ヲ立テ其ノ破壊湮滅ノ危険ニ頻スル者ヲ救ヒ以テ求遠ニ保存スルヲ要ス是レ本案ヲ提出スル所以ナリ。

資料　1911（明治44）年貴族院に提出され可決された建議案の全文

動の所産とともに文化財のひとつとして統一的に保護を図るという、世界的にまれな制度の誕生となったことは注目されてよい。

環境庁設置まで　第三期としては一九七一年環境庁が設置されるまでの二〇年余をあてたい。文化財保護法が公布・施行された一九五〇年に文化財保護委員会が設置されたが、一九六八年の機構改革で文化庁に衣替えして今日にいたっている。

さて、この時期は高度経済成長期にあたり、社会・経済的情勢が大きく変わるのに応じて、自然環境の破壊と劣化が全国規模で進行した。自然保護が国民的関心事となり、環境破壊が社会問題化したのを受けて環境庁の発足をみるにいたるなど、環境問題が社会の大きな流れとなった時代である。

環境庁が設置されるまでは自然保護を目的にする政府機関はなく、地方公共団体においても同様であった。環境庁が発足し、自然環境の保全政策が体系化されるまで、天然記念物が自然保護の機能を担ってきたことはすでに述べた。環境行政の機構発足を機に、文化財としての天然記念物の本来の機能を追求できる条件が整備されたことの意義は大きい。

現在まで　次の第四期は、一九七一年の環境庁発足から現在にいたる間である。第三期後半以降の高度経済成長にともなう顕著な社会や自然環境の変化が天然記念物の衰亡をもたらすことも多く、これに対処するために制度や財政上の措置の充実が促された。

この期の特徴は、自然環境問題を世論の関心を高い社会的課題とし、国の政策はもとより地方公共団体、地域、個人にいたるあらゆるレベルで、環境保全のさまざまな取り組みを不可欠なものにしたことだ。また、地球規模の視点から、環境問題の解決のための枠組みを国際条約などで取り決め、多くの国の参加により取り組みが始まったことも重要である。とりわけ、一九九二年ブラジルで開催された地球サミットにおいて締結された一連の条約や行動指針は、持続的開発をキーワードとする枠組みを明確にしたもので、その意義は大きい。

既存の自然環境にかかわる諸制度も、新たな機能や制度のあり方、活用のあり方などについて、この国際的枠組みに合致した体制を整える必要に迫られているといえよう。八〇年の歴史を経てきた天然記念物の保護制度も例外ではなかろう。

天然記念物は当初から自然保護と郷土愛護の二面性をあわせもつものとして制度化され、長らく機能してきたこと、自然保護を目的とする行政機関の発足を機に、天然記念物が文化財のひとつとしての機能をよりつよくもつ条件が整備されたこと、天然記念物の保護についても、地球環境問題への対処を考慮した制度の整備や活用を迫られていることの三点を、沿革を通じてのポイントとしてとらえておきたい。

5　生活環境と「地域文化財」としての天然記念物

天然記念物の謂れと保存のしくみ　人が当事者として生活環境としての自然とかかわるとはどういうことであろうか。たとえば、人びとは生活や生産のための資材をながらく山に求めてきた。燃料や水田の地力維持に要する肥料としての草木などを、いわゆる「里山」とよばれる集落に近い山から得ていたのである。里山では、神のすむ森や特定の植物群落を保存する一方で、繰り返し人の手が加わり、木のない山さえ珍しくなかったらしい。山という山が緑におおわれている今日では信じがたいことだが、森や林のない、荒涼としたハゲ山や草と低木だけの山が随所に見られたのである。山のどれもが森林と同義であるかの景観は、むしろ近年になって出現したものなのだ。

ともあれ、人びとが里山の半自然である二次的な森林植生を自然としてつきあっていた時代は長かった。そうして自然観や地域の文化を育み、里山にその土地の文化と歴史を刻みこんできた。各地に残る樹齢数一〇〇年の巨樹・老樹のほとんどは、神の宿る樹として土地の人たちが畏敬の念をもって大切に保存してきたものである。その土地の自然林を信仰の対象として、手をつけず保存してきた社叢も各地にある。また、自然林に人が手を加えたのちに新たにできた特定の植物群落が、花や紅葉をめでたり、行楽の場所とするために維持されてきた、二次的な森林植生もあちこちにある。天然記念物には、こうして保存されてきた自然物が指定されている例が少なくない。

生活のうえで当事者として自然とかかわり、自然観を養い文化を育むということは、上述のようなことの総体をつうじてもたらされるものであろう。したがって、人の活動の所産として自然物を文化財とみなす天然記念物は、たんに自然物そのものを保存対象とするにとどまらず、その自然物を保存してきた地域社会のしくみや自然観といった、かたちのないものをあわせて対象としていることに、本来的な意義を見いだしたい。

天然記念物といえば、法律や条例によって指定されたものを指すのがふつうの受けとめ方であろうが、かつて人が生活のうえで社会的規範やある種の自然観のもとで自然とかかわってきた過程をかたちにとどめたものであれば、どのようなものであれその地域にとって文化財といって違いはない。しいていえば、天然記念物はそれらのうち、とくに自然物の保存状況がよく故事来歴をともなったものや、加えて全国的に見てまれなものが代表として指定されているとみればよい。

土地ごとの自然物や天然記念物からは、その謂れをあわせて知ることができる。この謂れこそが自然物を保存してきたしくみを知らしめる点でだいじなのであり、文化財としての自然物や天然記念物を保存する意義もここにある。天然記念物を郷土愛護の啓発の手立てとしたねらいも、この点に根ざしたものであったと考える。

人と生きもののかかわり方　なお天然記念物は、具体的な自然物やその自然物が所在する一定の場所とあわせて指定されているが、人とその自然物のかかわり方に意義を見いだす文化財としての観点からすると、対象となる自然物をとりだして指定するのではなく、かかわり方そのものが顕彰されてしかるべきであろう。たとえば、ホタルの生息地や奈良のシカなどは、もともと広域に分布する動物を特定の地域に限って天然記念物に指定しているものである。指定のねらいは人とこれらの生きもののかかわり方に文化的意義をみようとするもので、ホタルやシカが身近に見られるまれな場所として指定されたものではないことに注意しよう。ただ、法律や条例では、保存の対象を具体的かつ限定的なものにすることが求められるので、ここにいう「かかわり方」そのものを指定することは、現状では無理があるものと思われる。

以上のような観点から天然記念物を文化財として顕彰し活用を図るためには、指定対象や制度上での工夫が必要となろう。現在の保護制度の範疇では対応できない新たな対象については、あるいは天然記念物とは異なる文化財の創設を必要とするかもしれない。今後検討に値する課題であると思われる。

写真7　天然記念物　本願清水イトヨ生息地
（左）湧水量が豊富で生活用水の水源地であった頃の池　（右）湧水量が減少し，時には枯渇さえするようになった最近の池のようす（写真＝大野市教育委員会）

6　天然記念物の活用とその事例

ここで、天然記念物の保護のあり方とその活用をとおして地域社会の環境問題への取り組みをはじめた最近の事例を二つ紹介して、ここに述べてきたことへの参考に供することとする。これらの事例は、文化庁としてもその趣旨に賛同して、事業経費に国庫補助金を交付しているものである。

事例1　福井県大野市の本願清水イトヨ生息地と地下水保全　はじめの事例は福井県大野市で、ここの天然記念物は「本願清水イトヨ生息地」である（写真7）。

イトヨはトゲウオ科に属し、ユーラシア大陸と北米大陸の温帯・亜寒帯に広く分布する。イトヨには降海型（繁殖後海に下る）と陸封型（陸にとどまる）の二つのタイプがあるが、大野市のイトヨは後者で、わが国では南限に位置する。繁殖期のオスの顕著な婚姻色と特異な行動はよく知られている。陸封型のイトヨの生息地はきわめて限定されていて、大野市のほかではわずかに福島・栃木両県下の狭い地域が知られているにすぎない。この限られた分布と南限生息地の学術的価値により、一九三四年に天然記念物に指定されている。大野市ではイトヨを「ハリシン」とよび、湧水量の豊富な池に数多くすむ、ふつうの魚として親しまれてきた。

大野は四方を山で囲まれた盆地で、扇状地が発達しており、伏流水が湧出する池泉がいくつもあり、地下水が豊富な土地である。現在でも市街地のほとんどの家が生活用水を井戸でまかなっている。指定地である本願清水とよばれる湧水池はなかでも最大で、江戸期、城下町に計画的に配置された用水網の水源池として整備され、その維持・補修が継続されてきた。この湧水池にすみ続け、きれいで豊かな湧水のシンボルがハリシンであったというわけだ。

時の流れにつれ、本願清水の湧水量も次第に減少してきた。豊富な地下水が繊維産業の立地をもたらし、一万でダムができたり水田の基盤整備がすすむなど、地下水の需給のバランスが崩れたせいだと考えられている。また、地下水を融雪に使用するなど、家庭での生活用水の汲みあげ量の変化も少なからず影響している。大野の地下水位の低下は一九七〇年代になると本格化し、本願清水では、わき水が渇水期に枯渇するようになった。

これに対し、市は近くの工場の井戸から、後には専用井戸を掘り、渇水時に導水してイトヨの保存措置を講じて対応してきた。また、本願清水の渇水は周辺家庭の井戸の出が悪くなるのと時を同じくする現象であったから、池のある地区では「イトヨを守る会」がつくられるなど関心も高まった。ことの深刻さを訴え、本格的な地下水対策の必要性を指摘する市民運動もはじまった。

地下水の好転はその後もみられず、本願清水では枯渇がいっそうすすむなか、生活用水である地下水が失われることに市民も当事者として関心を寄せるようになった。こうして豊富な地下水や湧水池群は大野の歴史や文化と不可分であることへ市民の理解が広まりつつある。こうした状況は市の政策に反映し、地下水の質と量の改善を目的とする総合的な施策が企画されるようになった。

その一環として、一九九八年、大野市は手はじめに本願清水の整備と学習施設を設置することに着手した。生活用水である地下水の問題については、上水道や下水道の整備など市民の関心をそらす施策をとることもできよう。しかし市が地域の歴史や文化と地下水を一体的にとらえ、生活用水としての地下水の維持・回復をめざす施策をとったことは注目されるものであり、その成果が期待される。

イトヨとその生息環境の保全だけからは、地域の生活環境としての地下水に文化の視点から取り組む発想につながりにくい。大野市のこの取り組みには、文化財としての天然記念物が地域づくりに活用される好事例をみることができる。

事例2　徳島県美郷村のホタル発生地と村づくり　四国の吉野川に北流して合流する川田川水系の集水域のほとんどを占めるのが徳島県美郷村である（写真8）。村のおおかたは谷地形であり、平地には恵まれていない。急峻な山腹に精緻

写真8　天然記念物　美郷のホタルおよびその発生地
(左) ゲンジボタルが大量に発生する川田川　(右) 川田川流域は急傾斜地で家も石積みなしではたちゆかない。不自由なだけに水への関心は一層高い

でみごとな石積みをして屋敷や畑地が散在し、大きな集落はない。水田が少ないせいで農薬の影響を免れたからか、この村にはゲンジボタルが昔ながらに多数発生し、その数は四国随一をほこる。「美郷のホタルおよびその発生地」として、村全域が天然記念物に指定されたのは一九七〇年のことであった。

ホタルは清流の生きもの、というのがふつうのイメージであるようだ。美郷村もあたかも源流域に位置し、清流が奔流する土地であるかのごとく受けとめられている。が、ホタルをきれいな水のシンボルとみることは当たっているとはいいがたい。ホタルは人里の生きものであり、源流域にはすんでいない。人の生活や生業の営みによる川への栄養負荷(食物のかす、ごみ)は避けられないが、そんな川にホタルはすんでいるのである。だから人の住まない源流域にはホタルもすまない。ホタルを清流の生きものとするみかたは、水環境と自然から遠のいた人がつくりあげたイメージだろう。

ホタルが多数乱舞する情景が美郷村の名を広め、ホタルの成虫が羽化するほんの一時だけ、大勢の人が訪れてくるようになった。ホタルを自然物としてだけみる風潮がここでも定着している。

こうしたなかで、「人がいてはじめてホタルもすむ」というあたりまえのことを、過疎に悩む美郷村の村づくりの理念に据えたのは、つい先ごろの一九九六年のことである。人が生活し世代を重ねるなかで、ホタルがすめる自然環境の維持に、村人が参加できるしくみをつくりはじめたのである。この村でのホタルと人のかかわりを文化の一面としてとらえ、それを知らせる施設整備をすすめる一方、村の歴史や文化をみずからの手で掘り起こし、地域のかたちをなぞってみる作業に取り組んでいる。施設が完成すれば、そこが活動の拠点となり、来訪者との交流の場にもなるはずである。ここでも、天然記念物を文化財として活用しようとする志向をみることができる。

7　おわりに

今日の環境問題の招来は、人が身近な自然すら遠ざけイメージの世界へおいやったのと軌を一にしてのことであった。だとすれば問題解決への一歩は、遠のいた自然を身近なものに引き戻し、個々人が生活環境のなかで、当事者として具体的にかかわりをもつことにあるというわけである。

また、環境問題のもうひとつの背景として、世代を超えて自然および自然とのかかわり方に関する知識を伝承してきた、地域社会のしくみが失われてきたことがあげられてもいる。この社会的なしくみとは、たとえば山や森林が地域で共有される入会地として一定のルールのもとで利用されてきた事実である。先に述べた里山での薪炭用の伐採や肥料用草木の採取などがそれだ。

こうしたしくみが機能していた時代には自然の利用は持続的であり、生活・生業の物資・資源の流入や流出が少ない循環型社会・経済であった。そうして自然への負荷も小さいものであった。このような社会への回帰は望むべくもないが、ある地域社会がどのようなしくみで維持されていたのか知ることは、現代および将来においてオルターナティブ（代替できるしくみ）の創出に役立てられよう。

天然記念物をそうした時代の人と自然のかかわりの具体例としてとらえるとき、この文化財の保存と活用の今日的意義は小さくないはずだ。

参考文献

嘉田由紀子　一九九五　『生活世界の環境学』農山漁村文化協会

吉良竜夫　一九七六　『自然保護の思想』人文書院

鬼頭秀一　一九九六　『自然保護を問いなおす』筑摩書房

倉地克直　一九九八　『性と身体の近世史』東京大学出版会

三好學　一九一五　『天然記念物』冨山房

中堀謙二　一九九六　「変貌する里山」安田喜憲・菅原聰編『森と文明』朝倉書店：二一〇―二二一

篠原徹　一九九五　『海と山の民俗自然誌』吉川弘文館

Vandana Shiva 1993 *Monocultures of the Mind: Perspectives on Biodiversity and Biotechnology* = 一九九六　高橋由紀・戸田清訳『生物多様性の危機』三一書房

鳥越皓之　一九九七　『環境社会学の理論と実践』有斐閣

遊磨正秀・嘉田由紀子・中山節子・橋本文華・藤岡和佳・村上宣雄・桐畑長雄・桐畑正弘・桐畑貢・桐畑みか乃・桐畑静香・桐畑博夫　一九九八　「身近な水辺環境における「人―水辺―生物」間の相互作用―滋賀県余呉湖周辺の事例から」『環境技術』二七―四：四三―四九

（はない・まさみつ　文化庁）

自然保護と住民による地域調査

丸山　康司

1　環境問題とホタルダス

環境問題の特異性　近年の環境問題への認識は、自然と人間社会(1)の関係についての考え方に大きな影響を及ぼした。公害企業や巨大開発など、自然とのバランスを崩す明確な「悪者」がいる、と思われていた従来の価値観では捉えきれないものが出てきたのである。その結果環境問題は原因究明の上から考えても、影響が及ぶ範囲から考えても、「私たち」の問題として考えることが強く求められるようになった。

移動や輸送の手段として人々が日常的に利用している自動車が、地球温暖化や酸性雨の原因の一つとして考えられるようになったり、家庭用排水が河川の汚染源の一つであると指摘されるようになったように、環境問題の原因として日常生活における環境への負荷の蓄積があげられるようになったのである。つまり、生活のなかから排出される広い意味での「ごみ」が問題視されるようになってきているのである。

人間の活動による自然環境の改変・破壊ということ自体は現代に特有の現象ではなく、有史以来行われてきたことである(2)。たとえば巨石文化で知られるイースター島は、現在ほとんど木が生えていないが、もともとは森林に被われていたことが考古学調査で明らかになっている（Ponting 1991＝一九九四：七―三四）。世界各地の砂漠地帯の多くはもともと緑に被われていたし、ヨーロッパにはすでに原生林といえるものは存在せず、そのほとんどが植林地である。

だが、化石燃料の利用や急速な工業化に特徴づけられる近代以降の自然破壊をこのような例と同列に論じることはふさわしくない。近代以前の環境破壊はその影響も地域的に限定されたものであり、その結果もたらされる社会の崩壊もその地域や文明に限定されたものであった。少なくとも、地球温暖化やオゾンホールの問題のように「全人類」の課題として考えざるを得ないような問題は存在していなかったのである[3]。核廃棄物やダイオキシンの例などのように、現在だけではなく将来世代への影響が懸念されている問題もある。

また、環境破壊に至るまでにかかる時間も、現代では比較にならないほど速くなった。たとえば、チェーンソーの普及によって、作業効率は数十倍になったといわれている。言い換えれば破壊のために要する時間も数十分の一になったことになる（川村、一九七六）。このような技術革新は土木や輸送などあらゆる分野に及んでいる。現代における環境破壊は規模の点から見ても、スピードの点から見ても、人類史上初めて経験する性質のものである。

このように、①発生原因が複雑で日常的な営みの蓄積が少なからず影響しており、②地域的にも時間的にも広い範囲に影響を及ぼしている、の二点において、環境問題は「私たち」の問題としての対処を迫ってくるのである。言い換えれば、それ以前から自然と人間社会のバランスはすでに崩れていたにもかかわらず、この問題は「私たち」のものとしては捉えにくい状況におかれてきたのである。

生活に必要なものを手に入れるということは、いまではそれらを金銭で購入するということとほとんど同じ意味である。その前後必要がなくなったものを捨てるということも、ゴミ処理や下水処理といったシステムに委ねるだけの話である。その前後のプロセスは専門家の領域となった。水の話に引きつけていえば、水は水道料金を払い、蛇口をひねれば手に入る「はず」になったし、下水に流せばどこかで処理される「はず」のものになった。このようにプロセスが物理的に見えなくなっただけではなく、社会的にも見えなくなったことが重要である。全体のプロセスを知らなくても、手に入れることは可能であるので、生活のためには不可欠な知識として知る必要もない。こうして「わずらわしさ」から解放されることと引き換えに、日常生活における自然とのやり取りは視野から消えていき、特定の事件や問題が起こったとき以外は自然に対して無関心でいてもすまされるようになった。このような、自然と人間社会の関係を見えにくくする構造そのものが、環境問題の原因の一つといえるのではないだろうか。現代の環境問題は生活そのものを問い直す課題を突きつけているのである。

人間と自然の線引きについての問題

このことをふまえた上で、自然保護と環境保護の問題について考えてみよう。自然保護についての議論のなかで、保護を訴える側に対する反論としてよくいわれることばとして、「人間と○○のどっちが大切か」というものがある。人間とホタルのどっちが大切か、人間ととんぼや蝶々のどっちが大切か、人間とサルのどっちが大切か……このような発言の背景には二つの価値観が潜んでいる。ひとつは、人間とその他の自然を切り離して問題を捉えようとしていることである。もうひとつは、その自然の問題が人間の活動に制限を加えるほど重要であるのは、問題が他の生物種や人間自体の生存にかかわるほど深刻になったときである、ということである。種の絶滅をめぐる問題はこのことを象徴的に示している。対象となる生物種がまさに絶滅しようとしているその瞬間において、はじめて解決すべき「問題」として考えられ始めるのである。

したがって、狭い意味での環境問題(4)の議論のなかでは「人間か○○か」といったことばは聞かれない。ダイオキシンの問題は速やかに解決するべきであり、フロンガスの規制は待ったなしの課題であり、二酸化炭素の排出に関しても、もはや後戻りはできない課題として捉えられている。「人間か○○か」ということが問題になるかどうかの線引きは明確である。人間の生存そのものが脅かされるような問題には速やかに反応する。その一方、そうではないと考えられている問題においては（「人間の方が大事だろう」という前提の上に）「人間か○○か」という問いが繰り返されるのである。

ところが現代の環境問題が問いかけたものは、自然と人間社会があたかも独立して存在しているかのような線引きそのものの矛盾、生存にかかわることに関心を限定してきたことの矛盾なのである。自然と人間社会のバランスが崩れ、その影響が人間に及ぶようなできごとは、つい最近始まったことではない。ごくごく少なく見積もったとしても、数十年の歴史がある。公害の発生と防止策に見られるように、そのつど、生存にかかわることだけが「問題」であるとして対策がとられ、そのことによって問題は「解決」したとされてきたのである。そして、表面的な「解決」を見た、と思うことによって、自然と人間社会のバランスを崩したままの日常は温存されるのである。

そのような「解決」は実は表面的なものにすぎなかった、ということが環境問題の発生によって明らかになってしまったのである。自然界は連続したつながりであり、広い意味での自然保護や環境保全と、人間や生物の生存にかかわる狭い意味での環境問題とは、密接に関係しているのである。ところが両者は実際には切り離されて考えられることも多かった。そしてこの二つが切り離されていること自体に、環境問題につながる一つの重大な原因が隠されているように思われるのである。

自然保護自体の問題　自然と人間社会のアンバランスが温存される仕組みを考える上で、自然保護自体の問題についても考えないわけにはいかない。自然保護を説く思想・運動の起源はおよそ一八世紀にさかのぼる。また、それ以前にも、現在から考えれば自然に対する配慮を多く含んだ考え方は少なくない。むしろ、主流であったと考えてよいだろう。それにもかかわらず環境問題がここまで深刻化したということについて今一度考え直す必要がある。つまり自然破壊を進めてきた要因に対する分析だけではなく、自然保護そのものがなぜ限定的な役割しか果たすことができなかったかという問題についても考える必要に迫られてきているのである。

従来の自然保護が問題としてきたのは、主に特定の地域の生物や特定の地域の自然環境であった。このこと自体を批判するわけではない。現実に生存や破壊の危機に脅かされている生物や自然環境は少なくない。だが、現実が切実であるがゆえに、逆に自然＝まもるべきものという見方を強めてしまったことは否定できない。また、局面に応じてほとんど無意識のうちに自然のなかで価値があるものとそうでないものを切り分け、無意識のうちに選び取ったものを保護の対象となる「自然」としてきた可能性も否定はできない。

自然と人間社会のバランスを崩壊させたのは、両者のバランスに無自覚なまま営まれてきた日常という問題だけではない。従来の自然保護のあり方も問い直す必要があるだろう。何か問題が起こったときには、自然をまもろうという機運が生じるものの、そこでは特定の問題の解決のみが課題として取り上げられ、その課題を達成することによって「自然」がまもられたとして再び両者のバランスが崩れている日常へと回帰していくのである。自然保護そのものが、自然に対するまなざしに影響を与え、時として誤ったイメージをもたらす危険性には注意しておく必要がある。

例えばホタルの場合で考えてみると、ホタルの保護のみに注目するあまり、その背後にある地域の生態系の問題に目が届かなかったり、そもそも「ホタルはいいけど蚊は困る」といった態度が見られることも少なくない（武内、一九九四

：四一―四三）。ここでは、無自覚なまま人間にとっての心地よさという尺度で自然が分割されているのである。

ホタルダスの意義　三〇〇〇人もの人々がかかわったホタルダスという住民参加型の調査が、現在の状況において積極的な意義をもつのは、従来の環境運動や自然保護運動とは異なり、ホタルの保護をこえて自然そのものとかかわろうとしている点である。ホタルをきっかけとしつつも、近視眼的にホタルという心地よい生き物のみにかかわるのではなく、水や流域へと視野を広げていく。参加者たちは自然とかかわった具体的な経験を元に、自然イメージや地域イメージを獲得していくのである。この調査において注目されることはいくつかあるが、とくに重要だと思われるのは次の三点であろう。

①ホタルの生息数調査という作業を通じて、参加者が周囲の環境についての直接的な経験を得られること。

②調査結果がデータベースという形で、参加者以外にも理解できる形で公開されていること。

③結果としてホタルだけではなく、河川の状況などミクロからマクロへ問題意識が広がっていること。

これらが有機的に結びつく場合、自然と人間社会の新たな共存イメージを獲得する可能性があるのではないだろうか。環境問題の背後にある、目に見えない日常というシステムを、目に見えるそれへと変えうるのではないだろうか。このことを明らかにするために、従来の自然保護の考え方と、そのような考え方が成立する過程を示しながら説明を加えたい。人々が自然保護を語る場合に、何を「自然」としていて、そのような「自然」がどのように成立してきたかを見ることによって、問題点も明らかになるだろう。また、そのような「自然」とは異なるものを対象としているホタルダスの意義もより明確になるであろう。

2　自然保護思想の誕生と社会の変化

「自然保護」の問題　総理府のアンケートによれば、自然保護に対する多くの人のイメージは、人間にとって大切な自然をまもるために、開発規制を行い自然保護の呼びかけを行う、という点に集約されうるようである（総理府、一九九一）。ここには「問題発生→対策」という流れが見られるが、繰り返し述べてきたように自然とのアンバランスから目を背けている日常という問題や、自然＝人間にとって大切な自然、と見なしてしまうという問題が指摘できるのである。これらは近代以降の自然保護における「伝統」とでもいうべきものである。時代を確定することは難しいが、一八世紀前後から自然＝資源と見なし、自然を人間のために利用すべきものとして位置づける価値観が優位になってきた(5)。自然保護はそのようなものの見方に対して批判を加えてきたが、その歴史のなかには、「自然の過剰な利用による悪影響→それに対する批判」という構図が見え隠れするのである。

日本の自然保護も、思想的バックボーンの多くを西洋に依存しているため、このような「伝統」を共有している。むしろ断片的かつ観念的に西洋の自然保護を取り入れているために、とくに都市部ではこの「伝統」がより強く影響しているのかもしれない。ドイツなどと比較した場合、日本では自然の中に入っていかず遠くからの風景としての自然を好む。その一方で、整然と整備された自然を好むにもかかわらず、人間の介入を排除することによって自然がまもられると考えている、といった傾向が指摘されている（四手井、一九八一、北村、一九九五）。ここで自然保護の歴史を振り返り、その問題点を明らかにしたい(6)。

社会的背景　自然保護思想の誕生期における社会の変化を見ると、一八世紀前後を境に自然を善きものとする風潮が急速に広まっていることが確認できる。そのような自然は人工的なものに対する否定から成立しているため、社会と自然の境界線が明確に意識されている。自然保護的な思想の誕生を社会変化と対応づけながら見てみよう(7)。このような価値観が普及した主要な原因は、近代化が進められるなかで開発や開拓による自然の喪失が意識されたことや、人間中心的な世界観が科学的研究の成果によって変化したことであると考えられる。

中世のペストを契機とし、都市化・工業化が進行するなかで都市は否定的な意味をもつようになり、相対的に自然の価値が認識されるようになった。自然賛美は死をもたらす都市の体験の代償であり、都市の汚染、汚れた空気、不潔なものは農村のきれいな空気と対立するようになり、不潔／清潔という文化的区分が都市と農村の関係に投影されたのである（Eder 1988＝一九九二：二〇四―二〇五）。都市化・工業化の進行に伴い、都市の生活環境は急速に悪化していた。また産業革命によって都市人口は劇的に増加し、それに比例するかのように道徳の低下も問題になった。このような状況のなかで自然は都市との対比の上で善きものとなった。ただし、ここでいう自然とはあくまで人間にとって快適な自然である点に注意しておく必要がある。ここでは自然は、危険で怖いものと美しく、快適で、平和的なものとが分離され、基本的には後者が「自然」であると認識されるようになったのである。

また、科学的研究の成果によって、人間だけが特別な存在であるとする従来の価値観が崩れてきたことも重要である。広大な宇宙空間、微生物の存在、地質学による地球の年代測定、無数の動植物、これらは中世においては未知のものだったのである。リンネの時代に既知の植物数は、ギリシャ・ローマ時代の一〇倍になっている。人類は他の全生物種と同じく一つの種であり、自然から遠ざかることで危機に陥ってきた、と示唆するダーウィンの進化論は、こうした考えの大きなはずみになった（McCormick 1995＝一九九八：七―一〇）。世界はもはや人間のためだけに作られたとは見なされず、人間と他の生命形態の間に介在した強固な教会も弱体化していた。少なくとも人間だけが神聖だとは、信じていない人々が出現してきているのである。

このような社会的背景と相互に影響を与えながら成立したのがロマン主義的自然である。人間にとって善き自然を「自然」として礼賛し、人為を排斥する態度はロマン主義の時代を起源にもつ。ロマン主義運動は一八世紀から一九世紀における文芸や芸術における運動であるが、その影響は芸術だけにとどまるものではなかった。たとえば、現代にも受け継がれているワンダーフォーゲル運動・ユースホステル運動・スカウト運動などにも、少なからぬ思想的影響を与えている（Pepper 1996 188-205, Gillis 1981）。

自然保護に賛成する理由として一般的に支持されている「人間の心に安らぎを与えてくれる」、あるいは「野外レクリエーションの場」といった価値を持つ自然を「自然」とするイメージの成立に関して、一八―一九世紀における変化の影響は決して少なくない。動植物など具体的な対象についての態度がどのように変化してきたかを、見てみよう。

動物の愛護　自覚的な自然保護運動の発端は、一八世紀のイギリスにおける動物愛護運動である。一八二四年には動物保護協会が設立され、運動は組織化されていった。当初は家畜の虐待禁止を目的としていたが、まもなく野生動物にも関心が向けられた。一八七〇年代までに生体解剖、ハト撃ち、オジカ狩り、ウサギ狩りが監視対象となった。

動物愛護家の用いた論理は、以下に示すウィリアム・クーパーのことばに集約される。「人間の便宜、健康、安全と抵触したとき、人間の権利、要求が優先し、動物の権利、要求は消え去らねばならない。それ以外では、動物はすべて（中略）その生命を自由に謳歌して生きるのだ」（Thomas 1985＝一九八九：二二六）。そもそもの出発点において、「人間の便宜、健康、安全」のために必要な行為については、禁止の対象外であったことに注意しておく必要がある(8)だが、彼らの運動、とくに児童を対象とした学校教育への運動の結果、一九世紀以降いちおう社会に定着し、中・上流階級において動物は「かわいい」ものになった。これと前後しながら、人間の便宜などの必要がある場合には動物を殺す権利があるものの、動物に対して不必要な苦痛を与え暴虐を加える資格は、人間に与えられていない、という社会的合意が形成されるに至った。少なくとも楽しみのために動物を殺すことは容認されないものとなったのである。しかし、何をもって正当な行為とし、何が避けるべき残虐行為なのかという問題は、つねに中心的な課題であり続けてきた。

動物愛護の思想が一応の定着を見て以来、動物愛護論者たちはその論拠を示してきた。このことは不当な動物虐待を禁止し、動物愛護に正当性を与える一方で保護が与えられるべき動物の範囲を限定してしまうという効果ももたらしてきたのである。動物虐待に対する動機自体は存在しているなかで、ある根拠を示して虐待行為を禁じることは、一方でその論理に当てはまらない動物に対しては虐待行為を禁ずる根拠を失うことになってしまう。たとえば動物は「かわいい」から殺すべきではないといった場合、「かわいくない」動物は保護の対象から外れてしまうのである。あるいはある動物がかわいいかどうかをめぐって議論がたたかわされることになる。

動物愛護論者は、さまざまな理由を挙げながら、動物の擁護に務めてきた。たとえば、動物は神の被造物の一部であり、人間の必要の範囲内で生存し幸福になる資格が与えられている、という神学的根拠がそうである。あるいは動物の苦痛に対する同情などの世俗的議論も展開されてきた。このような立場からウサギ狩りや生体解剖、残忍な屠殺法などが批判された。もっとも痛みを感じていることがわかりにくい生物に対してはこの論理は適用不可能であり、事実魚や昆虫に対する残虐行為については言及されていない。

また残虐な行為そのものに対しても批判が加えられ、楽しみのために動物を殺すのは許されないという主張がなされるようになった。あるいは動物虐待のような行為は非生産的であるというものも見られる。このような理由からウサギ狩りやシカ狩りが批判の対象になったのである。しかしその一方で、害獣として認識されていたキツネに対する狩りは容認されていた(9)。

従来は、動物はある目的を達成する手段としてしか見なされてこなかったのであるから、動物愛護運動は一定の成果を収めたといえよう。しかしこの運動が人間と動物の境界線をより明確にし、また生物種間に序列を作ってしまったことも否定できない。また「必要な」行為とされたものについては議論をしにくい状況を作ってしまった。たとえばイギリスにおいてスポーツとしての狩の対象となっていた動物は、ウサギ・シカ・キツネなどであるが、害獣として認識されていたキツネの狩りが禁止されるのはウサギ、シカの百年後である。

植物への憧憬　動物だけではなく植物に対する意識の変化が認められるのも一八世紀前後においてである。年輪を重ねた樹木を神聖視する文化はゲルマン文化・ケルト文化までさかのぼるが、この巨木信仰を異端視する初期のキリスト教によって「聖木」は敵視されていた。教会は一一世紀には木の周囲に聖域を設けるのを罪とした。また、庶民の習慣にも介入し、信者が樹木を神聖視する態度を戒めの対象とした。泉や樹木は忌まわしい場所とされ、樹木のまわりで誓いを立てる行為は罪とされていた（Schmitz 1986: 354）。しかし、巨木信仰は形を変えて維持されてきたと考えられており、初期のプロテスタントのなかには原野や森林で祈るのも教会で祈るのも効果は変わらないと主張する人々がいたし、偶像など尊敬に値しないが、人間の姿に彫られた石や枯木の像以上に生命力と美徳を備えた木は、崇拝の対象にふさわしいと主張する聖職者もいた。

おそらくこのような樹木を神聖視する伝統の影響もあり、一八世紀になると、樹木は愛護の対象としての地位を次第に獲得していった。その範囲が縮小するにつれて、森林地帯は人間の脅威ではなく反対に喜びと霊感の貴重な源泉になってきた。多くの人々は、森は地球上に作られたもののうちで最も雄大で美しいものと考え、「枝もたわわな大きな老オークこそ、おそらく動けぬもののうちで最も尊敬に値する」と考えられるようになった。こうした新しい感性から、老木の伐採に対して「自由処分権の過度の行使は自然の凌辱に等しい」という感性が表面化してきた。老木に対する同情と、自然に対する人間の攻撃性を問題視することの両方が原因となって、詩人たちを中心に木の伐採に対する反対が始まった。詩人たちだけでなく、木材用の伐採を拒否しようとする貴族の存在や経済的理由による伐採への人々の狼狽も指摘されている（Thomas 1981＝一九八五：三一九―三二四）。しかしこのような詩的慨嘆は、造園師やきこりから軽蔑されることになる。彼らにとっては木材の切り出しは生活のための業務にすぎなかったのである。

田園への憧憬　動物や植物が愛護の対象としての地位を獲得したという変化は、あくまで現象の一つにすぎない。ルネッサンスから近代初期においては征服すべき対象としての自然観が主流であったと思われるが、このころを境に愛護の対象としての自然が同時に見いだされていくのである。一六世紀ルネッサンスのころから都市は文明を意味し、その反対に田舎が無知、粗野と同義であった。人間の文明化とは森林から人間を連れ出して都市へ住まわすことにほかならなかったのである。都市は学問、作法、趣味、洗練の本場であり、人間の自己実現の場であった。

ところが一八世紀ごろから田舎に対する嗜好が増してきた。ロンドンにおける生活環境の悪化は一三世紀以来問題になっていたが、エリザベス朝になると家庭用ばかりか工業用の石炭使用も増加したので、大きな汚染問題が発生していた。大気汚染とは街路汚染を意味していたのであり、夏になると往来する車輪から生じる埃のために通行人は窒息しかけ、目を開けて歩くのも困難なほどであったという。都市の中で行われていた醸造や染織、でんぷんや煉瓦の製造、その他の産業から排出される煙や廃棄物もまた公害の汚染源であった。ロンドン以外の都市でも生活環境は一般的に悪く、疫病が田舎より町の方で広がりやすく、高い死亡率を示すようになっていた。また物理的環境だけでなく、住民のモラルという面からも田舎への嗜好が存在していたと考えられる。田舎は都市の汚物や騒音、悪徳や虚飾からの避難所としてその魅力が見いだされていたと考えられる。

しかし都会生活をさげすみ、その逆に田園生活を無垢の象徴として崇める風潮は多分に幻想に基づいている。牧歌に登場するような羊飼いはすでに存在していなかったし、ホラティウスが理想として描いた自立した農夫でさえいなかった。資本家による農地の囲い込み運動によって、イギリスの田園地方には社会的不平等が生じており、無垢の象徴として理想化されたような楽園はすでに存在していなかったのである（Thomas 1981＝一九八五：三六七―三八三）。

「自然」の拡大　従来は開拓地における整然たる景観は賛美の対象であり、未墾の荒れ地は非難の対象であった。こうした態度に呼応して、未開拓地には魅力がないと伝統的に考えられ、山は未開人の故郷と見なされてきた。

ところが一八世紀末までにこうした美的感覚に変化が生じた。古代園芸学の理想とされた幾何学的なデザインの庭園にかわり、イギリス型の風景式庭園が著しく進展してきたのである。この変化は一八世紀初頭に始まるが、これ以降風景式庭園として自然的形態を取り入れ、周囲の景観に溶け込ませるような様式が発達する。これは直線的な線引きに従って農地が私有化されてきたことに対する反動としても考えられている。一八世紀は開拓と囲い込みの時代であり、この時期だけでも二〇〇万エーカー（約八一〇〇平方キロ）以上の土地が開墾され、農耕地や牧草地に変貌した。この結果田園地帯における通常の景観が幾何学式庭園に近い景観を生み出し、その反動として不定形なイギリス式庭園が美的魅力を持ち出したと考えられている。自然に対するあこがれは、田園だけではなく、未開の原野へのまなざしをも変化させたのである。

野生の荒涼とした景観はもはや嫌悪の対象ではなく、反対に精神的再生の源になってきた。この変化は、荒野を被造物として再評価するという神学的論争を契機としているが、これと並行して健康的な空気と眺望の良さが評価され始めてゆく。一八世紀後半になると、野性味あふれる自然を堪能することはある意味で宗教に通じる行為とされた。山はもはや嫌悪の対象ではなく、むしろ自然美が最高の形で現れ、神の至高性を想起させる場になった。

このような変化は知覚における大きな変革である。ただし、このような嗜好は地域の経済状況や、社会階層によって異なっている。食物を生産できるはずの土地を未開のまま放置しても平然として眺められる裕福な人々の間に、このような感覚は共有されていた。裕福な地域と比較的貧しい地域においては、風景的庭園の流行に時間差が認められるし、一般庶民は昔ながらの幾何学的庭園を好んでいたのである。

一九世紀初頭になると野生の自然に対する嗜好は、風景式庭園以上のものを求めるようになる。この結果、開墾に象徴される開発そのものに対する反発も増大してゆくのである。ロマン派の人々にとって改良された自然とは、破壊された自然にほかならなかった。「絵になる」風景を求めることすら批判の対象となった。詩人であるワーズワースにとって「自然の改良者」など全くあり得なかった。自然のなかに醜悪さなど存在しないのだからその改良などありうるはずがなかったのである（Thomas 1981＝一九八五：三八四―四〇二）。

近代自然保護思想の問題点　ここまで述べてきたことをもって、西洋の歴史であるとするのはやや問題がある。ドイツにおける景観（Landschaft）など(10)、自然保護思想は地域ごとに多様な展開を見せているのである。だが、全体として近代化への反発として、自然が注目されるようになったということはいえるだろう。都市の発達は田園への新しい憧憬をかき立て、耕地の増大は草花や山岳、征服されない自然への嗜好を促進した。野生動物が危険でなくなった段階でそれらを保護し、保存しようとする機運が次第に高まってきた。農耕の動力源としては動物に依存しなくなり、家畜に接触しなくなった都市においては、愛玩や瞑想の対象としての動物観が拡大してゆくことになった。

以上の考察に見られるように、自然に対する人間の優位を確保し続ける状態において、その余裕のなかで自然は善きものであるというひとつの前提が生まれた。自然に対する人間の影響力が増すほど、言い換えれば都市化や開拓など、人間による生態系へのインパクトが増すほど、自然は善きものとして強調され、保護の対象となる善き自然の範疇は拡大してきたのである。その帰結としての「自然の権利」（Nash 1989）(11)の拡大は、近年の思想史の中で最も優れた進歩という評価も可能であるが、その背後には人間社会においてこの権利が侵害され続けてきた歴史がある。

従来の自然保護は、その残された「善き自然」を対象としてきた。いうまでもなくそのような「善き自然」は、すべてとはいえないものの想像の産物である場合も少なくない。そのような自然に注目することが、時としてその背後にある自然と人間社会のバランスの崩れから目をそらす働きもしてきたのである(12)。当然のことながら、主要な問題は自然とのバランスを崩す社会のあり方そのものであるが、このことを対象とするような自然保護のあり方が、現在求められているのではないだろうか。

3　自然と人間社会の創造的関係に向けて

ホタルダスと私たち　ここまで見てきたように、自然保護の歴史のなかには「問題発生→批判→対策」というパターンが認められる。このような「モグラたたき」（鬼頭 一九九六a：一三八―一四〇）を回避することが現在の課題であるが、そのためには特定の問題をきっかけとして、自然と人間社会のあり方について議論する、という態度そのものを問題としていく必要があるだろう。表面化した問題だけを追いかけていても、解決には結びつかない。むしろ、通常時の自然と人間社会のかかわり方や、そもそも自然とも社会とも規定できないような、両者が相互に影響を与えているような領域のあり方について考えを及ぼすことが重要であろう。このようなアプローチは、一見近視眼的に日常という卑近な問題にとらわれているかのような印象を与えるかもしれない。だが、自然保護の歴史に見られる問題点をふまえて言えば、自然破壊や環境破壊における、いわばドラマティックな局面に目を向けるよりも、そこに至るまでのプロセスに注意を払うべきなのである。特定の局面におけるぎりぎりのせめぎ合いよりは、その手前の段階に注目することによって、保護が破壊を追いかけているような現状に変化をもたらすことが可能になるのではないだろうか。

環境社会学・環境経済学・文化人類学・民俗学・地理学といったさまざまな学問分野において、すでにこのような視点から自然と人間社会のかかわりに注目した研究が行われている。その多くは自然と人間社会のアンバランスが現代ほど著しくないと思われる時代や地域に関するものである。ここから学べるものは決して少なくないと思われるが、すでにそのような時代におけるかかわり方を失ってしまった、あるいは失いつつある現代においては、新たに関係を結び直す、という態度も求められるのではないだろうか。

ホタルダスが今日的な意義をもつのはまさにこの点においてである。ホタルダスの参加者にはさまざまなかかわり方が見られる。とことんホタルにこだわる人、ホタルをきっかけとして地域とのかかわりに気がつく人、川や水の問題へと向かう人、行政の壁と向かい合う人、子育ての「道具」に使う人、参加者の輪をつくることにこだわる人…このような人の集まりのなかで、結果としてホタルダスが残したものは少なくない。各地域でのホタルの生息数という、具体的データや報告集だけではなく、コンクリート張りの河川改修を改めるという成果も収めている。「みぞっこ探検」という、子どもの遊び心を尊重した手法や、「ホタルのおばさん」として地域社会とかかわることも重要なものだろう。これらすべてが個人個人の経験として蓄積されつつも、ホタルという共通のテーマを得ることによって、一見ホタルとは関係ないと思えるようなものも含めて共有されていることが大きな成果である。ホタルという小さな入り口をきっかけとしながらも、調査という参加形態により対象となるホタルやホタルを取り巻く自然環境や社会環境についてのイメージが、開かれた状態に保たれており、全体としてホタルと人間、自然と人間社会といったテーマについて幅と奥行きのある認識をもたらしているのである。

さらに付け加えれば、このような調査が「気色悪い」、「しんどい」といった体験も伴っていることにも意味がある。単純に楽しいだけではなく、「しんどい」部分も含めてホタルとかかわり続けてきたという点に、参加者とホタルやホタルを取り巻く環境との強い結びつきを感じる。ホタルダス調査を通じて、参加者たちは、「善き自然」を対象としてきた従来の自然保護から脱却し、「しんどい」自然も含めたものとして地域の自然を捉えつつあるのではないだろうか。

自然をつくる　ホタルダスは一〇年の歩みを通じて、人とホタルのかかわり、地域のかかわり、環境とのかかわり、という部分に対して、自らの視点を得るだけではなく、その視点を通じて見えてくる答えも獲得してきたのである。さらにその答えをもとに、ホタルにかかわる、地域にかかわる。環境にかかわる、といった部分で具体的に行動し、かかわることによって対象との関係を強めてきたのである。自分の目で自然を見つめ、想像力を働かし、自らの手で地域の自然をつくってきたことになる。少なくともその範囲内では、中身や仕組みのわからないブラックボックスとしての環境問題は存在しようがない。

ひょっとしたら現実的には、ブラックボックスに囲まれたなかで、小さなきっかけを手に入れたにすぎないのかもしれない。あるいは、日々の糧を得る、という日常における切実な問題とは離れたところでの営みにすぎないのかもしれない。だが人々がブラックボックスに立ち向かい、「私たち」の問題とするための手段を手に入れたことは確かなのである。

注

(1) 自然という用語は多様な意味をもっているが、本論文中ではとくに断りがない場合、無機物を含む生態系としている。ただし人間との関係性を論じる都合上、人間は含まれていない。また人間社会ということばには、人間の集まりという意味以上に、生産や消費という諸活動やそれに伴う物質循環について念頭に置いた上で使用している。

(2) 人類史そのものを自然の改変と破壊の歴史だという見方もある（湯浅、一九九三）。

(3) このような解釈は一般的ではあるが、比較的早い段階から批判も受けてきた。つまり、環境問題によって脅かされているのは「人類」ではなく現代の文明、もう少し踏み込んでいえば先進諸国における大量生産・大量消費を前提としている社会形態にすぎないという指摘である（戸田、一九九二、寺西、一九九二）。

(4) これに対して快適な生活環境が失われていくことを問題とする、広い意味での環境問題も存在する。ホタルダスが問いかけている課題の多くはむしろこちらに含まれることになるが、両者の関係についてはこの論文の中心的な課題として取りあげていく。

(5) ここではとくに扱わないが、このような自然観の成立と、運命論的な決定から自由で自立した個人を前提とする近代社会の成立とが関連している可能性には留意しておく必要がある。

(6) ここでは、自然資源の過剰な利用による悪影響と自然保護的主張の対応関係をみるために、その両方の起源であるヨーロッパ、とくにイギリスの歴史を中心に考えるが、自然保護思想のもう一つの柱として、アメリカにおけるウィルダネス（原生自然、wilderness）という概念も重要である。手つかずの自然を良いとする考え方など、日本の自然保護に与えている影響も少なくない。詳細については鬼頭（一九九六a、一九九六b）を参照。また、生態系を総合的に捉えた上でのアプローチについてはドイツの森林管理などの影響も重要である。

(7) 一般的にいわれているような「西洋＝自然に対して敵対的」「日本＝自然に対して親和的」という指摘（梅原、一九九一）は必ずしも当てはまらないということには注意しておく必要がある。西洋においてもゲルマンやケルトに見られるアニミズム的な世界観や、錬金術、神秘主義などの伝統も存在している。また、日本人の自然観を見ても、俳句・水墨画・日本庭園のように形式美の中に自然を当てはめる傾向も認められる。

(8) 現代のように、必要とされているものが拡大傾向にあるなかでは、とくに注意すべき問題である。

(9) これらは人間中心的であるという批判が当てはまるようにも思われるが、注意すべき点がある。人間と自然界との間にある断絶が存在した当時の社会において、動物の権利を反映させようとした場合、人間と動物の共通点など、多くの人が理解できることをきっかけにしない限り合意を得ることは不可能だったのである。つまり、このような根拠は議論のための方法論として便宜的に採用されていた部分も含まれるのである。

(10) 一般的には景観と訳されているが、土地のあり方という意味も含んでおり、むしろ風土という概念に近い。

（11）自然物に対しても生存権などの権利を認め、法人組織などと同様に法的な地位を与えようとする考え方。アメリカの自然保護訴訟において、当事者性がないという理由で訴えが棄却されるという事態に対応するための戦略として生まれてきた。ここから発展して、人間社会において自然の地位を確立させるための考え方としても用いられている。日本ではアマミノクロウサギ、ムツゴロウ等を当事者とする訴訟が起こされ話題になったが、いずれも門前払いされた。

（12）その極端な例が、ロマン主義的退行といわれる、生命や自然の賛美のみに縮小していく傾向である。ロマン主義的自然観の問題点については森岡（一九九四、一九九六）を参照。

参考文献

Eder, Klaus　1988　*Die Vergesellschaftung der Natur: Studien zur sozialen Evolution der praktischen Vernunft*, Suhrkamp, Frankfurt am Mein.

Gillis, John　1981　*Youth and History: Tradition and Change in European Age Relations, 1770-Present*, Academic Press＝一九八八　北本正章訳『若者の社会史』新曜社

川村俊蔵　一九七六「ニホンザル」四手井綱英・川村俊蔵編著『追われる「けもの」たち―森林と保護・獣害の問題』築地書館：二―一八

北村昌美　一九九五『森林と日本人―森の心に迫る』小学館

鬼頭秀一　一九九六ａ『自然保護を問いなおす』ちくま新書

鬼頭秀一　一九九六ｂ「自然保護思想の成立」『講座　文明と環境』一四巻、朝倉書店：二四―四四

McCormick, John　1995　*The Global Environmental Movement*, 2nd ed., John Wiley & Sons＝一九九八　石弘之・山口裕司訳『地球環境運動全史』岩波書店

森岡正博　一九九四『生命観を問いなおす―エコロジーから脳死まで』ちくま新書

森岡正博　一九九六「ディープエコロジーの環境哲学―その意義と限界」『講座　文明と環境』一四巻、朝倉書店：四五―六九

Nash, Roderick F.　1989　*The Rights of Nature: A History of Environmental Ethics*, University of Wisconsin Press, London.

Pepper, David　1996　*Modern Environmentalism: An Introduction*, Routledge, New York.

Ponting, Clive　1991　*A Green History of the World*, Sinclair-Stevenson, London＝一九九四　石弘之他訳『緑の世界史』朝日新聞社

Schmitz, Herm. Jos.　1986　*Die Bussbücher und das Kanonische Bussverfahren: Nach handschriftlichen Quellen dargestellt*, Band I, II, Graz.

四手井綱英　一九八一　『森林環境に対する住民意識の国際比較に関する研究』トヨタ財団助成研究報告書
総理府　一九九一　『自然の保護と利用に関する世論調査』内閣総理大臣官房広報室
寺西俊一　一九九二　『地球環境問題の政治経済学』東洋経済新報社
戸田清　一九九二　「環境問題は〈人類的〉課題か」『世界』六月号
Thomas, Keith　1985　*Man and the Natural World: Changing Attitudes in England 1500-1800*, Allen Lane, London＝一九八九　山内昶訳『人間と自然界—近代イギリスにおける自然観の変遷』法政大学出版局
梅原猛　一九九一　『「森の思想」が人類を救う—二十一世紀における日本文明の役割』小学館
武内和彦　一九九四　『環境創造の思想』東京大学出版会
湯浅赳男　一九九三　『環境と文明—環境経済論への道』新評論

（まるやま・やすし　青森大学）

あとがき

一九九九（平成一一）年五月一五日、「水と文化研究会」を代表して、小坂育子、荒井紀子、岡田玲子の三名が関西空港から飛びたった。デンマーク・コペンハーゲンで開かれる「世界湖沼環境会議」へ出席するためである。

この年で八回目を迎えるこの国際会議は、湖沼環境保全について「行政・科学者・住民」が話し合うためにおこなわれている。第一回目は、一九八四年に琵琶湖畔でおこなわれた。その時から「行政・科学者・住民」という三者が湖沼保全には欠かせない「主体」であるという認識があった。だから、地方自治体が主催する国際会議ということとあわせて、多様な社会的主体の役割と相互の交流をかかげたこの第一回会議は、マスコミを中心にかなりの社会的関心をひいた。

それから一五年。私たちはどこまで、「行政・科学者・住民」という連携について真剣にアイディアを練り、その実践を展開してきただろうか。「水と文化研究会」から三人の、まったくのシロウトがデンマークまででかけ、ホタルダス一〇年の活動成果を発表することにしたのは、このような問題意識からだった。せめて「住民と研究者との一〇年の連携」の成果を世界に問いたいと思った。

英語をしゃべったこともない主婦三人が、こともあろうに、「国際会議」という場で英語で発表するのである。どんなに「無謀」なことであるか。このような挑戦をせざるをえなかった原点には、「住民という立場から環境保全にとっかかる手がかりとは何だろう」というたいへん素朴で本質的な問題意識を、諸外国の人たちと共有したいという思いがあった。というのは、日本ではまだまだ、住民とは、専門家や行政から知識と手法をあてがわれ、「啓蒙され」「教育される」対象であるとみられているふしがあるからだ。

一九八〇年代末から私たちは、「住民が真の主体性をもつためには、あてがいぶちの知識と情報に踊らされるのではなく、知識のあり方について自分たち自身が、生活の現場から考えることが大事ではないか」という思いで、「水と文化研究会」の活動を展開してきた。ホタルは環境に関する知識を自分たちのものにするための、ほんの入り口でしかなかった。

「実生活経験者」でしかない自分たちが、身近な環境について自らが調べ、まとめ、それについて、未知の外国語で発表して、はたして議論になるのだろうか、という疑問はあった。しかし結果的には、デンマークでの発表は自分たちで言うのもおかしいが「たいへん好評だった」と思う。ひとつは、住民と研究者が協力して環境調査をするという思想の上での共感が各地の参加者から寄せられたからだ。もうひとつは、発表自体を手づくり「物量作戦」でおこなったことだ。慣れない英語で二〇分くらいで伝えられることは限られている。そこで、「ホタルってこんな虫ですよ」と「水と文化研究会」の仲間がつくってくれた、お尻が光る虫の模型をもっていったり、麦わらホタル籠や調査セットの下敷きの現物をもちこんだりした。とくにお尻が光る虫の模型は、発表の最初、演台にあがって真っ先に「これがホタルです」と電池のスイッチをいれて会場の「爆笑」を招き、まず印象的な発表の入り口となった。

三人がデンマークへ飛びたったその日、滋賀県守山市ではゲンジボタルが、三人を激励するように飛びはじめていた。さらに、その同じ日、うれしいことに、ホタルダスの一〇年間のまとめに対して環境庁から水環境賞をいただくことになった。一〇年の活動成果の区切りとしては、賞をいただくことは意義深いことではあるが、マスコミや各所からの問い合わせや各種の講演依頼などに気をとられているうちに、いつの間にか自分たちの足元に目を向けることを忘れてしまわないようにしたい、と心を新たにするこのごろである。なにしろこの書は、私たちの足元の環境を自分たち自身で見ることを育んできた現場での思考と発見をつづったものだからである。

このように地味で、すぐに成果がでそうにない活動が一〇年も続けられたのは、ひとえに、長年のホタルダスの企画にご協力いただいた組織や人びとのおかげである。

一九八九年～九一年は、滋賀県琵琶湖研究所のプロジェクト研究「住民参加による身近な水環境調査」の一環としてスタートした。五年目には日本自然保護協会プロナチューラ・ファンドの助成をいただいた。五～六年目には、当時準備段階にあった琵琶湖博物館でのホタルダス展示が決まり、そのための基礎資料あつめのため、「水と文化研究会」の世話役が滋賀県下の八〇人を訪問し、インタビューと写真撮影をおこなった。これは、ホタルダスでの大きなエポックだった。八年目には琵琶湖博物館が一般公開され自分たちの観察結果を社会に表現できるようになった。九～一〇年目には同じく琵琶湖博物館から共同研究「生活と科学の接点としての環境調査」としての支援をいただき、一〇年間のまとめの気運がもりあがった。報告書『私たちのホタル』第一〇号をまとめるにあたっては、文部省の「科学系博物館ネットワーク事業」の援助もいただいた。

　この期間、琵琶湖地域環境教育研究会、県環境教育実践推進校、滋賀県内各小中学校、琵琶湖会議、環境生協、滋賀県消費者グループ連絡会、琵琶湖を汚さない消費者の会、ふるさと見て歩きの会南郷グループ、ガールスカウト日本連盟滋賀県支部、大津市、いたづら工房、およびパソコン通信ローカル局の湖鮎ネット、琵琶COMネット、蔵ネット近江、あどりぶネット、など多くの組織の方々にご協力いただいた。これを機会に改めてお礼申し上げたい。

　しかし実際にホタルダスを支えてくださったのは、ともに粘り強く調査してきていただいたそれぞれの地域の人たちである。加えて、本書の表紙、および口絵に示したホタルダス調査セット用にすばらしい写真を提供していただいた今森光彦さん、またこれまでの報告書にかつてのホタル狩りなどの写真を提供していただいた南喜右衛門さんならびに守山市ほたるの森資料館、長年データ入力を手伝ってくださった牧野邦子さん、数多くの挿絵を書いてくださった瀬川也寸子さん、あるいは折りにふれ資料整理などを手伝ってくださった白井幸子さん、これらの方々にはとくに感謝の意を表したい。

　また、一〇年間この企画を継続し、その総集編として本書をまとめ上げたのは、ホタルダスの世話役それぞれが身体の無理をおして、病いの老親を気遣いながら、受験生を抱えながら、もちろんそれぞれに仕事をもちながらの作業であった。この書を作り上げるにあたって、なによりも、ホタルダス世話役の面々を支えてくださった家族の方々へお礼を申し上げたい。合わせて、暖かく見守っていただいた職場や近隣の方々、多くの関係者の方々にも心からお礼を申し上げる。最後に、本書を出版するにあたって新曜社の方々にはひとかたならぬお世話になった。深くお礼申し上げる。

　なお本書は、平成元年以来、毎年出版してきた報告書『私たちのホタル』第一号～第一〇号にもとづくものであるが、とくに第一〇号記念号から多くを収録した。紙数の制約上やむをえず本書に載せられなかった参加者の方々の感想文やパソコン通信の記録などの資料は、各年の報告書を参照いただければ幸いである。
報告書をごらんになりたい方、本書の内容および水と文化研究会の活動について興味をお持ちの方は、左記へお問い合せいただきたい。

〒520-0531　滋賀県志賀町小野水明一―七―二　小坂方　水と文化研究会
E-mail:tkosaka@mth.biglobe.ne.jp
home page:http://koayu.eri.co.jp/mizubun/

二〇〇〇年四月二八日

水と文化研究会　ホタルダス世話役
田中敏博・小坂育子・荒井紀子・岡田玲子・
遊磨正秀・嘉田由紀子・井上誠・大西行雄

著者紹介

高谷　好一　たかや　よしかず　水と文化研究会代表

1934年生まれ。京都大学大学院理学研究科博士課程修了，理学博士。京都大学東南アジア研究センターをへて，滋賀県立大学人間文化学部教授。

多文明の共存のありかたを探ること，特にそのなかで故郷はいかに生きるべきかを考えることがテーマ。著書に『コメをどう捉えるのか』ＮＨＫブックス，1990年；『〈世界単位〉から世界を見る』京都大学学術出版会，1996年；『多文明世界の構造』中公新書，1997年ほか。

遊磨　正秀　ゆうま　まさひで

1954年生まれ。京都大学大学院理学研究科博士課程修了，理学博士。京都大学生態学研究センター助教授。

琵琶湖周辺を中心にゲンジボタルや魚類の生態を追うなか，身近な水辺環境と人のかかわりについて関心を深める。近年はアフリカ・マラウィ湖畔の人と生き物のかかわりについての調査も行っている。著書に『ホタルの水，人の水』新評論，1993年；『ウェットランドの自然』（共著）保育社，1995年；『水辺遊びの生態学』（嘉田由紀子と共著）農山漁村文化協会，2000年ほか。

嘉田由紀子　かだ　ゆきこ

1950年生まれ。京都大学大学院，米ウィスコンシン大学大学院修了，農学博士。滋賀県琵琶湖研究所主任研究員，滋賀県立琵琶湖博物館総括学芸員をへて，京都精華大学教授。

環境と人間のかかわりの比較文化論，特に日本・アメリカ・アフリカの３文化比較，住民参加による環境保全の理論と実践，地域研究・交流拠点としての博物館，が研究テーマ。著書に『生活世界の環境学』農山漁村文化協会，1995年；『私とあなたの琵琶湖アルバム』琵琶湖博物館企画展図録，1997年；『水辺遊びの生態学』（遊磨正秀と共著）農山漁村文化協会，2000年；『共感する環境学』（共編著）ミネルヴァ書房，2000年ほか。

大西　行雄　おおにし　ゆきお

1949年生まれ。京都大学大学院理学研究科博士課程修了，理学博士。株式会社環境総合研究所研究部長・大阪本社代表取締役。

情報システム，特に情報を組織・団体の知の創造につなげ，さらに実際の活動に反映させることに関心がある。著書に『環境イメージ論』（共編著）弘文堂，1992年；『台所からの地球環境』（環境総合研究所編）ぎょうせい，1993年；『もっと知りたい環境ホルモンとダイオキシン』（環境総合研究所編）ぎょうせい，1999年ほか。

田中　敏博　たなか　としひろ

1931年生まれ。同志社大学経済学部卒業。元・京都新聞社勤務。

子どものころからいわゆる昆虫少年で，定年退職後ホタル調査でスタートした「水と文化研究会」にめぐりあって，1999年まで同会事務局長。「水環境カルテ」の全県調査などを通して，湖国の人と水のかかわりについて貴重な体験をした。

小坂　育子　こさか　いくこ　水と文化研究会事務局

1947年生まれ。志賀町立図書館（司書）勤務。

滋賀植物同好会会員として，滋賀県の植物調査にも参加。地域ではまちおこしの会や更正保護活動に参加し，私たちが暮らす身近な水環境を支点にして子どもの環境・暮らしの環境をみつめていきたいと思っている。

荒井　紀子　あらい　のりこ

滋賀県立琵琶湖博物館に展示交流員として勤務。

自然と人間とのかかわりを今後さらに探究し，シロウトサイエンスの強みを生かして行動していきたい。また「千丈川での私のホタルダス」は20年に向けて継続中。

岡田　玲子　おかだ　れいこ

1947年生まれ。奈良女子大学理学部化学科卒業。近江兄弟社高等学校講師。

ホタルダス10年のうち中休み数年間に，琵琶湖博物館住民参加型調査「水環境カルテ」をがんばる。

井上　誠　いのうえ　まこと

1957年生まれ。滋賀県立膳所高等学校卒業。石山寺至誠庵経営。

石山寺門前で瀬田シジミ・ふなずし・つくだ煮など湖魚の土産物店を営むかたわら，石山寺本堂聖観音像の仏頭捜索，石山源氏螢育成保存，瀬田シジミ漁の再生復活をライフワークとしている。

花井　正光　はない　まさみつ

1944年生れ。京都大学大学院農学研究科博士課程単位取得。文化庁主任文化財調査官。

大型狩猟獣の保護管理，文化財としての天然記念物の保護や活用のあり方などが最近の研究テーマ。

著書・論文に『南の島を旅する』岩波書店，1995年；「近世史料にみる獣害とその対策」『動物と文明』（共著）朝倉書店，1995年；「樹木と天然記念物」『樹木医学』（共著）朝倉書店，1999年ほか。

丸山　康司　まるやま　やすし

1964年生まれ。東京大学大学院総合文化研究科博士課程修了。青森大学経営学部専任講師。

専攻は環境学・環境社会学。一般的な自然保護イメージの問題点を検討するという立場から，日本の中山間地域における自然保護について検討してきた。現在は白神山地の入山規制問題やエコ・ツアーを題材に，環境保全型地域経営についての研究に取り組んでいる。論文に「「自然保護」再考―青森県脇野沢村における「北限のサル」と「山猿」」『環境社会学研究』第3号，1997年；「獣害問題の環境史―共的関係の構築への課題」石弘之・樺山紘一・安田喜憲・義江彰夫編『環境と歴史』新世社，1999年ほか。

Hotaru-DAS: Survey on Aquatic Fireflies in relation to the Nearby Freshwater by Residents of the Lake Biwa Region

ed. by Mizu to Bunka Kenkyuukai (Water and Culture Research Group)
c/o. 1-7-2 Ono-Suimei, Shigacho, Shiga, 520-0531, Japan
home page: http://koayu.eri.co.jp/mizubun/

First Published 2000 by Shin'yo sha Ltd.
2-10 Kandajinbocho, Chiyoda-ku, Tokyo, 101-0051, Japan

Part 1 reviews a brief history of the Hotaru-DAS project in which resident people in the Lake Biwa region continue to observe aquatic fireflies (*Luciola cruciata* and *L lateralis*) to evaluate the condition of freshwaters such as rivers, ditches, canals and rice paddies in their neighborhood. Observers record the number of flashing fireflies during their adult season from May to July and, concurrently, also report on environmental conditions of their habitat. More than 3,300 people in total have participated in the 10 years' project. Fireflies are found in most places observed, although they are believed to have been extinct because of pollution in nearby freshwaters. People have a sense of loss, of the good old days gone with regard to fireflies. They have a variety of memories of what used to be: enjoying the fireflies' illumination with family and friends, catching fireflies and keeping them in hand-made cages during childhood days. These suggest the importance of aquatic fireflies as a cultural property in Japan. Participants in the project confirm by themselves that the environmental condition of nearby freshwaters is more sound than was generally believed (pp. 10-35).

Part 2 is composed of articles by 25 participants and organizers of the Hotaru-DAS, presenting their observations, memories and experiences in the course of 10 years' activities.

Noriko Arai, one of the organizers of the Hotaru-DAS, found that the environment of the Senjou River was largely changed by an improvement work of riverbank in the 2nd year of the project. Then she and her colleagues began discussing the matter with prefectural staff and local people along the river. Three-years' discussion produced a good consensus on river environment management and conservation among people concerned, and she can now make balanced observations that consider both from fireflies' and human perspectives ("The Senjou River in Otsu City: a junction for human and fireflies", pp. 46-52).

Chiyoko Morino, a housewife in Otsu City, looks back at her childhood in a rural area near Kyoto. She chased fireflies with ripe-seed husks and enjoyed keeping them in a straw-made cage in the 1960's. She found abundant fireflies near her current home in the 1980's, and began to have interest in people enjoying fireflies' illuminations. Haiku such as "Spectacle of fireflies offers the best place for dating" typically shows her interest ("My firefly freak life", pp. 52-55).

Yoshio Tsujita in Otsu City joined the Hotaru-DAS because he felt a fear of separation between humans and animals. He found that fireflies functionally resemble the canaries in a coal mine which might point to the degree of safety of the environment, and that they represent the multi-functional environment where various animals as well as children play together ("Firefly, a gleam from the star", pp. 55-58).

The **Imaizumi** family in Kusatsu City joined the Hotaru-DAS ten years ago. The first daughter, **Chizuru**, got a prize by her report on fireflies in a scientific contest of elementary school students. Her interest to fireflies succeeded by her younger sister, **Tamae**, and then younger brother, Kiyoto. The latter two also got prizes for their reports on fireflies. Thus the father and mother, **Hiroshi** and **Miho**, recognize the observation of fireflies as a family practice and also as central to their child rearing process ("Three generations of the Hotaru-DAS by two sisters to a brother", pp. 58-62).

Atsuhiro Tsuda in Kusatsu City joined the Hotaru-DAS through a telecommunication computer network. He met a beautiful scenery of fireflies in the first year. He married in the same year. Five years later his mother passed away and one firefly appeared at the ceremony. All the families and relatives thought that the firefly was the soul of his mother. Now he continues to observe fireflies with his two children, expecting his children to likewise appreciate the existence of small creatures from deep down their hearts ("The 10th anniversary both of the Hotaru-DAS and the marriage!!", pp. 63-66).

Emiko Sugihara, a housewife in Ritto Town, found that the taste of rice was determined by water quality. She began to have special concern for the freshwater environment. Then she began to observe fireflies every night with her husband, and came to know his happy childhood days had plenty of fireflies. She was also able to establish close communication links with her neighborhood children and local people through these activities ("Enhancing communication through observation of fireflies", pp. 66-70).

Kouichi Mori in Konan Town is a teacher at a high-school. He brought his students to observe fireflies and all participants had an exciting experience. He also brought his small kids to the observation which resulted in a more lively mood in his family. He also found it pleasant to survey environmental issues through activities of the Hotaru-DAS and the survey on dandelion programmed by the Lake Biwa Museum. Then he organized his research activities into various fields with his high-school students ("Hotaru-DAS taught me the fun of the survey", pp. 70-73).

Shoushi Aoki, a teacher at an elementary school, introduces the process of applying the Hotaru-DAS into an elementary-school program. Since the observation of fireflies seems to be a dangerous night activity, it is often opposed by parents. He tried to attract students and their parents by distributing hand-made newspapers and tools for the observation, and succeeded in getting their best understanding. Thereafter, the Hotaru-DAS at the school enhanced communication among children, parents, and many people in the town ("Hotaru-DAS as a program at Notogawa South Elementary School", pp. 74-77).

Naoshi Isaka, a teacher at an elementary school in Gamo Town, invented a unique program, "Mizokko Tanken (small stream exploration)", to study the local environment. The program stresses the process of survey, i.e., "Tanken, Hakken, Hottoken (observation, discovery, and necessary action)", and the observation of fireflies was one of the program. Students who participated in this program found that the firefly population fluctuates year by year, but it was partly damaged probably due to the effect of the land consolidation project and pollution by wasted water. They began to clean-up small streams by themselves ("Observation, discovery, and necessary action", pp. 77-81).

Tatsuo Nishino has worked to open a small firefly museum at Moriyama City though he had known little about fireflies in the beginning. He and his colleagues tried to re-establish firefly populations in the city, and realized their goal at some locations in late 1990's. He extended his activities towards urban environment planning and introduction of equipment to recycle the school lunch garbage as agricultural fertilizer. He also expanded these activities into his family ("An officer of Moriyama City extend his activity into local community and family", pp. 81-84).

Motoyuki Oosuga and his family started to observe fireflies near their home from 1990. They found that firefly populations were damaged possibly by various human impacts such as improvement work in streams and setting up of new road-side lights. However they witnessed a strong intervening of nature as shown by the recover of firefly population even after a harsh habitat damage ("Gifts from firefly", pp. 84-86).

Masahiro Kumode and his colleagues in Santo Town have been observing fireflies as well as wild ducks as indicators of freshwater environment in this 10 years. Since the town is famous as a tourism spot for fireflies since the early 20th century, an exact estimation of firefly's emergence date is necessary for the planning of town-ship firefly festival. Then they surveyed the landing period of mature larvae from stream for pupation in early spring. Using that date, they found an applicable model to forecast the adult emergence ("The decade of "Group for the village with wild ducks and fireflies "together with the Hotaru-DAS", pp. 87-90).

Kazusuke Tanaka had participated in the Hotaru-DAS from his interest to firefly as a teacher at a senior high school. He was so eager to record the number of fireflies as to observe for all 50 days at 5 sites in 1990. The compiled file of his data-sheet is the thickest one among the participants. His accumulated data was much valuable for the planning of improvement work of the river and the conservation program for fireflies in Santo Town ("Deep commitment towards firefly changed my life", pp. 91-95).

Kotoe Miyagawa in Nagahama City has been observing fireflies every night during the firefly season. The most epoch-making event in her activities was when the government office of the city had followed her advice to crush the concrete river bottom to promote the firefly population. She also participated in a program, "Freshwater Environment Survey", by the Lake Biwa Museum, and she again proposed a reliable advise for a spring remodeling

project ("Energy for observation of fireflies crushes the river bottom", pp. 95-99).

Shikae Iida, a housewife, lives alongside a small river Yone-kawa in Nagahama City. She remembers the river of 40 years ago along where people washed vegetables with the clean running water, and small fishes and fireflies were abundant there. But she noticed the river became dirty with wasted waters, garbage and dust within this 3 decades. Cleaning-up of the river for recent 15 years jointly by residents and the government recovered the clean Yone-kawa and also an abundant aquatic biota including fireflies. ("Fireflies and a small river, Yone-kawa", pp. 100-102).

Masuji Fujita returned to his hometown, Kinomoto Town, in 1976. Illumination of fireflies nearby rekindled his experience on a night scenery when he and his soldiers had just come back from military service in June 1943. It was produced by numerous fireflies flashing along the Yogo River: an illuminated river guiding them to their home. Thereafter he joined various survey projects on local environment and accumulated a unique set of results on such topics as paddy mussels ("At the hometown after the retirement", pp. 102-103).

Hiroshi Taniguchi asked the Makino-Kita Elementary School, to which his son belonged, to participate in the Hotaru-DAS using a telecommunication computer network. Teachers and students were so eager that they sent prompt reports on fireflies through a computer and telephone line as early as in 1989. Hiroshi himself reported onto the Koayu-Net on his own wonderful experiences with fireflies and also notable changes of river environment ("Report on fireflies by a telecommunication computer network from an elementary school" pp. 104-107).

Yoshiya Sugihara in Imazu Town is also a member of Koayu-Net, who often associates the lighting cursor on the screen of computer with flashing fireflies. In the course of the Hotaru-DAS, he watched the changes of freshwater environment, and came to doubt the validity of "eutrophication" in evaluating the local environment but believed that fireflies and other small creatures living in the neighborhood inform us about its true conditions ("Why not the 'eutrophication'?", pp. 107-111).

Yoshihiro Horino is an instructor at a visitor center for waterfowl in Shin-Asahi Town. He tried to count fireflies as accurate as possible. Despite the difficulty in observing tiny insects at night, he found a convenient method for the exercise using a devised map and counter. Then he found a large fluctuation in firefly populations between years and locations, though its cause has been left unclear ("Firefly survey is difficult", pp. 111-115).

Masako Iguchi in Shiga Town joined the Hotaru-DAS in her 6th grade of elementary school. She was fascinated with fireflies, and continued her observation even during nights with strong rain and wind with encouragement from her family. She now holds that various human activities have caused the pollution of freshwater and probably in turn the deterioration of firefly population. She has resolved to continue looking for a sound way to coexist with wonderful nature ("Endure the rain, endure the wind", pp. 115-118).

Teruichi Murakami returned to his hometown in Tokushima Prefecture after his retirement. He reported about fireflies in his town by a telecommunication computer network, and was once astonished to get an electric illustration of fireflies (software program) through the network in 1993. Thereafter he surveyed the irrigation system with artificial streams which provide suitable habitats for fireflies, and continues to enjoy communications with members of the Hotaru-DAS ("Beyond the space-time: participation in the Hotaru-DAS" pp. 118-123).

Toshihiro Tanaka has been working as the secretary-general of Water and Culture Research Group. He dreams over his past busy days managing the Hotaru-DAS project including the checking of reports and giving interviews to reporters, with a brief memory of his youth ("Memories of fireflies and the 'brave story of the office'", pp. 123-126).

Ikuko Kosaka is the vice-secretary-general of the research group, supporting the recent Hotaru-DAS activities. She appreciates the project on fireflies to develop the network of resident fieldworkers who continue to inspect their neighboring environment. She now intends to step up the project into more valuable but agile one ("Hotaru-DAS with everyone: Water and Culture Research Group and I", pp. 126-131).

Reiko Okada is one of the key staffs driving the Hotaru-DAS project. She wrote about her own so rich and captivating experience with fireflies that only after 5 minutes into a scheduled 2 hours meeting the firefly was selected as a new subject for the survey on nearby freshwater environment. She also stresses the importance of informing the young generations about fireflies and their environment ("From the last 5 minutes", pp. 131-133).

Makoto Inoue recognized the necessity to conserve the fireflies and their environments in 1980, ten years earlier than the start of the Hotaru-DAS. He has been organizing a local group that strives to maintain a better environment for both human and other natural organisms, and now looks for a new way toward a future splendid environment ("Fireflies in Ishiyama to the next generation", pp. 133-136).

Part 3 deals with discussions related to the Hotaru-DAS from the viewpoints of technology, nature and social sciences.

Yoshikazu Takaya finds a new power in local people for developing insights into their surrounding environments through the Hotaru-DAS activities, and he expects their activities would produce the "amateur wisdom" in the 21st century ("The amateur wisdom opens up the 21st century", pp. 142-154).

Masahide Yuma points out the importance of development of personal intelligence, basing on his own experience with research on ecology of fireflies. Participants in the Hotaru-DAS are now able to survey, find and actively engage in environmental issues, though Masahide wishes they have more skills in scientific analysis ("Back and front of the Hotaru-DAS: from the ecological point of view", pp. 155-177).

Yukio Oonishi introduces the accessible input and output system of database supporting the Hotaru-DAS survey, with a discussion on the role and style of information system in developing voluntary but responsible membership ("Hotaru-DAS survey and the information system", pp. 178-191).

Yukiko Kada analyzes the personal history of participants in the Hotaru-DAS survey from a viewpoint of environmental sociology. She stresses the importance of motives of participants which might actually be realized their continuous survey. Any new motive developed from the initial ones enables the participant to have a wider view of both science and daily life ("Personalization of local environment: the Hotaru-DAS for the interaction between scientific knowledge and daily life knowledge", pp 192-220).

Masamitsu Hanai reviews the history and current legal system of natural monuments in Japan. He refers to their significance in the local culture: maintaining the country's landscape and natural resources, though he wishes for a more inclusive concept of cultural property representing the relationship between humans and nature in the respective local societies ("Natural monuments as local heritage", pp. 221-238).

Yasushi Maruyama reviews the historical process of natural conservation, especially in Europe, which is based on the relation between overexploitation of natural resources, criticism, and response. Comparing with these, he finds a more creative aspect in the Hotaru-DAS activities in improving on environmental issues ("Natural conservation and research by local residents", pp. 239-255).

編者紹介

水と文化研究会（Water and Culture Research Group）

琵琶湖周辺の生活文化にみる「水と人のかかわり」を住民の手で調べるために，1989年滋賀県の有志によって結成。代表・高谷好一滋賀県立大学教授。生態学や社会学の研究クロウトも地域にはいったらシロウト。長くその地に暮らす住民こそ，地域環境のクロウト。お互いの役割や視点の交換を楽しみながら，地域住民グループとして研究活動を展開している。

1989～91年度滋賀県琵琶湖研究所の研究プロジェクト「住民参加による身近な水環境調査」を企画・実施，ホタルダス調査を開始。ホタルダスは10年継続する。

一方，1993年から96年まで，同県立琵琶湖博物館設立準備に協力し，県下80人のメンバーが1000人以上のお年寄りに暮らしのなかの「生活用排水」についてインタビューして，600集落の「水環境カルテ」を作成，結果は琵琶湖博物館に展示されている。

ホタルダス調査は「環境庁・水環境賞」（1999年）をはじめ各種の賞を受賞。世界古代湖会議（1997年滋賀県草津市），世界湖沼環境会議（1999年デンマーク・コペンハーゲン）で研究成果を発表し，アメリカ・ウィスコンシン州の湖沼調査（1999年）を行うなど，外国での比較調査や研究交流もはじめている。

新曜社

みんなでホタルダス
琵琶湖地域のホタルと身近な水環境調査

初版第1刷発行　2000年 5月20日 ©

編　者　水と文化研究会
発行者　堀江　洪
発行所　株式会社　新曜社
101-0051　東京都千代田区神田神保町2-10
電話 03-3264-4973（代表）FAX 03-3239-2958
E-mail: info@shin-yo-sha.co.jp　URL:http://www.shin-yo-sha.co.jp/

印刷・製本　光明社
古紙100%再生紙
ISBN4-7885-0718-8 C1036

ワードマップ フィールドワーク
書を持って街へ出よう
佐藤郁哉 著
四六判二五二頁 一八〇〇円

方法としてのフィールドノート
現地取材から物語作成まで
エマーソン・フレッツ・ショウ著／佐藤・好井・山田訳
四六判五四四頁 三八〇〇円

本が死ぬところ暴力が生まれる
電子メディア時代における人間性の崩壊
サンダース 著／杉本卓訳
四六判三七六頁 二八五〇円

「わかる」のしくみ
「わかったつもり」からの脱出
西林克彦 著
四六判二〇八頁 一八〇〇円

親子でみつける「わかる」のしくみ
アッ！ そうなんだ！
西林克彦・水田まり 編
四六判二一六頁 一八〇〇円

シリーズ環境社会学（全6巻）

1 環境ボランティア・NPOの社会学
鳥越皓之 編
四六判二五〇～二八〇頁
予価二二〇〇～二五〇〇円

2 コモンズの社会学
井上真・宮内泰介編

3 歴史的環境の社会学
片桐新自 編

表示価格は税抜です

新曜社